WFT

Werkstoff-Forschung und -Technik
Herausgegeben von B. Ilschner
Band 8

Dietrich Munz · Theo Fett

Mechanisches Verhalten keramischer Werkstoffe

Versagensablauf, Werkstoffauswahl, Dimensionierung

Mit 149 Abbildungen

Springer-Verlag Berlin Heidelberg New York
London Paris Tokyo Hong Kong 1989

Dr. rer. nat. Dietrich Munz
o. Professor, Institut für Zuverlässigkeit
und Schadenskunde im Maschinenbau, Universität Karlsruhe
Institut für Material- und Festkörperforschung,
Kernforschungszentrum Karlsruhe

Dr.-Ing. Theo Fett
Wissenschaftlicher Mitarbeiter, Institut für Material- und
Festkörperforschung, Kernforschungszentrum Karlsruhe

Dr. rer. nat. Bernhard Ilschner
Professor, Laboratoire de Métallurgie Mécanique,
École Polytechnique Fédérale de Lausanne/Schweiz

CIP-Titelaufnahme der Deutschen Bibliothek
Munz, Dietrich:
Mechanisches Verhalten keramischer Werkstoffe: Versagensablauf, Werkstoffauswahl, Dimensionierung / Dietrich Munz ; Theo Fett.
Berlin ; Heidelberg ; New York ; London ; Paris ; Tokyo ; Hong Kong : Springer, 1989
(Werkstoff-Forschung und -Technik ; Bd. 8)

ISBN 978-3-540-51508-1 ISBN 978-3-642-51710-5 (eBook)

DOI 10.1007/978-3-642-51710-5

NE: Fett, Theo,; GT

2362/3020-543210 – Gedruckt auf säurefreiem Papier

Geleitwort des Herausgebers

Werkstoffwissenschaft und Angewandte Mechanik sind auf besonders enge Zusammenarbeit angewiesen, wenn spröde Werkstoffe eingesetzt werden sollen, die selbst auf eng lokalisierte, zeitlich begrenzte Überlasten mit Bauteilversagen durch Rißausbreitung reagieren. Die "Unnachsichtigkeit" dieser Werkstoffgruppe wird durch den Zufallsfaktor in der Verteilung bruchauslösender Strukturfehler noch verstärkt.

Dennoch müssen Anstrengungen unternommen werden, um das (scheinbar) Unberechenbare zu berechnen und so dem Konstrukteur die Anwendung keramischer und ähnlich spröder Werkstoffe unter Beachtung seiner Verantwortung für Bauteilsicherheit und Lebensdauer zu ermöglichen.

Professor Munz, dessen Arbeiten zur probabilistischen Bruchmechanik schon seit langem internationale Beachtung und hohe Anerkennung finden, und sein Mitautor Dr. Fett bringen nicht nur Forschungskompetenz auf diesem Gebiet mit, sondern auch Erfahrung in der Kenntnisweitergabe an Ingenieure aus der Praxis wie an Studierende.

Als Herausgeber der Reihe "WFT" begrüße ich es daher besonders, den am Einsatz keramischer Werkstoffe interessierten Fachkreisen dieses neue Werk vorstellen zu können. Möge es ein breites Echo sowohl bei den Praktikern im Konstruktionsbüro als auch bei den für Werkstoffentwicklung und Werkstoffprüfung Verantwortlichen finden und ebenso bei Materialforschern und Bruchmechanikern. Dieser Wunsch erstreckt sich ganz besonders auf die studentischen Leser , die hier die Gelegenheit zum Kennenlernen eines hochaktuellen, wissenschaftlich anspruchsvollen und von den Autoren sorgfältig ausgearbeiteten Themenkreises geboten wird.

Abschließend sei den Autoren und ihren Mitarbeiterinnen und Mitarbeitern, auch im Namen des Springer-Verlages, sehr für die Textgestaltung gedankt. Sie weist nicht nur auf die Verfügbarkeit hervorragend geeigneter Technik, sondern auch auf ihre volle Beherrschung hin.

Lausanne, im Juni 1989 B. Ilschner

Geleitwort des Herausgebers

Vorwort

Keramische Werkstoffe finden vielfältige Anwendung in der Technik. Dabei werden je nach dem Anwendungsfall eine oder mehrere der folgenden Eigenschaften ausgenützt: hohe Festigkeit bei hohen Temperaturen, Verschleißwiderstand, Korrosionsbeständigkeit, geringes spezifisches Gewicht, geringe Wärmeleitfähigkeit, geringe elektrische Leitfähigkeit, günstige optische Eigenschaften (Durchsichtigkeit, Lichtleitung), biologische Verträglichkeit.

Bei der Anwendung wird häufig zwischen Funktionskeramik und Strukturkeramik unterschieden. Bei der Funktionskeramik werden bestimmte physikalische Eigenschaften ausgenutzt. Bei der Strukturkeramik sind die für bestimmte Anwendungsfälle gegenüber metallischen Werkstoffen besseren mechanischen Eigenschaften von Bedeutung. Aber auch bei der Funktionskeramik werden Mindestanforderungen an die mechanischen Eigenschaften gestellt, da auch sie mechanischen Belastungen ausgesetzt ist.

Der große Nachteil der keramischen Werkstoffe liegt in ihrer Sprödigkeit, d.h. in der Eigenschaft, ohne vorausgehende plastische Verformung zu versagen. Ein weiterer Nachteil, der mit der Sprödigkeit zusammenhängt, ist die große Streuung der Festigkeit. Beide Eigenschaften müssen bei der Dimensionierung und bei der Werkstoffauswahl berücksichtigt werden. Dabei werden teilweise die gleichen Kriterien wie bei metallischen Werkstoffen angewandt. Darüberhinaus müssen aber zusätzliche Gesichtspunkte beachtet werden. Nur wenn es gelingt, keramikgerecht zu konstruieren und zu dimensionieren, werden die keramischen Werkstoffe den Platz in der Technik finden, der ihnen aufgrund ihrer positiven Eigenschaften zusteht.

Dieses Buch entspricht in seinem Inhalt einer zweistündigen Vorlesung, die seit einigen Jahren an der Universität Karlsruhe gehalten wird. Es befaßt sich mit dem Verhalten von keramischen Werkstoffen unter mechanischer Belastung. Es beschränkt sich auf die bruchmechanisch-statistische Beschreibung des Versagensablaufs, die Gesichtspunkte für die Werkstoffauswahl und die Dimensionierung, d.h. die Übertragung von Werkstoffkennwerten und Werkstoffkennkurven auf das Bauteilverhalten. Nicht behandelt werden die werkstoffphysikalischen Mechanismen der Verformung und des Bruchs.

Auf die zunehmend an Bedeutung gewinnenden keramischen Verbundwerkstoffe wird nicht näher eingegangen. Die Methoden zur Beschreibung des Versagensablaufs, soweit sie über die von monolithischen keramischen Werkstoffen hinausgehen, sind noch in den Anfängen und noch nicht reif für eine zusammenfassende Darstellung.

Wir danken allen Mitarbeitern des Instituts für Zuverlässigkeit und Schadenskunde im Maschinenbau der Universität Karlsruhe und des Instituts für Material- und Festkörperforschung IV des Kernforschungszentrums Karlsruhe, mit denen wir in den letzten Jahren Probleme der Keramik diskutiert haben. Hervorheben möchten wir Frau Dr. A. Brückner-Foit für ihre Ratschläge zum Kapitel 7 und Herrn Dipl.-Ing. K. Keller für die Hilfe beim Korrekturlesen.

Unser besonderer Dank gilt dem Sekretariat unter Leitung von Frau L. Simonis, das mit großem Engagement und viel Geduld das Manuskript in die vorliegende Fassung gebracht hat.

Karlsruhe, im Juni 1989 D. Munz · T. Fett

Inhaltsverzeichnis

1. Übersicht und grundlegende Eigenschaften

1.1 Allgemeine Hinweise und Eigenschaften

Keramische Werkstoffe besitzen gegenüber metallischen Werkstoffen und Kunststoffen einige Eigenschaften, die sie für bestimmte Anwendungsfälle besonders auszeichnen. Es sind dies:

- geringe elektrische Leitfähigkeit,
- geringe thermische Leitfähigkeit,
- günstige optische Eigenschaften: Durchlässigkeit für elektromagnetische Wellen, Lichtleitung,
- magnetische Eigenschaften,
- geringe Dichte,
- gute Festigkeit bei hohen Temperaturen,
- Verschleißwiderstand,
- Korrosionsbeständigkeit.

Diese Eigenschaften führen zu Anwendungen in vielen Bereichen der Technik, von denen einige aufgezählt werden sollen.

Die geringe elektrische Leitfähigkeit führt zu Anwendungen als Isolatoren. Die Zündkerze ist ein Beispiel aus dem Motorenbau. Die geringe thermische Leitfähigkeit wird u.a. bei Isolierplatten für den Space Shuttle und in Form von Schutzschichten von Brennkammern ausgenutzt. Der adiabatische Motor, an dem an verschiedenen Stellen gearbeitet wird, ist ein anderes Beispiel.

Die Korrosionsbeständigkeit führt zu Anwendungen als Wärmetauscher für korrosive Medien und zur Auskleidung von Pumpen. Auch bei der Biokeramik (Hüftgelenke, Zähne) spielt die Korrosionsbeständigkeit eine wichtige Rolle.

Der gute Verschleißwiderstand wird bei der Schneidkeramik oder auch bei Fadenführungsrollen in der Textilindustrie ausgenutzt. Anwendungen im Motorenbau, z.B. im Ventiltrieb, sind in der Erprobungsphase.

Die Hochtemperaturfestigkeit führt zu Anwendungen in der Kernfusionstechnologie, in der Fahrzeug-Gasturbine und in der Solarenergie, wobei die Anwendungen im wesentlichen noch in der Erprobungsphase sind.

Den günstigen Eigenschaften stehen schwerwiegende Nachteile gegenüber:
- niedrige Raumtemperaturfestigkeit bei Zugbeanspruchung,
- Sprödigkeit,
- große Streuung der mechanischen Eigenschaften,
- unterkritisches Rißwachstum.

Die Sprödigkeit hat ihre Ursache in dem geringen Widerstand der Keramik gegenüber der Ausbreitung von Rissen, der durch die geringen Werte der Rißzähigkeit ausgedrückt wird. Deshalb sind kleine herstellungsbedingte Fehler Ausgangspunkte des Versagens . Da Spannungsspitzen nicht durch plastische Verformung abgebaut werden können, führen lokale hohe Spannungen, wie sie an Kerben oder bei Temperaturgradienten auftreten, zum Versagen.

Die große Streuung der mechnischen Eigenschaften insbesondere der Festigkeit ist auf die statistische Verteilung der Fehlergröße und der Fehlerlage zurückzuführen. Bei der Dimensionierung muß der Zusammenhang zwischen der Versagenswahrscheinlichkeit und der vorgegebenen Belastung berücksichtigt werden.

Das unterkritische Rißwachstum kann zu einem Versagen bei konstanter Belastung nach einer bestimmten Betriebszeit führen.

Wegen dieser Nachteile werden keramische Werkstoffe nur dann eingesetzt, wenn die positiven Eigenschaften gegenüber den negativen überwiegen.

Um die positiven Eigenschaften zur Geltung zu bringen und die nachteiligen Eigenschaften möglichst gering zu halten, muß einerseits die Werkstoffauswahl sehr sorgfältig getroffen werden, andererseits müssen einige wichtige Konstruktionsrichtlinien beachtet werden. Für die Werkstoffauswahl sind im wesentlichen die folgenden Kennwerte von Bedeutung:
Physikalische Kennwerte: Wärmeausdehnungskoeffizient, Wärmeleitfähigkeit, Dichte, elastische Konstanten, elektrische Leitfähigkeit.
Mechanische Kennwerte: Festigkeit gegenüber Zug (meistens als Biegefestigkeit angegeben), Druckfestigkeit, Rißzähigkeit, Kennwerte des unterkritischen Rißwachstums.

Einige allgemeine Konstruktionsrichtlinien sollen an dieser Stelle genannt werden:

a) Zugspannungen sollten möglichst kleingehalten werden.
   Dies erfolgt durch:
   - keramische Komponenten möglichst nur durch Druck belasten,

- keine scharfen Kerben,
- keine punkt- oder linienförmige Krafteinleitung,
- Vermeidung von Temperaturgradienten,
- Vermeidung der Behinderung von thermischen Dehnungen.

b) Eine sorgfältige und genaue Berechnung der Spannungen im gesamten Bauteil ist notwendig. Dies erfordert in den meisten Fällen die Anwendung der Methode der finiten Elemente. Insbesondere ist die Berechnung der Thermospannungen von Bedeutung.

c) Die Dimensionierung erfordert eine statistische Analyse. Dazu wird auf die Kapitel 5 und 7 verwiesen.

1.2 Übersicht über die wichtigsten keramischen Werkstoffe

Keramische Werkstoffe können unter verschiedenen Gesichtspunkten in Gruppen zusammengefaßt werden, wobei die Unterscheidungsmerkmale die chemische Zusammensetzung, der Gefügeaufbau oder der Anwendungsbereich sein können. Bei der Anwendung kann man zunächst zwischen Gebrauchskeramik (Geschirrkeramik, Zierkeramik), Baukeramik (z.B. Ziegel, Klinker, Fliesen, Kanalisations-Rohre) und Technischer Keramik unterscheiden. Die Technische Keramik, die auch als Hochleistungskeramik bezeichnet wird, wird häufig in Funktionskeramik und Strukturkeramik unterteilt. Zur Funktionskeramik gehören die Elektrokeramik (z.B. Isolatoren, Substrate, Heizleiter, Kondensatoren, Widerstände, Elektroden), die Magnetokeramik, die Optokeramik (z.B. Lampengehäuse, optische Fenster, Laser). Zu der Strukturkeramik gehören Werkstoffe, die im allgemeinen Maschinenbau (z.B. im Motorenbau, bei der Werkstoffbearbeitung, in der Umformtechnik), in der chemischen Verfahrenstechnik, der Hochtemperaturtechnik oder in der medizinischen Technik eingesetzt werden. Nicht direkt der Funktionskeramik oder der Strukturkeramik zuordenbar sind die Reaktorkeramik (Kernbrennstoffe, Absorbermaterial) und die Feuerfestkeramik.

Schüller und Hennicke [1.9] unterscheiden zwischen silicatischen, oxidischen und nichtoxidischen Werkstoffen. Diese Einteilung ist eine Mischung aus chemischer Zusammensetzung (Oxide, Nichtoxide) und Atomanordnung (glasig-amorph, kristallin). Die silicatischen Werkstoffe haben als wesentliche Merkmale glasig-amorphe Phasen und eine ausgeprägte Porenstruktur. Sie enthalten als Hauptbestandteil SiO_2 mit Zusätzen von Al_2O_3, MgO, BeO, ZrO_2 und anderen Oxiden. Die weitere Unterteilung erfolgt zunächst in tonkeramische Werkstoffe mit Mullit ($3Al_2O_3 \cdot 2SiO_2$) als Hauptbestandteil und in die sonstigen silicatkeramischen Werkstoffe zu denen z.B. Cordierit ($2MgO \cdot 2Al_2O_3 \cdot 5SiO_2$) und Steatit gehören. Die tonkeramischen Werkstoffe werden unterteilt in solche mit feinem Gefüge und solche mit grobem Gefüge. Zu den letzteren gehören Ziegel, Tonrohre, Schamottesteine und Klinker. Die Keramik mit feinem Gefüge unterteilt sich in Tongut (porös) und Tonzeug (dicht). Zum Tongut gehören z.B. die Töpferwaren, zum Tonzeug Fliesen und Porzellan.

Die Oxidkeramik unterscheidet sich von der Silicatkeramik durch die Dominanz einer kristallinen Phase und nur geringen Anteilen einer Glasphase. Die wichtigsten einfachen Oxide sind:

$$Al_2O_3, MgO, BeO, TiO_2, ZrO_2, UO_2, ThO_2.$$

Beim Aluminiumoxid liegt der Anteil von Al_2O_3 zwischen 80 und 99%.

Die einfachen Oxide können durch Zusätze in ihren Eigenschaften verändert werden. Unter Dispersionskeramik versteht man insbesondere Al_2O_3 mit fein verteilten Zusätzen von ZrO_2 oder TiC. $Al_2O_3 - ZrO_2$ wird als ZTA (zirconia-toughened-aluminium oxide) bezeichnet.
Zirkoniumoxid tritt in verschiedenen Erscheinungsformen auf. Reines ZrO_2 hat keine Bedeutung, da es nach dem Sintern durch die Umwandlung von der tetragonalen in die monokline Phase zur Rißbildung kommt. Durch Zusätze von anderen Oxiden (MgO, Y_2O_3, CaO) kann diese Umwandlung teilweise oder vollständig verhindert werden. Folgende Werkstoffe sind von Bedeutung:

Mg – PSZ teilstabilisiertes ZrO_2 mit MgO,
Y – PSZ teilstabilisiertes ZrO_2 mit Y_2O_3,
Mg/Ca – PSZ teilstabilisiertes ZrO_2 mit MgO und CaO,
Y – TZP tetragonales ZrO_2 mit Y_2O_3,
Ca – CSZ vollstabilisiertes kubisches ZrO_2 mit CaO,
Y – CSZ vollstabilisiertes kubisches ZrO_2 mit Y_2O_3.

Von komplexen Oxiden oder Mischoxiden spricht man, wenn in einem oxidkeramischen Werkstoff mehrere Komponenten vorliegen, die zu einer oxidischen Verbindung mit einer eigenen Struktur reagieren. Zu diesen Oxiden gehören:

Spinell: $MgO \cdot Al_2O_3$,
Mullit: $3Al_2O_3 \cdot 2SiO_2$,
Aluminiumtitanat: Al_2TiO_5 ($Al_2O_3 \cdot TiO_2$),
Ferrite.

Die Nichtoxidkeramik umfaßt:

Elemente: Kohlenstoff in Form von Graphit und Diamant,
Nitride: AlN, BN, Si_3N_4, TiN,
Carbide: B_4C,SiC, TiC, WC,
Boride: TiB_2, ZrB_2,
Silicide: $MoSi_2$,
Selenide: ZnSe,
Sialone: Si_3N_4 mit Al_2O_3,
Syalone: Si_3N_4 mit Al_2O_3 und Y_2O_3.

Siliciumnitride und Siliciumcarbide werden auf sehr unterschiedliche Weise hergestellt. Es werden folgende Bezeichnungen verwendet:

SSN:	gesintertes Siliciumnitrid,
RBSN:	reaktionsgebundenes Siliciumnitrid,
HPSN:	heißgepreßtes Siliciumnitrid (mit Zusätzen von MgO oder Y_2O_3),
HIPSN:	heißisostatisch gepreßtes Siliciumnitrid,
SRBSN:	nachgesintertes, reaktionsgebundenes Siliciumnitrid,
SSiC:	drucklos gesintertes Siliciumcarbid,
RBSiC:	reaktionsgebundenes Siliciumcarbid,
HPSiC:	heißgepreßtes Siliciumcarbid,
HIPSiC:	heißisostatisch gepreßtes Siliciumcarbid,
RSiC:	rekristallisiertes Siliciumcarbid,
SiSiC:	Siliciumcarbid mit freiem Silicium (siliciuminfiltriertes Siliciumcarbid),

Von diesen Zuständen sind RBSN, RBSiC und RSiC relativ porös.

Eine spezielle Werkstoffgruppe stellt die Glas-Keramik dar. Dabei handelt es sich um teilweise kristallisierte Gläser, die durch kontrollierte Kristallisation hergestellt werden. Der Anteil der kristallinen Phase liegt zwischen 50 und nahezu 100 Prozent. Es können drei Gruppen unterschieden werden:

- SiO_2 – Li_2O mit Zusätzen von Au, Ag, P_2O_5,
- LAS auf der Basis $Li_2O - Al_2O_3 - SiO_2$,
- MAS auf der Basis $MgO - Al_2O_3 - SiO_2$,

weitere Zusätze sind K_2O, ZnO, P_2O_5, TiO_2, MoO_3, WO_3.

Bekannte Handelsnamen sind Zerodur (Schott) und Pyroceram (Corning).

1.3 Anwendungen

Im folgenden werden zunächst die wichtigsten Bereiche genannt, in denen die Keramiken – und vor allem die Strukturkeramik – eingesetzt werden. Danach werden für die wichtigsten keramischen Werkstoffe Anwendungsbeispiele angegeben.

Motorenbau:

Ausgenutzte Eigenschaften:	Verschleißwiderstand, Wärmeisolation, niedriges spezifisches Gewicht, Korrosionsbeständigkeit, elektrische Isolierfähigkeit, Hochtemperaturfestigkeit.
Werkstoffe:	Al_2O_3, Al_2TiO_5, ZrO_2, SiC, Si_3N_4.
Beispiele:	Wärmeisolation des Brennraums, Ventilsitz, Zündkerze, Turbolader, Gasturbine.

Verfahrenstechnik:

Ausgenutzte Eigenschaften:	Korrosionsbeständigkeit, Verschleißwiderstand.

Werkstoffe: Al_2O_3, SiC, C (Graphit), ZrO_2.
Beispiele: Bauteile für chemischen Apparatebau, Ziehdüsen, Gleitringe, Fadenführer, Papierwalzen.

Hochtemperaturtechnik:
Ausgenutzte Eigenschaften: Korrosionsbeständigkeit, Wärmeisolation, elektrische Isolierfähigkeit, Hochtemperaturfestigkeit.
Werkstoffe: Si_3N_4, SiC, Al_2O_3, C, BN, $MoSi_2$.
Beispiele: Wärmetauscher, Tiegel, Heizleiter, Thermoelementschutzrohre, Belastungsgestänge für Werkstoffprüfung, Brenner.

Werkstoffbearbeitung:
Ausgenutzte Eigenschaften: Verschleißwiderstand, Korrosionsbeständigkeit.
Werkstoffe: Al_2O_3, Si_3N_4, SiC, B_4C, TiC, TiN, BN, C (Diamant).
Beispiele: Schneidewerkzeuge, Schleifscheiben, Sandstrahldüsen.

Medizinische Technik:
Ausgenutzte Eigenschaften: Korrosionsbeständigkeit, physiologische Verträglichkeit.
Werkstoffe: Al_2O_3.
Beispiele: Knochenersatz, Hüftgelenk, Zahnersatz.

Elektrotechnik, Elektronik:
Ausgenutzte Eigenschaften: elektrische Isolierfähigkeit, Wärmeleitfähigkeit.
Werkstoffe: Al_2O_3, AlN.
Beispiele: Substrate für integrierte Schaltungen, Isolierteile

Die folgende Zusammenstellung enthält für die wichtigsten keramischen Strukturwerkstoffe einige Anwendungsbeispiele.

Aluminiumoxid:
Dichtungen, Leiterplatten, Schneidplatten, Sandstrahldüsen, Thermoelementhüllrohre, Zündkerzen, Lager, Ventile, Fadenführer für Textilindustrie, Pumpenteile, Gleitringe, Implantate für die Humanmedizin, Brennerdüsen, Schmelztiegel, Drehspindeln für die genaue Bearbeitung.

Magnesiumoxid:
Feuerfeste Steine, Tiegel, Thermoelementhüllrohre.

Zirkonoxid:
Tiegel, Lagerteile, Mahlkörper, Apparatebau (z.B. Pumpen), Drahtziehwerkzeuge, Wärmedämmschichten, Messerklingen.

Siliciumcarbid:
Dichtungen, Wärmetauscher, Schleifmittel, Heizelemente, feuerfeste Steine, Tiegel, Gleitringe, Lager, Ziehdüsen, Reibschalen, Mahlkörper, Ventilsitz, Hochtemperatur- Festigkeitsprüfapparaturen, Teile für Gasturbinen und Turbolader.

Borcarbid:
Sandstrahldüsen, Panzerplatten, Schleifpulver, Reibschalen, Abrichter von Schleifscheiben, Neutronenabsorber.

Wolframcarbid (in Kobaltlegierungsmatrix):
Schneidplatten, Sandstrahldüsen.

Siliciumnitrid:
Lager, Heißpreßstempel, Teile für chemischen Apparatebau, Tiegel, Ziehdüsen, Schneidplatten, Ventile, Teile für Gasturbinen und Turbolader, Kugeln für Lager, Schweißdüsen, Thermoelementschutzrohre.

Aluminiumnitrid:
Tiegel, Substrate für integrierte Schaltungen.

Bornitrid:
Tiegel, Thermoelementschutzrohre, Pumpenteile für flüssige Metalle, Mikrowellenfenster, Heißpreßmatrizen.

Glaskeramik:
Laborgeräte, Herdplatten, Wärmetauscher, Tiegel, Ofenfenster, Pumpen für korrosive Medien, Lager, astronomische Geräte (Teleskopspiegel).

Literatur zu Kapitel 1

1. Bücher

[1.1] R.W. Davidge, Mechanical Behaviour of Ceramics, Cambridge University Press, 1979

[1.2] D.W. Richerson, Modern Ceramic Engineering, Marcel Dekker, Inc., 1982

[1.3] W.E.C. Creyke, I.E.J. Sainsbury, R. Morrell, Design with Non – ductile Materials, Applied Science Publishers, 1982

[1.4] Technische Keramik, Vulkan - Verlag Essen, 1988

[1.5] A. Petzold, Anorganisch - nichtmetallische Werkstoffe, VEB Deutscher Verlag für Grundstoffindustrie, Leipzig, 1981

[1.6] Z. Strnad, Glass - Ceramic Materials, Elsevier, 1986

[1.7] H. Salmang, H. Scholze, Keramik, 2 Bände, Springer - Verlag, 1983

[1.8] E. Dörre, M. Hübner, Alumina, Springer - Verlag, 1984

2. Zeitschriftenartikel

[1.9] K.H. Schüller, H. W. Hennicke, Zur Systematik der keramischen Werkstoffe, cfi / Ber. DKG 6 / 7, 1985, 259 - 263

2. Physikalische Eigenschaften

In diesem Kapitel werden Werte für einige wichtige physikalische Eigenschaften zusammengestellt: Wärmeausdehnungskoeffizient α, Wärmeleitfähigkeit λ, spezifischer elektrischer Widerstand ρ, spezifische Wärme C_p, Dichte ρ, Elastizitätsmodul E und Querkontraktionszahl ν. Diese Eigenschaften sind nicht nur direkt von Bedeutung für die Werkstoffauswahl, sondern bestimmen auch die Thermoschockempfindlichkeit der keramischen Werkstoffe (s. Kap. 8). Die meisten physikalischen Kenngrößen hängen stark von den Herstellungsbedingungen ab, insbesondere von der sich einstellenden Porosität. Deshalb werden in den nachfolgenden Tabellen in vielen Fällen Bereiche für die Kennwerte angegeben. Darüberhinaus enthalten die Tabellen teilweise typische Werte oder Werte für das dichte Material.

2.1 Der Wärmeausdehnungskoeffizient

Der lineare Wärmeausdehnungskoeffizient α ist die relative Längenänderung bei einer Temperaturerhöhung um ein Grad:

$$\alpha = \frac{1}{l}\,\frac{dl}{dT} \tag{2.1}$$

α ist eine Funktion der Temperatur. Bei den meisten Materialien nimmt α mit zunehmender Temperatur zu. Häufig wird anstelle eines Wertes für eine vorgegebene Temperatur ein Mittelwert zwischen zwei Temperaturen angegeben:

$$\alpha_{T_1T_2} = \frac{l_2 - l_1}{(T_2 - T_1)\,l_1} \tag{2.2}$$

Treten während der Aufheizung Phasenumwandlungen auf, dann kann sich ein Sprung von α ergeben. Abb. 2.1 zeigt zwei Beispiele, wobei die Volumenänderung

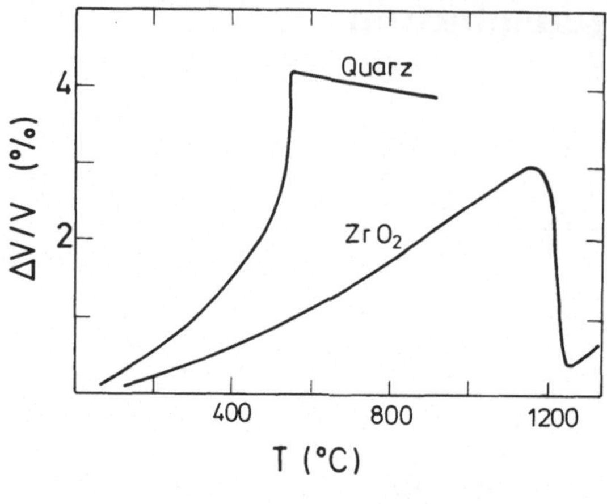

Abb.2.1. Volumenänderung in Abhängigkeit von der Temperatur für Materialien mit Phasenumwandlung [2.1]

$$\frac{\Delta V}{V} = 3\,\frac{\Delta l}{l} = 3\varepsilon_{th} \tag{2.3}$$

ausgehend von Raumtemperatur gegen die Temperatur aufgetragen ist.

Bei Einkristallen ist die Wärmeausdehnung anisotrop (Ausnahme kubisches Gitter). So ist z.B. bei Quarz:

$\alpha = 9.0 \cdot 10^{-6}\,K^{-1}$ in Richtung parallel zur c-Achse,
$\alpha = 14.0 \cdot 10^{-6}\,K^{-1}$ in Richtung senkrecht zur c-Achse.

Die Wärmeausdehnung kann in bestimmten kristallografischen Richtungen auch negativ sein, z.B. bei Aluminiumtitanat (Al_2TiO_5):

$\alpha = 11.0 \cdot 10^{-6}\,K^{-1}$ in Richtung parallel zur c-Achse,
$\alpha = -2.6 \cdot 10^{-6}\,K^{-1}$ in Richtung senkrecht zur c-Achse.

Die Anisotropie der Wärmeausdehnung führt bei Vielkristallen zu inneren Spannungen. Sind diese Spannungen groß, dann kann es beim Abkühlen während des Herstellungsprozesses zur Bildung von Mikrorissen kommen, die zum Abbau der inneren Spannungen führen. Ein Beispiel für eine solche Keramik ist Aluminiumtitanat.

Tabelle 2.1 enthält Wärmeausdehnungskoeffizienten verschiedener Keramiken.

2.2 Wärmeleitfähigkeit

Zur Definition der Wärmeleitfähigkeit wird die Wärmemenge betrachtet, die durch eine Fläche tritt. Der Wärmefluß Q ist die Wärmemenge, die in der Zeiteinheit durch die Flächeneinheit hindurchtritt.

Tabelle: 2.1
Wärmeausdehnungskoeffizient in 10^{-6}/K

	20 - 500°C	20 - 1000°C	500 - 1000°C
Graphit		2-9	
Diamant		1.0	
Al_2O_3	6.0-7.6	7.4-9.0	9.5-10.5
MgO	11.6	13.5	15.3
BeO	7.6	8.7	9.7
ZrO_2	7-11	7-11	7-11
B_4C	4.0-4.5	4.5-5.0	5.0-5.5
SiC	3.5-4.8	3.7-5.0	4.3-5.8
TiC		7.4	
WC		5.2	
AlN	4	5.5	6.9
BN		1.1-8.6*	
Si_3N_4	2.1-2.6	2.6-3.4	3.2-4.3
TiN		9.4	
TiB_2		4.6-6.4	
ZrB_2		6.8	
$MoSi_2$		8.5	
Al_2TiO_5	0-1.8	1.5-3.5	3.0-5.2
Mullit	4-6	4-6	4-6
Cordierit		5.2	
Glas-Keramik			
Zerodur	0.0 (20-200°C)		
Pyroceram	0.5 (20-200°C)		

* ⊥ Heißpreßrichtung: 1.1
II Heißpreßrichtung: 8.6

Der Wärmefluß ist proportional zum Temperaturgradienten:

$$\dot{Q} = -\lambda \frac{dT}{dn} \qquad (2.4)$$

Dabei ist n die nach innen gerichtete Normale der Fläche. Ist dT/dn negativ, dann ist $\dot{Q}$ positiv, d.h. der Körper nimmt Wärmeenergie auf. Der Proportionalitätsfaktor λ ist die Wärmeleitfähigkeit. Die Dimension von λ ist

$$[\lambda] = \left[\frac{\text{Energie}}{\text{Zeit} \cdot \text{Länge} \cdot \text{Temperatur}} \right] \qquad (2.5)$$

Sie wird üblicherweise in W m^{-1} K^{-1} angegeben. Die Wärmeleitung in keramischen Werkstoffen wird im wesentlichen durch Gitterschwingungen hervorgerufen und ist dadurch kleiner als bei Metallen, bei denen sie im wesentlichen durch freie Elektronen bedingt ist.

Die Wärmeleitfähigkeit ist von der Temperatur abhängig, wobei in den meisten Fällen eine Abnahme mit zunehmender Temperatur beobachtet wird (Abb. 2.2). Die Wärmeleitfähigkeit hängt außerdem vom Porenvolumen und damit von der Dichte ab. Für diese Abhängigkeit wurden die Beziehungen

$$\lambda_{Poren} = \lambda (1 - V_P) \qquad (2.6a)$$

oder

$$\lambda_{Poren} = \lambda \frac{1 - V_P}{1 + V_P} \qquad (2.6b)$$

vorgeschlagen. Dabei ist λ der Wert für die dichte Keramik und V_p die Porosität, die als der relative Anteil des Porenvolumens definiert ist.
Tabelle 2.2 enthält Werte von λ für verschiedene Keramiken.

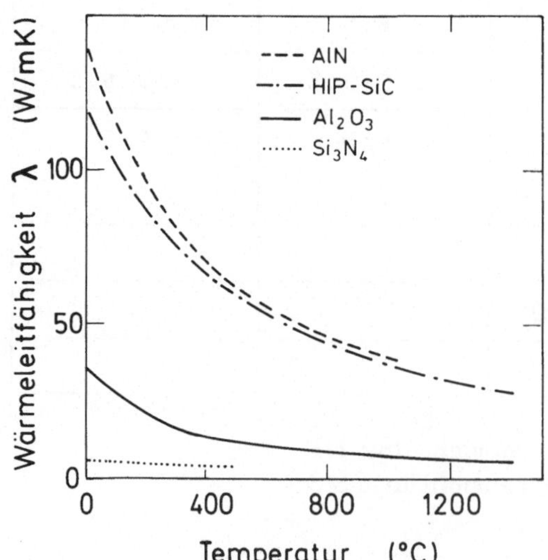

Abb. 2.2. Wärmeleitfähigkeit in Abhängigkeit von der Temperatur [2.2]

Tabelle: 2.2
Wärmeleitfähigkeit bei Raumtemperatur in $Wm^{-1} K^{-1}$

Graphit	5
Diamant	138
Al_2O_3 : dicht 96% 88%	30 21 8
BeO	300
MgO	25-50
ZrO_2	1.5-2.5
B_4C	30-70
SiC	30-200
TiC	30
WC	120
AlN	140-170
BN	45-55
Si_3N_4 : SSN HPSN RBSN	20-30 30-40 4-13
TiN	38
TiB_2	25
ZrB_2	23
$MoSi_2$	30
Al_2TiO_5	1.4-2.5
Glas-Keramik	3-5

2.3 Elektrische Leitfähigkeit

Der elektrische Widerstand eines Drahtes der Länge l mit dem Querschnitt S ist

$$R = \rho \frac{l}{S} \tag{2.7}$$

ρ ist der spezifische elektrische Widerstand und somit der Widerstand eines Drahtes der Einheitslänge mit der Einheitsfläche. Der Kehrwert von ρ ist die elektrische Leitfähigkeit. Keramische Werkstoffe sind im allgemeinen Isolatoren mit einem hohen spezifischen Widerstand. Einige Keramiken sind aber Halbleiter und werden z.B. als Heizelemente verwendet. Dazu gehören Carbide wie SiC oder B_4C, Graphit, Molybdändisilicid ($MoSi_2$). Der spezifische elektrische Widerstand nimmt im allgemeinen mit zunehmender Temperatur stark ab. Siliciumcarbid hat bei etwa 1000°C ein Minimum in ρ. In Tabelle 2.3 sind einige Werte enthalten

Tabelle: 2.3
Spezifischer elektrischer Widerstand in Ω cm

	25°C	1000°C
Al_2O_3	10^{14}	10^8
BeO	10^{14}	10^8
MgO	10^{14}	10^7
ZrO_2	10^{10}	50
B_4C	0.1-10	
SiC	0.1-100	
TiC	$7 \cdot 10^{-5}$	
AlN	10^{11}	
BN	$11^{11}-10^{13}$	10^5
Si_3N_4	10^{12}	
TiN	$3 \cdot 10^{-5}$	
TiB_2	10^{-5}	
ZrB_2	10^{-5}	
$MoSi_2$	$2 \cdot 10^{-5}$	
Al_2TiO_5	$>10^{11}$	
Mullit	10^{14}	
Graphit	10^{-3}	
Diamant	10^{12}	
Glas-Keramik	10^{11}	

2.4 Spezifische Wärme

Die spezifische Wärme ist die Energie, die notwendig ist, um die Temperatur eines Körpers mit der Einheitsmasse um ein Grad zu erhöhen. Dabei wird unterschieden zwischen den spezifischen Wärmen C_p und C_v bei denen die Erwärmung bei konstantem Druck oder bei konstantem Volumen erfolgt. Allgemein ist $C_p > C_v$, wobei aber bei Festkörpern der Unterschied meistens vernachlässigbar ist. Messungen erfolgen üblicherweise bei konstantem Druck, während sich theoretische Überlegungen auf konstantes Volumen beziehen.

Die spezifische Wärme wird in den Einheiten J $g^{-1}K^{-1}$ oder in cal $g^{-1}K^{-1}$ angegeben. Die Umrechnung erfolgt durch 1 cal = 4.1868 J. Aus der Theorie der Gitterschwingungen folgt, daß C_v umgekehrt proportional zum mittleren Atomgewicht A ist. Die Temperaturabhängigkeit folgt einer allgemeinen Beziehung

$$C_v = \frac{3R}{A} f(T/T_D) \tag{2.8}$$

Dabei ist R die Gaskonstante und T_D die Debye-Temperatur, die von der Struktur abhängig ist. Für niedere Temperaturen ist

$$f(T/T_D) \sim (T/T_D)^3 \tag{2.9}$$

Tabelle: 2.4
Spezifische Wärme in J g^{-1} K^{-1}

	25°C	100°C	500°C	1000°C	$\frac{3R}{A}$
Al_2O_3	0.8-1.0	0.92	1.16	1.25	1.22
MgO	0.94	1.01	1.17	1.28	1.23
BeO	1.02	1.28	1.84	2.23	1.99
ZrO_2	0.4-0.45	0.51	0.59	0.64	0.61
SiC	0.7-1.0	0.84	1.12	1.26	1.25
B_4C	0.95	1.31	1.92	2.21	2.26
Si_3N_4	0.7	0.76	1.05	1.40	1.25
Al_2TiO_5	0.7				1.10
Mullit	0.76	0.88	1.16	1.26	1.24

Für höhere Temperaturen nähert sich die Funktion dem Wert 1. Somit ist für höhere Temperaturen

$$C_v = \frac{3R}{A} \tag{2.10}$$

zu erwarten. Die spezifische Wärme wird durch die Mikrostruktur (Korngröße, Kornform) nicht sehr beeinflußt. Sie verringert sich aber stark mit zunehmender Porosität. Poröse Keramik erfordert daher weniger Energie zum Aufheizen als dichte.
Treten Phasenumwandlungen auf, gibt es einen Sprung in der C_p-T-Kurve. Tabelle 2.4 enthält C_p-Werte für verschiedene Temperaturen.

Tabelle: 2.5
Dichte in g/cm^3

Porenfrei			
Al_2O_3	4.00	SSiC	3.06-3.13
BeO	3.0	HPSiC	3.2
MgO	3.5	SiSiC	3.05-3.10
ZrO_2	5.7-6.0	RSiC	2.55-2.70
B_4C	2.52	SSN	3.2-3.3
SiC	3.21	HPSN	3.16-3.35
TiC	4.93	RBSN	2.3-2.8
WC	15.7		
AlN	3.25		
BN	2.25		
Si_3N_4	3.35		
TiB_2	4.5		
ZrB_2	6.1		
$MoSi_2$	6.2		
Al_2TiO_5	3.4		
Graphit	2.26		
Diamant	3.52		
Glas-Keramik	2.3-3.1		

2.5 Dichte

Keramische Werkstoffe sind leichter als Metalle. Die Dichte der wichtigsten Keramiken liegt zwischen 2.5 und 4 g/cm^3. Nur Zirkonoxid liegt mit Werten bis zu 6.0 höher. Tabelle 2.5 enthält die Dichte von porenfreien Werkstoffen. Poröse Keramiken besitzen entsprechend der Porosität geringere Werte.

Tabelle: 2.6
Elastische Konstanten

		E, GPa	ν
Al_2O_3:	dicht 95% 88%	410 320 250	0.20-0.25
BeO		360	0.25
MgO		270	0.17
ZrO_2		160-240	0.22-0.30
B_4C		390-460	0.18
SiC		310-410	0.13-0.24
TiC		460	
WC		720	
AlN		310	
BN		40-90	
Si_3N_4:	HPSN RBSN SSN	320 160-200 290	0.28 0.23 0.20
TiN		260	
TiB_2		360	
ZrB_2		340	
$MoSi_2$		370	
Al_2TiO_5		16-30	0.20-0.24
Mullit		144	0.20
Glas-Keramik		80-140	

2.6 Elastische Konstanten

Viele keramische Werkstoffe besitzen im Vergleich zu metallischen Werkstoffen einen größeren Elastizitätsmodul E und eine geringere Querkontraktionszahl ν (s. Tabelle 2.6). Es gibt aber auch Keramiken mit ausgesprochen geringen Werten des E-Moduls, z.B. Aluminiumtitanat mit etwa 20 GPa. Für die einzelnen Keramiken werden je nach Herstellungsverfahren sehr unterschiedliche Werte gemessen.

Die elastischen Konstanten einer bestimmten Keramik hängen von deren Dichte bzw. der Porosität ab. Dazu liegen eine Reihe von experimentellen Daten und theoretischen Untersuchungen vor. Diese zeigen, daß neben dem Porenvolumen auch die Form der Poren die elastischen Konstanten beeinflußt. Abbildung 2.3 zeigt dies für heißgepreßtes Siliciumnitrid. Tabelle 2.7 gibt eine Auswahl von verschiedenen in der Literatur angegebenen Beziehungen wieder, die eine oder mehrere Konstanten besitzen, die aus experimentellen Daten gewonnen werden müssen.

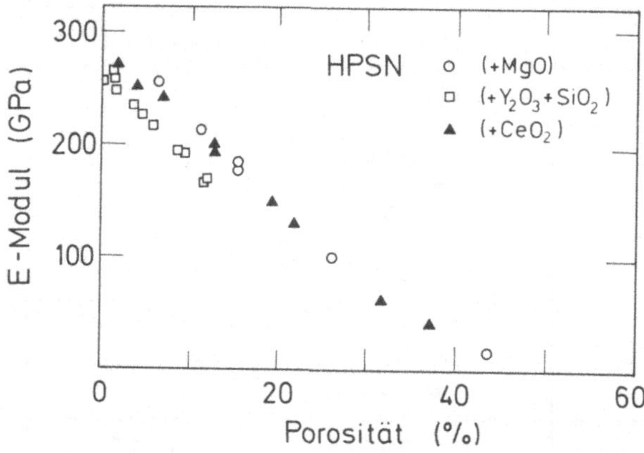

Abb. 2.3. Einfluß der Porosität auf den Elastizitätsmodul für heißgepreßtes Siliciumnitrid mit verschiedenen Zusätzen [2.3]

$E = E_0\ (1-aP)$
$E = E_0\ (1-aP+bP^2)$
$E = E_0\ (1-aP)^b$
$E = E_0\ [1+aP/(1-(a+1)P)]$
$E = E_0\ \exp(-aP)$
$E = E_0\ \exp[-(aP+bP^2)]$

Tabelle 2.7 Beziehungen zwischen Porosität und Elastizitätsmodul

Literatur zu Kapitel 2

[2.1] W.D. Kingery, Introduction to Ceramics, John Wiley & Sons, 1966

[2.2] B. Schulz, Kernforschungszentrum Karlsruhe, unveröffentlichte Ergebnisse

[2.3] K.H. Phani, S.K. Niyogi, Elastic - modulus - porosity relationship for Si_3N_4, Journal of Materials Science Letters 6, 1987, 511 - 515

[2.4] R.L. Coble, W.D. Kingery, Effect of porosity on physical properties of sintered alumina, Journal of the American Ceramic Society 39, 1956, 377 - 385

[2.5] E.A. Dean, J. A. Lopez, Empirical dependence of elastic moduli on porosity for ceramic materials, Journal of the American Ceramic Society 66, 1983, 366 - 370

[2.6] H. Banno, Effects of shape and volume fraction of closed pores on dielectric, elastic, and electromechanical properties of dielectric and piezoelectric ceramics - a theoretical approach, Ceramic Bulletin 66, 1987, 1332 - 1337

3. Bruchmechanik

3.1 Grundlagen

Der Bruch von keramischen Werkstoffen geht von Fehlern aus. Diese können während der Werkstoffherstellung in Form von Poren, Rissen oder Einschlüssen oder während der Oberflächenbearbeitung entstehen. Das Versagen erfolgt durch die Ausbreitung von Rissen, die von diesen Fehlern ausgehen. Die Sprödigkeit der keramischen Werkstoffe wird durch den geringen Widerstand gegen die Rißausbreitung verursacht. Die große Streuung der mechanischen Eigenschaften ist auf die Streuung der Fehlergröße zurückzuführen.

Die Rißbruchmechanik – allgemein als Bruchmechanik bezeichnet – befaßt sich mit den Gesetzmäßigkeiten der Ausbreitung von Rissen. Dabei wird von der Idealvorstellung eines flächenhaften Fehlers mit einer unendlich scharfen Spitze ausgegangen. Ein solcher Fehler wird als Riß bezeichnet. Reale Fehler sind häufig Volumenfehler. Ihre Beschreibung als Risse ist unter bestimmten Voraussetzungen möglich, die in Kapitel 11.3 behandelt werden. In diesem Kapitel werden zunächst die Grundlagen der linear-elastischen Bruchmechanik (LEBM) beschrieben.

In Abb. 3.1 wird ein Außenriß der Länge a in einer Platte der Dicke B und der Breite W betrachtet. Für diesen Riß gibt es drei Belastungsarten, die zu hoher Spannung an der Rißspitze führen:

- Belastungsart I: Zugbeanspruchung senkrecht zur Rißebene (σ_y).
- Belastungsart II: Schubbeanspruchung in Rißrichtung (τ_{yx}).
- Belastungsart III: Schubbeanspruchung in Querrichtung (τ_{yz}).

Die wichtigste Beanspruchung ist die Belastungsart I.

Ein Punkt vor der Rißspitze wird durch die Koordinaten x und y oder r und θ charakterisiert. Der Verlauf der Spannungen in Rißspitzennähe bei Belastungsart I ist gegeben durch

$$\sigma_x = \frac{K_I}{\sqrt{2\pi r}} \cos\frac{\theta}{2} \left(1 - \sin\frac{\theta}{2} \sin\frac{3\theta}{2}\right) \tag{3.1a}$$

$$\sigma_y = \frac{K_I}{\sqrt{2\pi r}} \cos\frac{\theta}{2} \left(1 + \sin\frac{\theta}{2} \sin\frac{3\theta}{2}\right) \tag{3.1b}$$

$$\tau_{xy} = \frac{K_I}{\sqrt{2\pi r}} \sin\frac{\theta}{2} \cos\frac{\theta}{2} \cos\frac{3\theta}{2} \tag{3.1c}$$

$\sigma_z = 0$: für z = +B/2 und z = - B/2 (am Probenrand, Abb. 3.1) - ebener Spannungszustand (ESZ).

$\sigma_z = \nu(\sigma_x + \sigma_y)$: in der Mitte genügend dicker Proben - ebener Dehnungszustand (EDZ).

K_I ist der Spannungsintensitätsfaktor, der von der Höhe der Belastung, der Größe des Risses und der Geometrie des Bauteils abhängt. Er kann geschrieben werden als

$$K_I = \sigma\sqrt{a}\, Y\,(a/W) \tag{3.2}$$

Dabei ist σ eine charakteristische Spannung der rißfreien Komponente, z.B. die Zugspannung bei Zugbelastung oder die Randfaserspannung bei Biegebelastung. Y ist eine Funktion der auf eine charakteristische Bauteilgröße W bezogenen Rißlänge. Bei gekrümmten Rißfronten, wie sie z.B. bei einem halbelliptischen Oberflächenriß vorliegen, variiert der Spannungsintensitätsfaktor entlang der Rißfront.

Aus Gl. (3.1) folgt, daß die Spannungen vor der Rißspitze eindeutig durch die Größe des Spannungsintensitätsfaktors K_I bestimmt sind. Das Rißausbreitungsverhalten ist deshalb abhängig von der Größe von K_I.

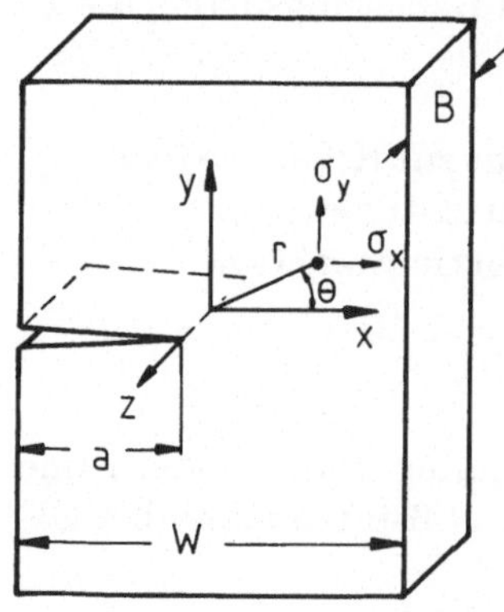

Abb. 3.1 Außenriß in Platte

Wird ein Bauteil oder eine Probe mit Riß belastet, dann nimmt K_I mit zunehmender Belastung zu, bis bei einem kritischen Wert instabile Rißausbreitung einsetzt. Dieser kritische Wert ist die Rißzähigkeit K_{Ic}, die auch als Bruchzähigkeit bezeichnet wird. Die Rißzähigkeit ist eine Werkstoffkenngröße und kann experimentell ermittelt werden. Die Dimension des Spannungsintensitätsfaktors bzw. der Rißzähigkeit ist $Nmm^{-3/2}$ oder $MNm^{-3/2} = MPa\sqrt{m}$. Die Umrechnung beider Einheiten erfolgt mit $1MPa\sqrt{m} = \sqrt{1000}\,Nmm^{-3/2} = 31.62\,Nmm^{-3/2}$.

Die Beschreibung des Rißausbreitungsverhaltens mit dem Spannungsintensitätsfaktor basiert somit auf der Betrachtung der Spannungen vor der Rißspitze. Alternativ dazu kann die Rißausbreitung mit Hilfe von Energiebetrachtungen erfolgen. Als Rißwiderstand G_{Ic} wird die Energie bezeichnet, die aufzubringen ist, um den Riß um die Flächeneinheit zu vergrößern. Die Dimension des Rißwiderstands ist N/m oder N/mm.

Die spezifische Bruchflächenenergie γ_f ist die notwendige Energie, um die Flächeneinheit einer Bruchfläche zu erzeugen. Da bei der Rißausbreitung zwei Bruchflächen entstehen, ist

$$G_{Ic} = 2\gamma_f \tag{3.3}$$

Die zur Rißausbreitung erforderliche Energie kommt aus zwei Quellen, der Arbeit A der äußeren Kräfte und der elastisch im Bauteil gespeicherten Energie U. Die Energiefreisetzungsrate G_I ist die bei einer gedachten Rißvergrößerung um die Flächeneinheit freiwerdende Energie. Es ist somit

$$G_I = \frac{dA}{dS} - \frac{dU}{dS} \tag{3.4}$$

wobei S die Rißfläche ist. Die gespeicherte elastische Energie U geht mit negativem Vorzeichen ein, da eine Abnahme der gespeicherten elastischen Energie bei einer Rißverlängerung einen positiven Beitrag liefert. Die Energiefreisetzungsrate ist zunächst eine fiktiv zur Verfügung stehende Energie. Mit zunehmender Belastung nimmt G_I zu. Rißausbreitung setzt ein, wenn $G_I = G_{Ic}$ ist.

Zur weiteren Analyse wird Abb. 3.2 betrachtet. Für eine Probe mit Riß der Länge a ist die Kraft F in Abhängigkeit der Verschiebung V der Kraftangriffspunkte aufgezeichnet. Bei elastischem Verhalten ist dies eine Gerade. Die reziproke Steigung dieser Geraden ist die Compliance

$$C = \frac{V}{F}\ , \tag{3.5}$$

die von der Rißlänge abhängt. Nach einer Rißverlängerung um Δa hat C zugenommen. In Abb. 3.2a ist der Fall einer Rißverlängerung bei konstanter Gesamtverschiebung V aufgezeichnet. Die Kraft fällt dabei um ΔF ab. Der schraffierte Bereich entspricht der frei werdenden gespeicherten elastischen Energie ΔU in der Probe. Die Arbeit der äußeren Kraft ist wegen der konstanten Gesamtverschiebung gleich Null. In Abb. 3.2b ist der Fall einer Rißverlängerung bei konstanter Kraft aufgezeichnet. Die Verschiebung nimmt um ΔV zu. Die während der Rißverlängerung geleistete Arbeit der äußeren Kräfte ist

$$\Delta A = F \Delta V$$

Die in der Probe gespeicherte elastische Energie nimmt jetzt nicht ab, sondern um den in Abb. 3.2b angegebenen Betrag ΔU zu. Da aber $\Delta A > \Delta U$ ist, steht trotzdem Energie für die Rißausbreitung zur Verfügung.

Die Energiefreisetzung wird nun für den allgemeinen Fall berechnet, in dem die Grenzfälle "konstante Verschiebung" und "konstante Kraft" mit enthalten sind.

Die Arbeit der äußeren Kräfte ist gegeben durch

$$A = \int F dV \tag{3.6}$$

Somit folgt

$$\frac{dA}{dS} = \frac{dA}{dV}\frac{dV}{dS} = F\frac{d(CF)}{dS} = F^2\frac{dC}{dS} + FC\frac{dF}{dS} \tag{3.7}$$

Die gespeicherte elastische Energie ist

$$U = \frac{1}{2}FV = \frac{1}{2}F^2C \tag{3.8}$$

und somit

$$\frac{dU}{dS} = FC\frac{dF}{dS} + \frac{1}{2}F^2\frac{dC}{dS} \tag{3.9}$$

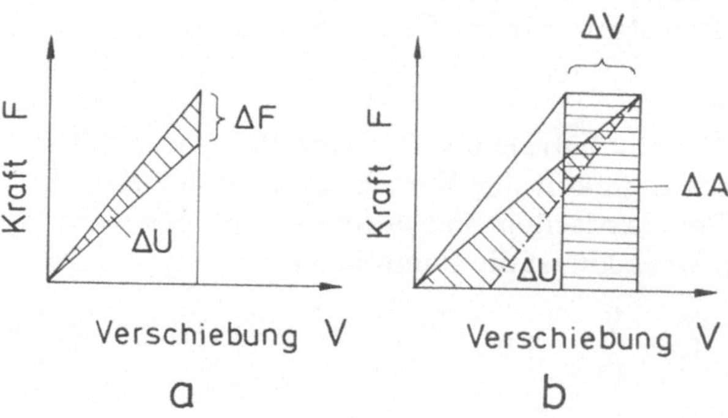

Abb. 3.2 Kraft-Verschiebungs-Kurve mit Rißverlängerung bei konstanter Verschiebung (a) und konstanter Kraft (b).

Aus Gl. (3.4) folgt dann

$$G_I = \frac{F^2}{2} \frac{dC}{dS} \tag{3.10}$$

Ist die Abhängigkeit der Compliance von der Rißfläche bekannt, dann kann die Energiefreisetzungsrate für eine Komponente mit Riß in Abhängigkeit von der Belastung nach Gl. (3.10) berechnet werden.
Der Belastungszustand eines Risses kann somit alternativ durch den Spannungsintensitätsfaktor K_I oder durch die Energiefreisetzungsrate G_I charakterisiert werden. Instabile Rißausbreitung erfolgt bei

$$K_I = K_{Ic} \tag{3.11a}$$

oder

$$G_I = G_{Ic} \tag{3.11b}$$

Irwin hat gezeigt, daß zwischen G_I und K_I eine Beziehung besteht:

$$K_I^{\,2} = G_I\,E' \tag{3.12}$$

mit

$$E' = \begin{cases} E & \text{für ESZ} \\ E/(1-\nu^2) & \text{für EDZ} \end{cases} \tag{3.13}$$

Gl. (3.12) führt damit die beiden Versagensbedingungen ineinander über. Es muß somit auch gelten

$$K_{Ic}^2 = \frac{G_{Ic}\,E}{1-\nu^2} = \frac{2\gamma_f\,E}{1-\nu^2}\,, \tag{3.14}$$

wobei der ebene Dehnungszustand vorausgesetzt wurde.

3.2 Die ansteigende Rißwiderstandskurve

In Kapitel 3.1 wurde von ideal sprödem Werkstoffverhalten ausgegangen. Bei zunehmender Belastung nimmt der Spannungsintensitätsfaktor K_I bzw. die Energiefreisetzungsrate G_I zu, bis der kritische Werkstoffwert K_{Ic} bzw. G_{Ic} erreicht ist und Rißverlängerung einsetzt. Während der weiteren Rißausbreitung ist der Werkstoffwiderstand konstant, d.h. unabhängig von der Größe der Rißverlängerung Δa (s. Abb. 3.3).

Bei einigen Werkstoffen wurde ein anderes Verhalten beobachtet, das auch in Abb. 3.3 dargestellt ist. Mit zunehmender Rißverlängerung nimmt der Werkstoffwiderstand zu. Dies bedeutet, daß die notwendige Energie zur

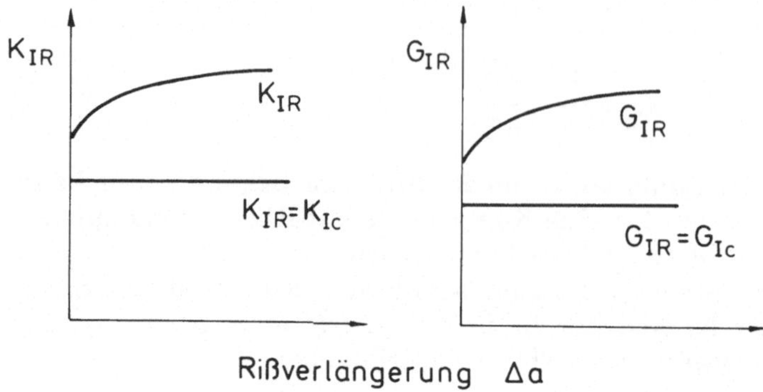

Abb. 3.3 Flache und ansteigende Rißwiderstandskurve

Rißverlängerung um die Flächeneinheit – die jetzt allgemein mit G_{IR} bezeichnet wird – mit der Rißverlängerung Δa zunimmt.

Analog dazu nimmt der notwendige Wert des Spannungsintensitätsfaktors K_{IR} zu. Das Rißausbreitungsverhalten wird dann nicht mehr durch einen Wert K_{Ic} bzw. G_{Ic} sondern durch den Verlauf der K_{IR} – Δa- bzw. der G_{IR} – Δa-Kurve charakterisiert. Dabei muß allerdings geklärt werden, ob die Rißwiderstandskurve eine reine Werkstoffkennkurve ist, oder zusätzlich von der Geometrie des Bauteils und insbesondere von der Größe des Ausgangsrisses abhängt. Das Auftreten einer ansteigenden Rißwiderstandskurve kann auf zwei mögliche Ursachen zurückgeführt werden. Steinbrech [3.1] konnte zeigen, daß die Rißufer bei der Belastung nicht völlig frei sind, sondern sich berühren und dadurch Kräfte übertragen werden können. Dadurch kommt es zu einer Verminderung der Rißspitzenbelastung und zu einem geringeren effektiven Spannungsintensitätsfaktor gegenüber der Berechnung nach den bruchmechanischen Beziehungen. Die ansteigende Rißwiderstandskurve wird dann nicht durch eine Erhöhung des Rißausbreitungswiderstandes, sondern durch eine Erniedrigung der Rißspitzenbelastung mit zunehmender Rißverlängerung hervorgerufen.

Eine zweite wirkende Ursache könnte eine Vergrößerung des gestörten Bereiches vor der Rißspitze sein. Durch die Entstehung von Rißverzweigungen ist ein solcher Effekt denkbar, der zu einer Vergrößerung der energieverzehrenden Zone, der Prozeßzone, führt.

Das Auftreten einer ansteigenden Rißwiderstandskurve wurde an makroskopischen Rissen festgestellt und ist von Bedeutung für die Ermittlung der Rißzähigkeit K_{Ic}, da je nach Versuchsmethodik ein Wert von K_{Ic} bei unterschiedlicher Rißverlängerung gemessen wird (s. Kapitel 3.3.6). Es muß noch geklärt werden, ob auch bei der Ausbreitung der natürlichen Mikrorisse der Effekt der ansteigenden Rißwiderstandskurve von Bedeutung ist.

3.3 Experimentelle Methoden zur Ermittlung der Rißzähigkeit

Die prinzipielle Vorgehensweise bei der Ermittlung der Rißzähigkeit K_{Ic} besteht in den folgenden Schritten:

- Erzeugung eines Risses in einer Probe ,
- Messung der Bruchlast bzw. Bruchspannung,
- Berechnung von K_{Ic} aus der Bruchspannung und der Rißlänge nach der Beziehung

$$K_{Ic} = \sigma\sqrt{a}\,Y \tag{3.15a}$$

oder

$$K_{Ic} = \frac{F}{B\sqrt{W}}\,Y^* \tag{3.15b}$$

Bei der Schreibweise nach Gl. (3.15b) ist die Rißlängenabhängigkeit vollständig in der Funktion Y* (a/W) enthalten.

Das Problem besteht in der Erzeugung eines Anrisses und in der Vermessung der Rißlänge. Es wurden verschiedene Probentypen und Rißerzeugungsmethoden entwickelt, die im folgenden beschrieben werden.

3.3.1 Die Biegeprobe mit durchgehendem Riß

Diese Probe wird üblicherweise im Vierpunktbiegeversuch belastet. Die Kantenlängen der Probe betragen einige Millimeter für den Querschnitt und 40 - 50 mm für die Probenlänge. Die üblichen Auflagerlängen sind S_1 = 40 mm und S_2 = 20 mm.

Der "Riß" wird häufig als feiner Schlitz eingesägt, wobei die relative Rißlänge $\alpha = a/W$ meistens 0.5 beträgt. Die Rißzähigkeit berechnet sich aus der maximalen Kraft F_{max} und der relativen Rißlänge α nach

$$K_{Ic} = \frac{F_{max}}{B\sqrt{W}} \cdot \frac{S_1 - S_2}{W} \cdot \frac{3\Gamma_M\sqrt{\alpha}}{2(1-\alpha)^{3/2}} \tag{3.16}$$

mit

$$\Gamma_M = 1.9887 - 1.326\,\alpha - \frac{(3.49 - 0.68\,\alpha + 1.35\,\alpha^2)\,\alpha(1-\alpha)}{(1+\alpha)^2}$$

Der Vorteil dieser Methode besteht in der relativ einfachen Erzeugung der Kerbe. Experimentelle Untersuchungen über den Einfluß der Kerbbreite bzw. des Kerbradius haben den in Abb. 3.4 angegebenen Zusammenhang ergeben. Der gemessene Wert von K_{Ic} nimmt oberhalb eines kritischen Kerbradius ρ_c linear mit der Wurzel aus dem Kerbradius zu. Nur für $\rho < \rho_c$ wird ein korrekter K_{Ic}-Wert gemessen. Dabei hängt der kritische Wert ρ_c

vom Werkstoff ab. Es muß daher für jeden Werkstoff überprüft werden, ob mit der kleinsten herstellbaren Schlitzbreite ein korrekter K_{Ic}-Wert ermittelt werden kann.
Die übliche Methode der Rißerzeugung ist das Kerben mit dünnen diamantbeschichteten Scheiben oder mit diamantbeschichteten Drähten. Dabei können ohne große Schwierigkeiten Kerbbreiten von 0.1 mm gefertigt werden. Mit größerem Aufwand ist die Erzeugung von Kerbbreiten von 60 µm in Extremfällen bis zu 10 µm möglich.

Die Erzeugung von scharfen Rissen ist nicht einfach. Verschiedene Methoden wurden bisher angewandt:

a) Lokale Thermoschockbehandlung an der Spitze einer Kerbe [3.2]

b) Belastung in einer steifen Belastungseinrichtung [3.3]
In einer sehr steifen Belastungsvorrichtung kann sich ein Riß in einer Vierpunktbiegeprobe kontrolliert aus einer Kerbe bei abnehmender Belastung bilden.

c) Brückenmethode [3.4]
Bei dieser Methode wird ein Vickers-Härteeindruck in eine Vierpunktbiegeprobe eingebracht, so daß sich ein Riß senkrecht zur Belastungsrichtung bildet. Dann wird entsprechend Abb. 3.5 die Probe auf eine glatte Unterlage gelegt und über ein Brückenstück belastet. Dabei bildet sich ausgehend von dem Vickers-Anriß ein über die Probenbreite gehender Riß aus.

d) Ermüdung im Druckbereich [3.5]
Eine mit einer durchgehenden Kerbe versehene Biegeprobe wird in Probenlängsrichtung einer zyklischen Druckbelastung unterworfen. Während der Druckphasen entsteht vor der Kerbe eine Mikrorißzone, die

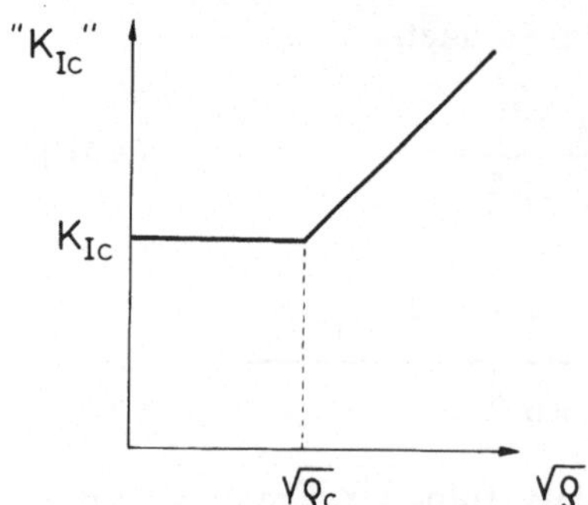

Abb. 3.4 Einfluß des Kerbradius auf die gemessene Rißzähigkeit

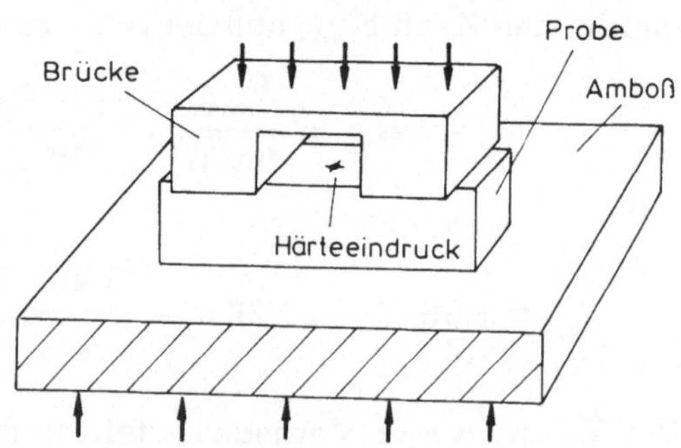

Abb. 3.5 Rißerzeugung nach der Brückenmethode

während der Entlastungsphasen ein Zugeigenspannungsfeld vor der Kerbe erzeugt. Dies führt zu einer zyklischen Rißverlängerung während der Entlastungsphasen, wodurch kontrollierte Anrisse erhalten werden.

e) Anriß durch Keilbelastung
Almond und Roebuck [3.6] entwickelten ein Verfahren, bei dem ein scharfer Keil mit einem Schneidenwinkel zwischen 105° und 150° über die gesamte Probenbreite auf den plan aufliegenden Biegestab gedrückt wird. Dadurch entsteht ein durchgehender scharfer Anriß. Die Zone direkt unterhalb der Keilschneide sollte durch Abschleifen nachträglich entfernt werden.

3.3.2 Doppeltorsionsprobe (DT-Probe)

Die Doppeltorsionsprobe ist eine rechteckige Platte, die an einem Ende durch Vierpunkt-Biegung belastet wird (s. Abb. 3.6). Der Riß breitet sich in Längsrichtung der Platte aus, wobei eine Seitenkerbe dafür sorgt, daß der Riß in der Mitte bleibt. Der Nachteil der Probe ist die Ausbildung einer gekrümmten Rißfront. In einem bestimmten Rißlängenbereich ist K_I unabhängig von der Rißlänge und gegeben durch

$$K_I = FW_m \left[\frac{3(1+\nu)}{Wt^3 t_1} \right]^{1/2} \tag{3.17}$$

Dabei ist W_m der Abstand zwischen dem Auflagepunkt und dem benachbarten Belastungspunkt, W die Probenbreite, t die Probendicke und t_1 die Probendicke im gekerbten Bereich (ausführliche Diskussion in [3.7]).

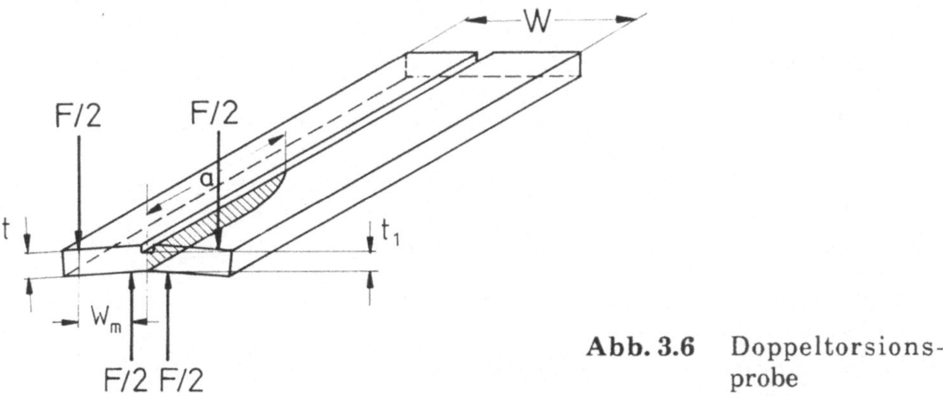

Abb. 3.6 Doppeltorsionsprobe

Diese Probe wird häufig zur Ermittlung des unterkritischen Rißwachstums eingesetzt. Für die K_{Ic}-Ermittlung muß ausgehend von einer Starterkerbe ein scharfer Anriß durch vorsichtiges Belasten eingebracht werden.

3.3.3 Proben mit Spitzkerben

Drei verschiedene Probentypen mit Spitzkerben [3.8, 3.9] - auch Chevronkerben genannt - sind in Abb. 3.7 dargestellt. Es sind die kurze Rundprobe, die kurze Rechteckprobe und die Vierpunktbiegeprobe. Durch zwei Sägeschnitte wird ein dreieckförmiger Restquerschnitt auf der Bruchfläche erzeugt.

Bei der Belastung breitet sich ein Riß von der Spitze der Kerbe aus, wobei sich die Rißfront stetig vergrößert. Die geometrischen Größen der Probe bzw. des Risses sind:

- Probendicke (bzw. Durchmesser bei kurzer Rundprobe) B
- Probenhöhe 2 H bei kurzer Rechteckprobe
- Probenausdehnung W
- Kerbparameter a_0 und a_1 bzw. $\alpha_0 = a_0/W$, $\alpha_1 = a_1/W$

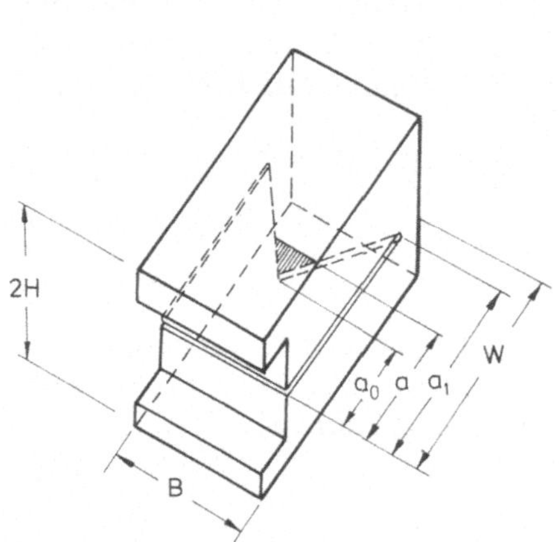

kurze Rechteckprobe

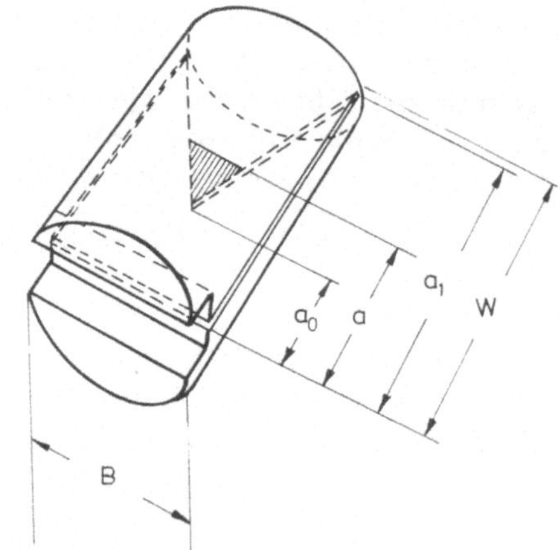

kurze Rundprobe

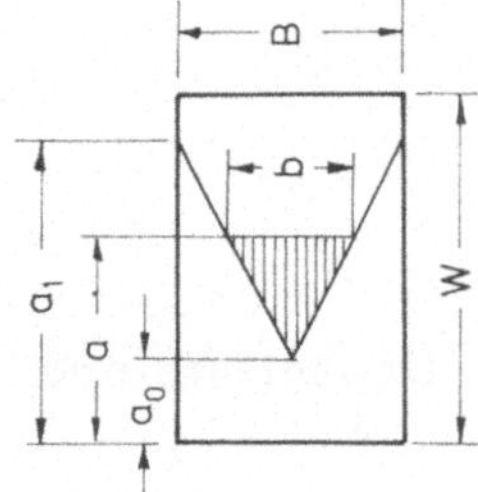

Bruchfläche

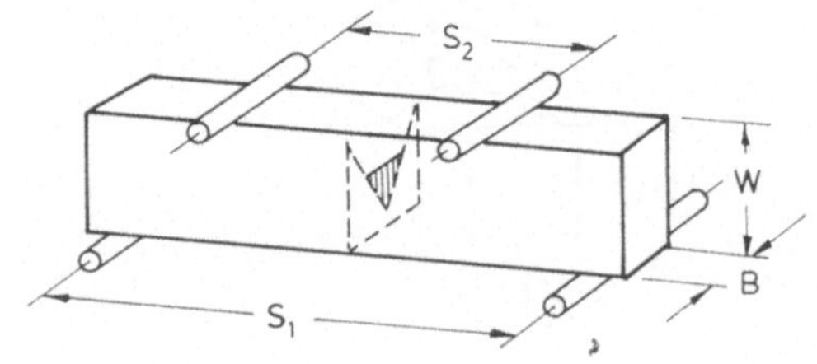

Biegeprobe

Abb. 3.7 Proben mit Spitzkerbe

Bei der kurzen Rundprobe und der kurzen Rechteckprobe erfolgt die Belastung über ein hakenartiges Belastungsgestänge. Die Größen W, a_0 und a_1 werden ausgehend von der Belastungslinie gemessen

Die zu einem Riß der Länge a gehörige Rißfront b ergibt sich aus

$$b = B \frac{a-a_0}{a_1-a_0} = B \frac{\alpha-\alpha_0}{\alpha_1-\alpha_0} \tag{3.18}$$

mit $\alpha = a/W$.
Die üblich auftretende Kraft - Verlängerungs - Kurve ist die Kurve a in Abb. 3.8. Die Kurve ist nichtlinear und durchläuft ein Maximum. Die Nichtlinearität wird durch die Rißverlängerung hervorgerufen. Bei der maximalen Kraft hat sich der Riß ausgehend von der Spitze der dreieckförmigen Kerbe ($a = a_0$) auf $a = a_{max}$ verlängert.

Die analytische Behandlung der Probe basiert auf der Energiebetrachtung. Die notwendige Energie um den Riß um Δa zu verlängern ist gegeben durch

$$\Delta Z = G_{Ic}\, \Delta S = G_{Ic}\, b \Delta a \tag{3.19}$$

Dabei ist G_{Ic} die notwendige Energie, um den Riß um die Flächeneinheit zu vergrößern. Mit Hilfe von Gl. (3.19) und der Beziehung zwischen G_{Ic} und K_{Ic} - Gl. (3.14) - ergibt sich

$$\Delta Z = \frac{K_{Ic}^2\, B \Delta a}{E'} \frac{\alpha-\alpha_0}{\alpha_1-\alpha_0} \tag{3.20}$$

Die zur Verfügung stehende Energie ist

$$\Delta P = G_I\, \Delta S \tag{3.21}$$

Aus Gl. (3.10) folgt

$$\Delta P = \frac{F^2}{2} \frac{dC_{SK}}{dS} \Delta S \tag{3.22}$$

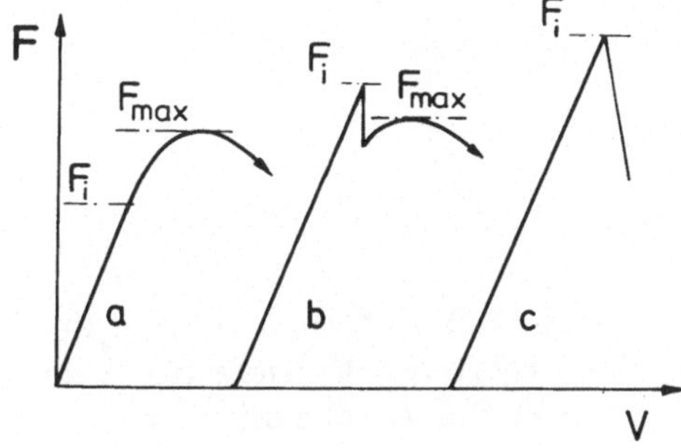

Abb. 3.8
Kraft - Verlängerungs - Kurven bei Proben mit Spitzkerbe

Dabei ist C_{SK} die Compliance der Probe mit Spitzkerbe. Wegen dS = bda und ΔS = bΔa ist

$$\Delta P = \frac{F^2}{2W} \frac{dC_{SK}}{d\alpha} \Delta a \qquad (3.23)$$

Rißverlängerung setzt ein, wenn ΔP = ΔZ ist. Daraus ergibt sich

$$K_{Ic} = \frac{F}{B\sqrt{W}} \left[\frac{EB}{2} \frac{\alpha_1 - \alpha_0}{\alpha - \alpha_0} \frac{dC_{SK}}{d\alpha} \right]^{1/2} \qquad (3.24a)$$

$$= \frac{F}{B\sqrt{W}} Y^* \qquad (3.24b)$$

Die Funktion Y^* enthält zwei Terme, die sich mit α verändern. Die Ableitung der Compliance nach α nimmt mit α zu, während der Geometrieterm $(\alpha_1-\alpha_0)/(\alpha-\alpha_0)$ mit α abnimmt. Die Funktion Y^* durchläuft ein Minimum (Abb. 3.9).

Ist während der Rißausbreitung der Werkstoffwiderstand konstant und somit $K_I = K_{Ic}$, dann ist nach Gl. (3.24b) FY^* = constant.

Das Minimum Y_m^* von Y^* entspricht somit der maximalen Kraft F_{max}. Somit kann K_{Ic} aus der maximalen Kraft nach

$$K_{Ic} = \frac{F_{max}}{B\sqrt{W}} Y_m^* \qquad (3.25)$$

berechnet werden. Dazu muß Y_m^* als Funktion der Probengeometrie (W, H, B) und der Kerbgeometrie (α_0, α_1) bekannt sein. Aus Messung der Compliance C_{SK} und Berechnungen mit der Methode der finiten Elemente wurden Beziehungen für die drei Probentypen abgeleitet:

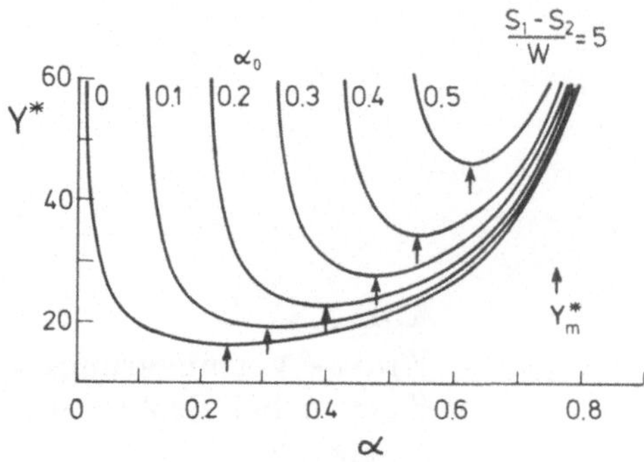

Abb. 3.9 Y^* in Abhängigkeit der relativen Rißtiefe für Vierpunkt-Biegeprobe mit $\alpha_1 = 1$

Kurze Rechteckprobe ($\omega = W/H$):

$$\begin{aligned} Y_m^* = & - 0.36 + 5.48\omega + 0.08\omega^2 \\ & + (30.65 - 27.49\omega + 7.46\omega^2)\, \alpha_0 \\ & + (65.90 + 18.44\omega - 9.76\omega^2)\, \alpha_0^2 \end{aligned} \qquad (3.26)$$

für $3 < \omega < 4$, $0 < \alpha_0 < 0.4$, $\alpha_1 = 1$.

Kurze Rundprobe ($\omega = W/B$):

$$\begin{aligned} Y_m^* = & \quad 19.98 - 9.54\omega + 6.80\omega^2 \\ & + (-118.7 + 125.1\omega - 22.08\omega^2)\, \alpha_0 \\ & + (379.4 - 363.6\omega + 84.4\,\omega^2)\, \alpha_0^2 \end{aligned} \qquad (3.27)$$

für $1.5 < \omega < 2.0$, $0 < \alpha_0 < 0.4$, $\alpha_1 = 1$.

Für $\alpha_1 < 1$ muß Y_m^* mit $[(\alpha_1-\alpha_0)/(1-\alpha_0)]^{1/2}$ multipliziert werden.

Vierpunkt-Biegeprobe:

$$Y_m^* = (3.08 + 5.00\alpha_0 + 8.33\alpha_0^2)\left\{1 + 0.007\left[\frac{S_1 S_2}{W^2}\right]^{\frac{1}{2}}\right\} \cdot [(\alpha_1 - \alpha_0)/(1-\alpha_0)]\ \frac{S_1 - S_2}{W} \qquad (3.28)$$

wobei S_1 und S_2 die Auflageabstände der Belastungsrollen sind.

Die Proben mit Spitzkerben haben den Vorteil, daß kein scharfer Anriß erzeugt werden muß. Die Probe erzeugt sich ihren scharfen Anriß selbst während der Belastung bis zur maximalen Kraft. Außerdem ist keine Messung der Rißlänge erforderlich, da nach Gl. (3.25) K_{Ic} lediglich aus der maximalen Kraft und der Geometriefunktion Y_m^* berechnet wird.

Liegt ein Werkstoff mit ansteigender Rißwiderstandskurve vor, dann nimmt K_{IR} während der Rißverlängerung zu. Es ist dann das Produkt aus F und Y* nicht mehr konstant, sondern nimmt mit der Rißverlängerung zu. Die maximale Kraft F_{max} tritt dann nicht mehr exakt beim Minimum Y_m^* auf. Es kann aber gezeigt werden, daß die Anwendung von Gl. (3.25) trotzdem zu einem Wert K_{IR} führt, der auf der ansteigenden K_{IR}- Δa-Kurve liegt. Allerdings ist die Rißverlängerung, bei der F_{max} erreicht wird von der Probengröße abhängig. Dies führt zu einem Einfluß der Probengröße auf den gemessenen Wert von K_{Ic}.
Bei einer idealisierten Kerbe mit Kerbradius Null würde unmittelbar bei Lastaufbringung Rißverlängerung einsetzen. Bei einer endlichen Kerbbreite setzt Rißverlängerung bei einer Kraft F_i ein. Bei der Kurve a in Abb. 3.8

ist $F_i < F_{max}$. Bei Kurve b ist $F_i > F_{max}$, es tritt aber ein Kraftabfall auf, der durch eine kurzzeitige instabile Rißverlängerung hervorgerufen wird. Anschließend nimmt die Kraft wieder zu, bis F_{max} erreicht ist. Bei Kurve c kommt die instabile Rißausbreitung nach Erreichen von F_i nicht zum Stoppen. In diesem Fall kann die Kraft F_{max} nicht gemessen werden und damit ist keine Ermittlung von K_{Ic} möglich.

3.3.4 Proben mit Oberflächenriß (Knoop - Riß)

Auf einfache Weise kann ein scharfer Anriß durch einen Härteeindruck mit einem Knoop-Diamanten erzeugt werden. Dabei entsteht ein nahezu halbkreisförmiger Oberflächenriß. Die Entstehung eines Risses durch den Härteeindruck ist ein komplizierter Vorgang, der ausführlich von Ostojic und Mc Pherson [3.10] beschrieben wurde. Die Entstehungsgeschichte eines Risses ist in Abb. 3.10 dargestellt. In der unmittelbaren Umgebung des Knoop-Diamanten treten nichtlineare Verformungen auf, die durch plastische Verformungen, vor allem aber durch die Bildung von Mikrorissen hervorgerufen werden. Bei einer kritischen Belastung bildet sich ein Hauptriß ausgehend von dem geschädigten Bereich. Dieser Riß verlängert sich stabil mit zunehmender Belastung. Beim Entlasten schließt sich der gestörte Bereich. Dabei können Seitenrisse auftreten.

In Abb. 3.11 sind einige charakteristische Größen für einen Knoop-Eindruck aufgezeichnet. Der Härteeindruck auf der Probenoberfläche hat die Länge L und die Breite b. Das Rißprofil, das auf der Bruchfläche gesehen werden kann, ist durch die Tiefe a und die Länge 2c charakterisiert. Die Tiefe des Härteeindrucks ist x, die Tiefe des gestörten Bereichs z_0. Bei einigen Werkstoffen kann dieser Bereich auf der Bruchfläche gesehen werden. Es wurde dabei festgestellt, daß z_0 gleich der Länge b der kurzen Diagonale des Eindrucks ist [3.11].

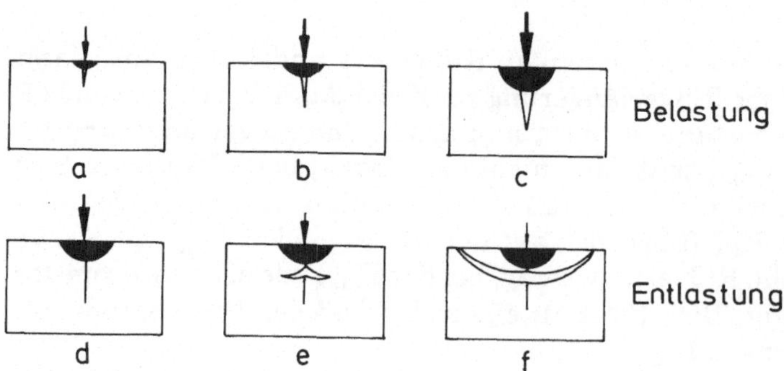

Abb. 3.10 Entstehung von Knoop-Rissen

Nach dem Entlasten steht der gestörte Bereich unter Druckeigenspannungen, denen Zugeigenspannungen im Rißspitzenbereich gegenüberstehen.

In Abb. 3.12 ist für einige Werkstoffe die Rißtiefe a gegen die Härtebelastung aufgetragen. Die Kurven sind anfangs gekrümmt, ab einer Belastung von etwa 100 N nimmt die Rißtiefe mit der Belastung nahezu linear zu. Das Achsenverhältnis a/c ist ebenfalls von der Belastung abhängig und nimmt mit der Belastung zu.

Üblicherweise werden die Oberflächenrisse in Stäbchen erzeugt, die anschließend im Vierpunkt-Biegeversuch gebrochen werden. Die Berechnung der Rißzähigkeit aus der maximalen Kraft erfolgt nach einer von Newman und Raju für Risse mit $a/c < 1$ aufgestellten Beziehung:

an der tiefsten Stelle

$$K_I = \sigma\sqrt{\pi a}\,\frac{M}{\Phi}\,H_2 \tag{3.29a}$$

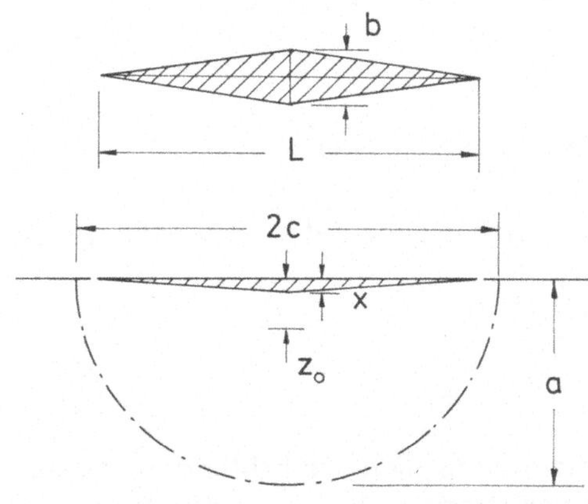

Abb. 3.11 Geometriegrößen eines Knoop-Risses

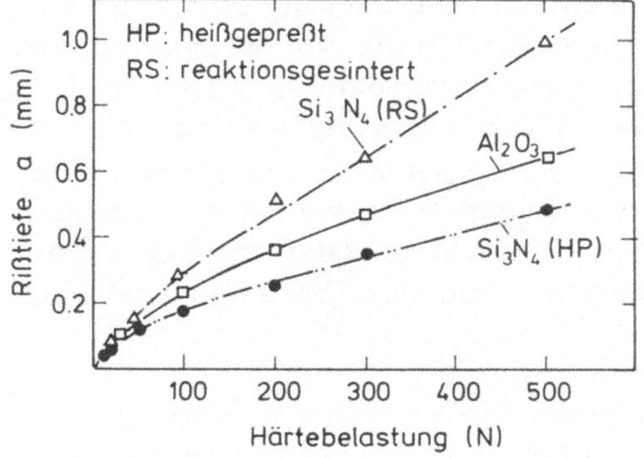

Abb. 3.12 Rißtiefe von Knoop-Rissen in Abhängigkeit von der Härtebelastung für Al_2O_3 und Si_3N_4-Werkstoffe [3.24]

an der Oberfläche

$$K_I = \sigma\sqrt{\pi a}\ \frac{M}{\Phi}\ H_1 \sqrt{a/c}\ [1.1 + 0.35\,(a/t)^2] \qquad (3.29b)$$

Dabei ist σ die Randfaserspannung der Biegung, die sich bei Vierpunkt-Biegebelastung mit den Auflagelängen S_1 und S_2 aus der Kraft F, der Probenhöhe W und der Probendicke B nach

$$\sigma = \frac{3\,(S_1 - S_2)\,F}{2\,W^2 B} \qquad (3.30)$$

berechnet. Die anderen Größen sind gegeben durch:

$$H_1 = 1 - [0.34 + 0.11\,(a/c)]\,a/t \qquad (3.31a)$$

$$H_2 = 1 - [1.22 + 0.12(a/c)]\,(a/t) + [0.55 - 1.05\,(a/c)^{0.75} + 0.47(a/c)^{1.5}]\,(a/t)^2 \qquad (3.31b)$$

$$M = 1.13 - 0.09\,(a/c) + \left[-0.54 + \frac{0.89}{0.2 + a/c}\right](a/t)^2 + \left[0.5 - \frac{1}{0.65 + a/c} + 14\,(1 - a/c)^{24}\right](a/t)^4 \qquad (3.31c)$$

Die Größe ϕ ist durch ein elliptisches Integral gegeben, das näherungsweise als

$$\Phi = [1 + 1.474\,(a/c)^{1.65}]^{1/2} \qquad (3.31d)$$

dargestellt werden kann.

Ein Problem stellen die bei der Rißerzeugung sich ausbildenden Eigenspannungen dar. Bei der Belastung überlagern sich die an der Rißspitze vorliegenden Zugeigenspannungen mit den Lastspannungen. Allerdings nehmen die Eigenspannungen mit zunehmender Belastung ab. Öffnet sich der Riß vor Einsetzen des Bruches, verschwinden die Kontaktspannungen im geschädigten Bereich und damit auch die Eigenspannungen an der Rißspitze. In den meisten Fällen setzt aber Rißverlängerung vor dem vollständigen Abbau der Eigenspannungen ein. Wird K_{Ic} aus der maximalen Kraft berechnet, ergibt sich daraus ein zu niedriger Wert, weil der Eigenspannungsanteil nicht berücksichtigt wird. Deshalb müssen die Eigenspannungen vor dem Bruchversuch beseitigt werden. Dazu bestehen zwei Möglichkeiten:

- Abschleifen der Kontaktzone bis zu der Tiefe z_0 führt zu einer Beseitigung der Eigenspannungen. Tatsächlich wurden nach dem Abschleifen bis zu 80 % erhöhte K_{Ic}-Werte gemessen.

- Eine andere Möglichkeit zur Beseitigung der Eigenspannungen besteht in einer Glühbehandlung. Erfolgt die Glühung bei genügend hoher Temperatur, so können sich die Eigenspannungen durch plastische Verformung abbauen. Gleichzeitig kann aber beim Glühen ein Ausheilen des Risses durch Diffusionsvorgänge stattfinden. Dies kann dazu führen, daß der Bruch nach einer Glühbehandlung nicht am Knoopriß erfolgt. Glühen im Vakuum mit oder ohne Vorspannung kann die Gefahr des Rißausheilens beseitigen.

3.3.5 Vickers-Härteeindrücke

Die Ermittlung der Rißzähigkeit mit Hilfe von Vickers-Härteeindrücken geht auf Arbeiten von Evans und Charles [3.12] zurück, die später u.a. von Niihara et al. [3.13], Anstis et al. [3.14], Lawn et al. [3.15] erweitert wurden. Bei dieser Methode wird die Rißzähigkeit aus der Belastung beim Härteeindruck und aus der Länge der sich auf der Oberfläche ausbildenden Risse ermittelt (s. Abb. 3.13). Bei einem modifizierten Verfahren wird nach dem Härteeindruck ein Biegeversuch durchgeführt und die Rißzähigkeit aus der Härtebelastung und der Biegefestigkeit berechnet.

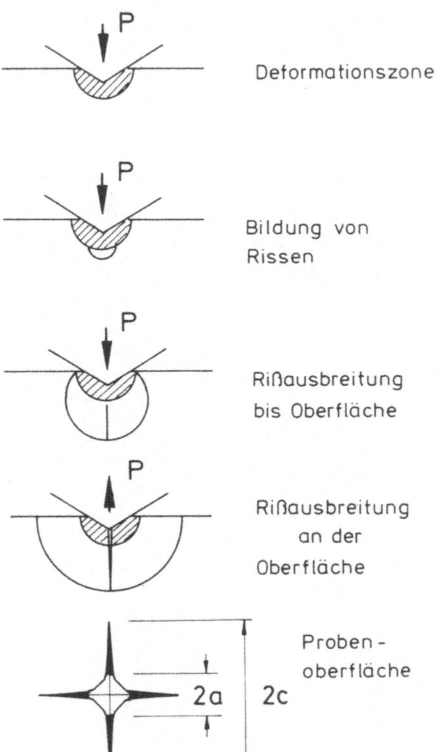

Abb. 3.13 Entwicklung von Vickers-Rissen

In Abb. 3.13 ist die Entwicklung von Rissen nach Binner und Stevens [3.16] aufgezeichnet. Unterhalb des pyramidenförmigen Härteeindrucks bildet sich eine Deformationszone aus (gestrichelter Bereich in Abb. 3.13).

Während der Belastung und der anschließenden Entlastung entstehen zwei senkrecht aufeinanderstehende Risse, die von der tiefsten Stelle ausgehen, sich bis zur Oberfläche ausbreiten und etwa halbkreisförmige Gestalt haben. Die Oberflächenrißlänge ist 2c, die Länge der Diagonale des Härteeindrucks 2a.

Bei relativ zähen Werkstoffen, z.B. bei WC-Co Hartstoffen bildet sich bei nicht zu hohen Belastungen ein anderes Rißsystem aus. Es entstehen an der Oberfläche radiale Risse, die sich nicht weit in die Tiefe erstrecken. Diese Risse werden als Palmqvist-Risse bezeichnet. Die Länge der Palmqvist-Risse l wird, wie in Abb. 3.14 angegeben, ausgehend von der Ecke des Härteeindrucks gemessen. Es ist somit $c = a + l$.

Aufgrund von theoretischen Überlegungen folgt

$$K_{Ic} \sim H\sqrt{a}\left(\frac{E}{H}\right)^{1/2}\left(\frac{c}{a}\right)^{3/2}, \tag{3.32}$$

wobei sich die Härte H aus der Belastung F und der Größe a berechnet.

$$H = \frac{F}{2a^2} \tag{3.33}$$

Der Exponent für E/H wurde in früheren Arbeiten mit 0.4 angegeben. Für den Proportionalitätsfaktor in Gl. (3.32) finden sich in der Literatur verschiedene Werte. Die beste Übereinstimmung mit experimentell auf andere Weise ermittelten K_{Ic}- Werten ergab nach Anstis et al.

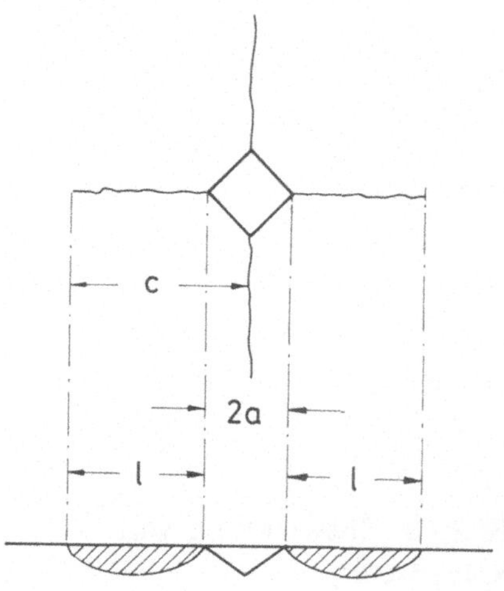

Abb. 3.14 Palmqvist-Risse

$$K_{Ic} = 0.032\, H \sqrt{a} \left(\frac{E}{H}\right)^{1/2} \left(\frac{c}{a}\right)^{-3/2} \tag{3.34a}$$

Für den Bereich, in dem Palmqvist-Risse auftreten, geben Niihara et al. an

$$K_{Ic} = 0.018\, H \sqrt{a} \left(\frac{E}{H}\right)^{0.4} \left(\frac{c}{a} - 1\right)^{-1/2} \tag{3.35}$$

In der gleichen Arbeit wurde für halbkreisförmige Risse

$$K_{Ic} = 0.067\, H \sqrt{a} \left(\frac{E}{H}\right)^{0,4} \left(\frac{c}{a}\right)^{-3/2} \tag{3.34b}$$

angegeben. Diese Gleichung enthält noch den Exponenten 0.4 für E/H und führt zu einem um den Faktor 2 größeren K_{Ic} gegenüber Gl. (3.34a). Nach Niihara et al. treten Palmqvist-Risse bei etwa $l/a < 2.5$ oder $c/a < 3.5$ auf. Die halbkreisförmigen Risse, bei denen die Auswertung nach den Gl. (3.34) erfolgt treten etwa für $c/a > 2.5$ auf. Es gibt somit einen Bereich in der Nähe von $c/a = 3$, in dem nicht ganz klar ist, welche Beziehung angewandt werden soll. Wie aus Abb. 3.15 hervorgeht, ist in diesem Bereich der Unterschied von Gl. (3.34) und (3.35) allerdings nicht sehr groß, wenn für halbkreisförmige Risse Gl. (34b) verwendet wird.

Für die praktische Anwendung soll hier die Beziehung (3.34a) empfohlen werden, da sie die beste theoretische Grundlage besitzt und das umfangreichste Datenmaterial beschreibt.
Voraussetzung für die Anwendbarkeit dieser Methode ist die Ausbildung von geradlinigen auf der Oberfläche sichtbaren Rissen. In Werkstoffen mit großer Korngröße und in Einkristallen können sich unregelmäßige Risse ausbilden. Es kann auch zur Ausbildung von sogenannten lateralen Rissen kommen, die parallel zur Oberfläche verlaufen und zusammen mit den anderen Rissen zu einem Materialausbruch führen können.

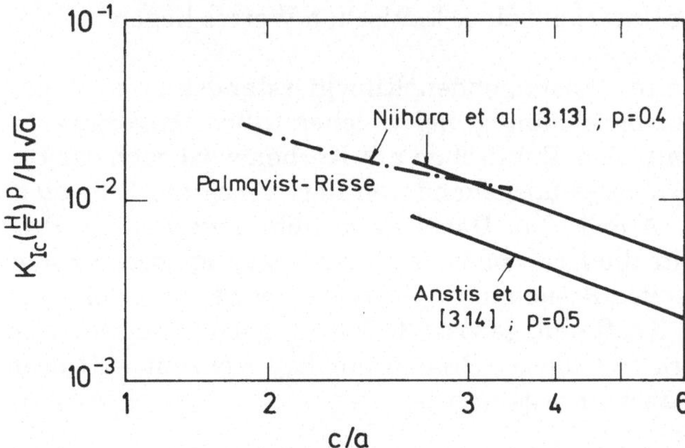

Abb. 3.15 Zur Bestimmung von K_{Ic} aus Vickers-Rissen

Ein weiteres Problem können die sich während des Härteeindrucks ausbildenden Eigenspannungen sein. Sie können dazu führen, daß sich der Riß nach dem Entlasten unterkritisch weiter ausbreitet. Dies gibt dann bei der Anwendung der Gleichungen (3.34) eine Unterschätzung von K_{Ic}. Es empfiehlt sich daher, den Härteeindruck in Öl vorzunehmen, das gegenüber Luft zu geringerem unterkritischen Rißwachstum führt, und die Risse möglichst sofort nach dem Einbringen des Härteeindrucks auszumessen.

Der Vorteil der Methode besteht in seiner einfachen Durchführung und in seinem geringen Materialverbrauch.

Bei einer modifizierten Methode wird K_{Ic} nicht aus der Rißlänge an der Oberfläche berechnet, sondern aus der Härtebelastung F und der im anschließenden Biegeversuch gemessenen Festigkeit. Chantikul et al. [3.17] geben folgende Beziehung an

$$K_{Ic} = 0.59 \left(\frac{E}{H} \right)^{1/8} \left(\sigma_c \, F^{1/3} \right)^{3/4} \tag{3.36}$$

Nach dieser Beziehung sollte $\sigma_c F^{1/3}$ unabhängig von F sein.

3.3.6 Vergleich verschiedener Probenformen

Mit den verschiedenen Probentypen werden teilweise unterschiedliche Werte für die Rißzähigkeit ermittelt. Abgesehen von Fehlern beim Ausmessen der Rißlänge können diese Unterschiede im wesentlichen auf das Auftreten einer ansteigenden Rißwiderstandskurve zurückgeführt werden. Dies wird anhand von Abb. 3.16 erläutert. Für ein Material mit einer flachen Rißwiderstandskurve (Abb. 3.16a) ist $K_{IR} = K_{Ic}$ unabhängig von der Rißverlängeung. Bei allen Proben mit scharfem Anriß sollte daher der gleiche K_{Ic}-Wert gemessen werden. Bei Proben mit Kerben muß die Kerbbreite bzw. der Kerbradius unterhalb eines kritischen Wertes liegen.

Bei einem Material mit einer ansteigenden Rißwiderstandskurve ist der erhaltene Wert von K_{Ic} davon abhängig, bei welcher Rißverlängerung Δa die kritische Kraft ermittelt wird. Bei Proben mit Kerben wird nach der Erzeugung eines scharfen Anrisses ausgehend von der Kerbe die Rißwiderstandskurve durchlaufen (Abb.3.16b). Dabei kann abhängig von der Probenform und der Kerbbreite die Kraft nach der Rißinitiierung noch zu- oder aber direkt abnehmen. Bei den Proben mit Spitzkerben wird immer bis zum Erreichen der maximalen Kraft eine gewisse Rißverlängerung durchlaufen (Abb. 3.16c). Deshalb wird mit diesen Proben ein K_{Ic}-Wert im mittleren oder oberen Teil der K_{IR} - Δa-Kurve gemessen.

Bei Proben, bei denen ein natürlicher Anriß durch Vorbelasten erzeugt wird, wird während dieser Vorbelastung ebenfalls ein Teil der K_{IR}- Δa-Kur-

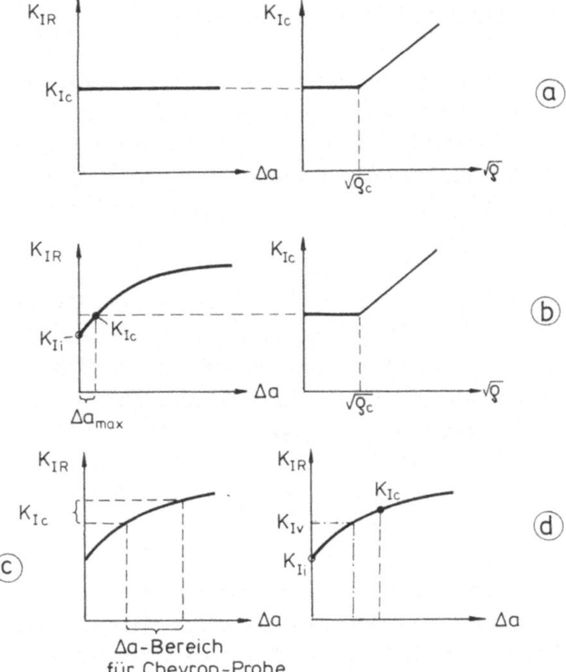

Abb. 3.16 Zum Einfluß der Probenform auf den gemessenen Wert von K_{Ic}

ve bis zu einem Wert K_{Iv} durchlaufen und beim eigentlichen Bruchversuch ein Wert von K_{Ic} gemessen, der abhängig ist von der Rißverlängerung bei der Vorbelastung (Abb. 3.16d).

Aus diesem Verhalten können für die verschiedenen Probentypen folgende Schlußfolgerungen gezogen werden [3.18]:

- Proben mit einer durch einen Sägeschnitt erzeugten geraden Kerbe können nur verwendet werden, wenn sichergestellt ist, daß die Kerbe scharf genug ist. Ist dies nicht der Fall, werden zu große Werte für K_{Ic} gemessen.

- Bei durch Knoop-Diamanten erzeugten Oberflächenrissen müssen die Eigenspannungen beseitigt werden. Geschieht dies nicht, werden zu kleine Werte für K_{Ic} gemessen.

- Bei Proben mit Spitzkerben ist ein verrundetes Maximum der Kraft-Aufweitungskurve Voraussetzung für die Ermittlung eines sinnvollen Wertes von K_{Ic}. Bei Werkstoffen mit ansteigender Rißwiderstandskurve wurden im allgemeinen größere Werte für K_{Ic} gemessen als mit anderen Proben, wobei die Meßwerte mit der Probengröße zunehmen.

3.4 Rißzähigkeit verschiedener Keramiken

In Tabelle 3.1 sind Rißzähigkeitswerte einiger keramischer Werkstoffe zusammengestellt. Die Rißzähigkeit hängt - wie in Kapitel 3.3 ausgeführt wurde - von den angewandten Meßmethoden aber auch vom Reinheitsgrad und dem Herstellungsverfahren der Keramik ab. Deshalb enthält Tabelle 3.1 in einigen Fällen Bereiche von K_{Ic}. Sind nur Einzelwerte angegeben so sind diese als Anhaltswerte zu betrachten.

Die Einlagerung feinverteilter ZrO_2-Teilchen in eine keramische Matrix führt zu einer Erhöhung der Rißzähigkeit. Diese Erhöhung ist auf die Umwandlung von metastabilem, tetragonalem ZrO_2 während der Rißausbreitung zurückzuführen. Dabei entstehen Sekundärrisse und Druckspannungen an der Rißspitze. Die Rißzähigkeit ist abhängig vom Gehalt an ZrO_2 und der Teilchengröße. Abb. 3.17 gibt einige Ergebnisse wieder. Dabei ist zu erkennen, daß das Maximum der Rißzähigkeit nicht zu einem Maximum der Festigkeit führt.

Eine mit der Rißverlängerung ansteigende Rißwiderstandskurve wurde vor allem bei Al_2O_3 und ZrO_2 beobachtet. Abbildung 3.18 zeigt Beispiele. In beiden Fällen erhöht sich während der Rißausbreitung der Spannungsintensitätsfaktor um mehr als den Faktor 2.

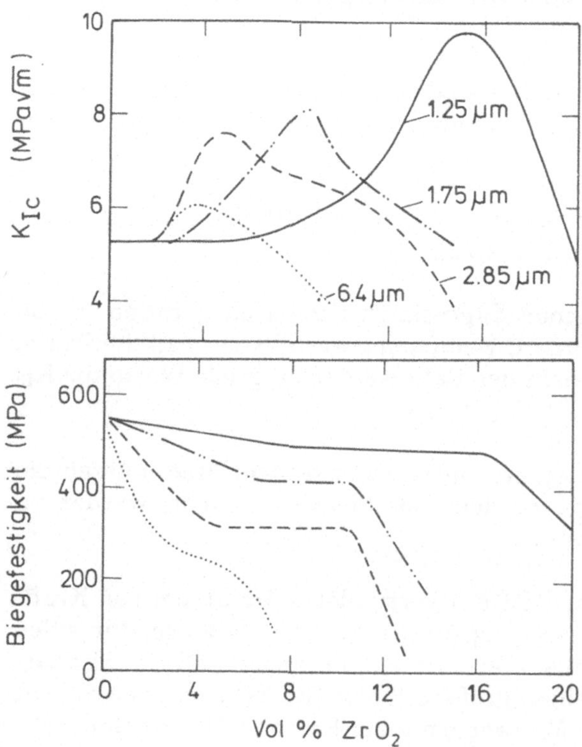

Abb. 3.17 Rißzähigkeit und Festigkeit von Al_2O_3 mit ZrO_2-Teilchen unterschiedlicher Größe [3.19]

Tabelle 3.1 Rißzähigkeit in MPa $\sqrt{m}$

Al_2O_3		3.5 - 6.0
Al_2O_3 - ZrO_2		5.0 - 8.0
Al_2O_3 - TiC		3.5 - 5.5
MgO		2.0 - 3.0
MgO - ZrO_2		2.0 - 3.7
SiO_2		0.8
ZrO_2		6 - 11
BeO		4.8
SiC		3 - 5
B_4C		3 - 4
TiC		4.8
AlN		3 - 3.5
Si_3N_4	HPSN	4.5 - 8
	RBSN	1.5 - 3
ZnS		0.6
Be		7 - 10
WC - Co		10 - 20
$MgAl_2O_4$		1.2 - 1.9
Mullit		2.0

Während bei Al_2O_3 der Anstieg von K_{IR} vor allem auf Rißuferkontakte zurückzuführen ist, ist die Ursache bei ZrO_2 mit Umwandlungsvorgängen vor der Rißspitze verbunden.

Die Rißzähigkeit ist wie alle Werkstoffkenngrößen temperaturabhängig. Bei einer Erhöhung der Temperatur ändert sich bei den meisten Keramiken die Rißzähigkeit zunächst nicht oder nur gering. Ein deutlicher Einfluß der Temperatur wird beobachtet, wenn Kriecheffekte auftreten. Dann wird teilweise ein recht komplexes Verhalten festgestellt. Dies wird am Beispiel des heißgepreßten Siliciumnitrid verdeutlicht (s. Abb. 3.19). Die Versuche wurden an Proben mit einem dünnen Sägeschnitt im Vierpunktbiegeversuch durchgeführt. Bis zu etwa 1000°C zeigt die Kraft-Verlängerungskurve rein lineares Verhalten. Die Bruchkraft F_c ist mit der maximalen Kraft F_{max} identisch. Die K_{Ic}-Werte bei 1000°C - 1100°C sind etwas niedriger als bei Raumtemperatur. Oberhalb 1100°C gibt es eine auf stabiles Rißwachstum zurückzuführende Abweichung von der linearen Kraft-Verschiebungs-Kurve. Ab etwa 1175°C setzt der Bruch nach Überschreiten der maximalen Kraft ein. Die stabile Rißverlängerung Δa_c bis zum Einsetzen der instabilen Rißverlängerung ist auf der Bruchfläche zu erkennen. Es lassen sich nun drei verschiedene Werte von K berechnen: K_{max} aus der maximalen Kraft und der ursprünglichen Rißlänge, K_{max}* aus der maximalen Kraft und der Rißlänge bei F_{max} (nur möglich, wenn durch Entlasten bei F_{max} und anschließendem Bruch bei Raumtemperatur Δa_{max} auf der Bruchfläche ausgemessen wird) und K_c aus der Bruchkraft F_c und der Rißlänge bei F_c. Diese drei Werte sind in Abb. 3.19 gegen die Temperatur aufgetragen. K_c steigt bis zu 1200°C stark an. Bei noch höheren Temperaturen ist keine sinnvolle Berechnung mit den Beziehungen der linear elastischen Bruchmechanik möglich. K_{max} und K^*_{max} durchlaufen bei 1200°C ein Maximum.

Es tritt somit bei hohen Temperaturen ein Anstieg von K mit der Rißverlängerung auf, d.h. es gibt eine ansteigende Rißwiderstandskurve. Die Ursache ist eine Rißverzweigung und möglicherweise zusätzlich eine Abstumpfung der Rißspitze durch viskoses Fließen der Korngrenzenphase.

Wie aus diesem Beispiel hervorgeht, kann die Interpretation von Rißzähigkeitswerten im Hochtemperaturbereich schwierig sein. Vergleichsweise einfach ist das Verhalten von Materialien ohne oder mit nur geringer viskoser Korngrenzenglasphase, wie es z.B. in Abb. 3.20 für heißgepreßtes SiC wiedergegeben ist. Einer bis 1000°C nahezu konstanten Rißzähigkeit folgt eine stetige Abnahme. Bis ca. 1400°C treten nur scharfe Kraftmaxima auf. Erstes stabiles Rißwachstum zeigt sich oberhalb 1400°C. Für einen R-Kurven-Effekt besonders bei Raumtemperatur sprechen die höheren Werte von Chevron-Proben verglichen mit gesägten Flachkerb-Proben.

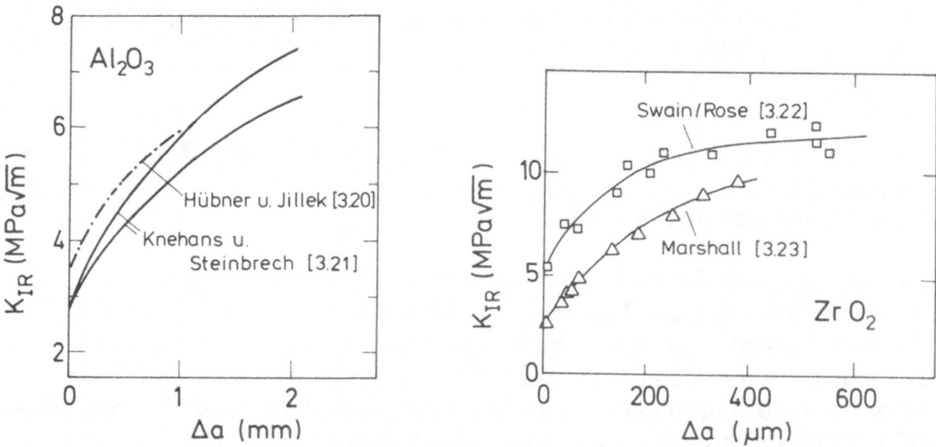

Abb. 3.18 Ansteigende Rißwiderstandskurven für Al_2O_3 und ZrO_2

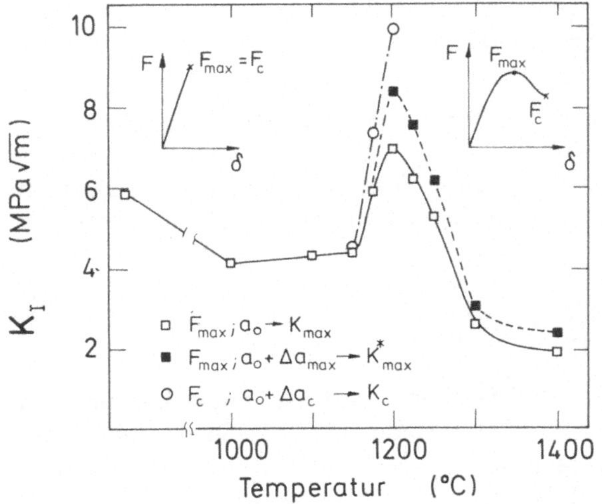

Abb. 3.19 Kritische Werte des Spannungsintensitätsfaktors in Abhängigkeit von der Temperatur für heißgepreßtes Siliciumnitrid [3.25]

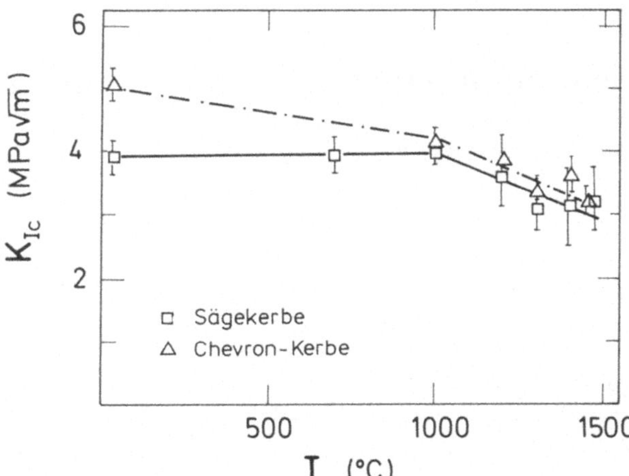

Abb.3.20 Einfluß der Temperatur auf die Rißzähigkeit von heißgepreßtem Siliciumcarbid [3.26]

3.5 Unterkritisches Rißwachstum

3.5.1 Grunderscheinungen

Bei vielen Keramiken geht dem instabilen Bruch ein unterkritisches Rißwachstum voraus. Dabei verlängert sich ein Riß der Anfangsgröße a_i langsam bis zu der von der Belastung abhängigen kritischen Größe a_c, bei der dann instabiler Bruch einsetzt. Im Bereich der Gültigkeit der linear-elastischen Bruchmechanik wird die Rißwachstumsgeschwindigkeit v eines Werkstoffs in einem bestimmten Umgebungsmedium ausschließlich durch den Spannungsintensitätsfaktor bestimmt

$$v = \frac{da}{dt} = f(K_I) \tag{3.37}$$

In Abb. 3.21 ist ein typischer Verlauf einer v – K_I – Kurve aufgezeichnet.

In der doppeltlogarithmischen Darstellung tritt in einem großen Bereich der Rißgeschwindigkeit ein linearer Bereich (I) auf, der durch das Potenzgesetz

$$\frac{da}{dt} = A\,K_I^n \tag{3.38}$$

mit den temperaturabhängigen Materialkonstanten A und n beschrieben wird. In einigen Fällen wurde ein unterer Grenzwert des Spannungsintensitätsfaktors K_{I0} gemessen, unterhalb dessen kein unterkritisches Rißwachstum auftritt. Bei großen Rißgeschwindigkeiten kann ein Plateau (II) auftreten, in dem die Rißgeschwindigkeit unabhängig von K_I ist. Nach einem weiteren Anstieg der Rißgeschwindigkeit (III) setzt bei $K_I = K_{Ic}$ instabile Rißausbreitung ein.

Die Lebensdauer eines keramischen Bauteils bei vorgegebener Belastung kann aus dem Zusammenhang zwischen der Rißgeschwindigkeit und dem Spannungsintensitätsfaktor berechnet werden.

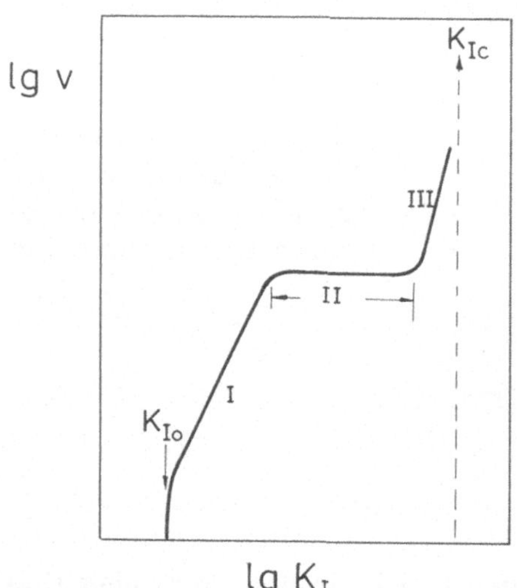

Abb. 3.21 Typische v – K_I – Kurve

3.5.2 Lebensdauer unter statischer Last

Aus der Definition des Spannungsintensitätsfaktors nach Gl. (3.2) und der Rißwachstumsgesetzmäßigkeit nach Gl. (3.38) ergibt sich bei Annahme einer konstanten GeometriefunktionY für das Zeitdifferential

$$dt = \frac{1}{A\sigma^n Y^n a^{n/2}} da \tag{3.39}$$

Integration der Gl. (3.39) von der Anfangsrißtiefe a_i bis zum kritischen Wert a_c liefert für beliebige zeitabhängige Spannungen $\sigma(t)$

$$\int_0^{t_B} \sigma(t)^n dt = \frac{2}{AY^n(n-2)} \left[a_i^{\frac{2-n}{2}} - a_c^{\frac{2-n}{2}} \right] \tag{3.40}$$

Die Anfangsrißtiefe a_i eines Werkstoffs läßt sich indirekt aus der sogenannten Inertfestigkeit σ_c und der Rißzähigkeit K_{Ic} berechnen:

$$a_i = \left[\frac{K_{Ic}}{\sigma_c Y} \right]^2 \tag{3.41}$$

Dabei ist σ_c die Versagenspannung, die sich bei einem Versuch ohne vorausgehendes unterkritisches Rißwachstum ergibt. Dies wird durch eine sehr hohe Belastungsgeschwindigkeit erreicht. Durch ein inertes Umgebungsmedium oder durch tiefe Temperaturen kann unterkritisches Rißwachstum zusätzlich unterdrückt werden.

Zwischen der kritischen Rißlänge a_c und der Spannung σ_B im Moment des Bruches besteht die Beziehung

$$a_c = \left[\frac{K_{Ic}}{\sigma_B Y} \right]^2 \tag{3.42}$$

Aus Gl. (3.40) folgt dann

$$\int_0^{t_B} \sigma(t)^n dt = B\sigma_c^{n-2} \left[1 - (a_i/a_c)^{(n-2)/2} \right] = B\sigma_c^{n-2} \left[1 - (\sigma_B/\sigma_c)^{(n-2)} \right] \tag{3.43}$$

wobei die Größe B bruchmechanische Daten zusammenfaßt

$$B = \frac{2}{AY^2(n-2)} K_{Ic}^{2-n} \tag{3.44}$$

Wegen der bei keramischen Werkstoffen auftretenden hohen Werte von $n > 10$ folgt schon für geringfügig unterhalb a_c liegende Anfangswerte a_i

$$(a_i/a_c)^{(n-2)/2} = (\sigma_B/\sigma_c)^{n-2} \ll 1 \quad , \tag{3.45}$$

wodurch sich Gl. (3.43) zu

$$\int_0^{t_B} \sigma^n dt = B\sigma_c^{n-2} \tag{3.46}$$

vereinfacht.

Für den Fall statischer Belastung σ = const. ergibt sich aus Gl. (3.46)

$$t_B = B\sigma_c^{n-2}\,\sigma^{-n} \tag{3.47}$$

d.h. eine starke Spannungsabhängigkeit der Bruchzeit aufgrund des hohen Spannungsexponenten n.

3.5.3 Lebensdauer bei wechselnder Belastung

Weitere in der Praxis wichtige Belastungsfälle sind die zeitlich veränderlichen Spannungen $\sigma(t)$. Bei einer periodischen Belastung (Abb. 3.22) mit der Periodendauer T und somit $\sigma(t+T)=\sigma(t)$ gilt im Falle der Überlagerung einer konstanten Mittelspannung σ_m und einem reinen zyklischen Anteil $\sigma_a \cdot f(t)$

$$\sigma(t) = \sigma_m + \sigma_a f(t)\ ,\quad f(t)=f(t+T) \tag{3.48}$$

Die Lebensdauer im zyklischen Versuch und die durch

$$t_{Bz} = N_B\,T \tag{3.49}$$

definierte Zyklenzahl bis zum Bruch resultieren durch Einsetzen von Gl.(3.48) in Gl. (3.46) zu

$$t_{Bz} = \frac{1}{g(n,\sigma_a/\sigma_m)}\,B\sigma_c^{n-2}\,\sigma_m^{-n}\ , \tag{3.50}$$

wobei die Funktion $g(n,\sigma_a/\sigma_m)$ durch

$$g(n,\sigma_a/\sigma_m) = \frac{1}{T}\int_0^T \left[1 + \frac{\sigma_a}{\sigma_m} f(t)\right]^n dt \tag{3.51}$$

definiert ist.

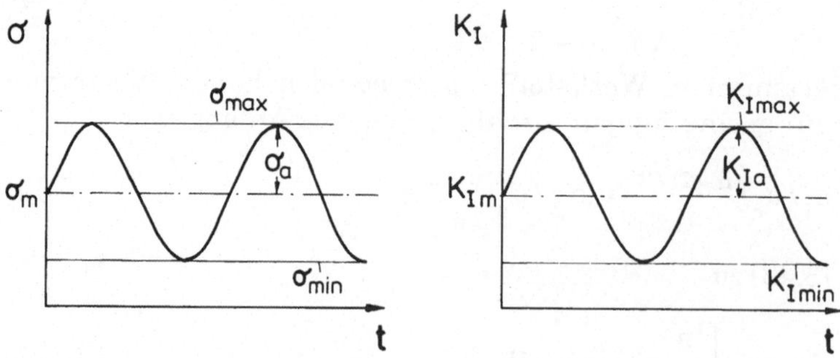

Abb. 3.22 Verlauf von Spannung und Spannungsintensitätsfaktor bei zyklischer Belastung

Diese Funktion kann für beliebige Kurvenformen numerisch berechnet werden. In Spezialfällen (z.B. Sinus und Rechteck) ist eine analytische Darstellung möglich. Bei der Berechnung von g muß beachtet werden, daß nur die positiven Spannungen während eines Zyklus berücksichtigt werden. Wenn man annimmt, daß der Ermüdungsmechanismus bei statischer und zyklischer Belastung der gleiche ist, läßt sich die Lebensdauer bei zyklischer Belastung aus den Ergebnissen des statischen Versuchs ermitteln. Unter Verwendung der Funktion g lassen sich einfache Umrechnungen von statischen Lebensdauern t_{Bs} in zyklische Lebensdauern t_{Bz} durchführen:

$$t_{Bz} = \frac{1}{g(n, \sigma_a / \sigma_m)} \left(\frac{\sigma}{\sigma_m} \right)^n t_{Bs} \quad , \tag{3.52a}$$

wobei die statische Lebensdauer bei der Spannung σ gemessen bzw. berechnet ist.

Gleichung (3.50) legt nahe, Ermüdungsversuche nicht mit konstanter Mittelspannung und variabler Amplitude durchzuführen, sondern das Verhältnis aus Unterspannung zu Oberspannung

$$R = \frac{\sigma_{min}}{\sigma_{max}} = \frac{\sigma_m - \sigma_a}{\sigma_m + \sigma_a} = \frac{1 - \sigma_a / \sigma_m}{1 + \sigma_a / \sigma_m} \tag{3.53}$$

konstant zu halten. Dann besitzt die Größe g einen konstanten Wert. Gleichung (3.50) legt außerdem nahe, die Lebensdauer bzw. die Bruchlastwechselzahl als Funktion von σ_m darzustellen. Es ist aber auch möglich die Bruchlastwechselzahl gegen die Spannungsamplitude aufzutragen. Bei Versuchen mit konstantem R folgt aus Gl. (3.50)

$$t_{Bz} = \frac{1}{g(n, \sigma_a / \sigma_m)} B \sigma_c^{n-2} \left[\frac{1-R}{1+R} \right]^n \sigma_a^{-n} \tag{3.52b}$$

Schließlich kann die Bruchzeit auch als Funktion der Oberspannung σ_{max} dargestellt werden. Es ist dann

$$t_{Bz} = \frac{1}{g(n, \sigma_a / \sigma_m)} B \sigma_c^{n-2} \frac{2^n}{(1+R)^n} \sigma_{max}^{-n} \tag{3.52c}$$

Treten Abweichungen zwischen den aus statischen Versuchen nach (3.52) berechneten zyklischen Lebensdauern und direkt in zyklischen Versuchen gemessenen Lebensdauern auf, dann liegt eine echte - nur auf dem Auftreten von Lastwechseln beruhende - Ermüdung vor.

Während der wechselnden Belastung ändert sich der Spannungsintensitätsfaktor entsprechend dem zeitlichen Spannungsverlauf (s. Abb. 3.22)

$$K_I(t) = K_{Im} + K_{Ia}\, f(t) \tag{3.54a}$$

$$= \sigma(t)\, \sqrt{a}\, Y \tag{3.54b}$$

Wird die Rißverlängerung während der wechselnden Belastung gemessen, dann lassen sich die Ergebnisse auf zwei verschiedene Weisen darstellen. Es kann die über einen Lastwechsel gemittelte Rißgeschwindigkeit $\bar{v} = \Delta a/T$ gegen den Mittelwert des Spannungsintensitätsfaktors K_{Im} aufgetragen werden. Eine andere Möglichkeit ist – wie bei metallischen Werkstoffen üblich – die Auftragung der Rißverlängerung während eines Lastwechsels Δa (üblicherweise mit da/dN bezeichnet) gegen die Schwingbreite des Spannungsintensitätsfaktors $\Delta K_I = 2K_{Ia}$.

Tritt keine echte Ermüdung auf, dann folgt für den Zusammenhang zwischen $\bar{v} = \Delta a/T$ und K_{Im}

$$\bar{v} = A\, K_{Im}^n\, g \tag{3.55a}$$

wobei sich g nach Gl. (3. 51) ergibt. Der Zusammenhang zwischen da/dN und ΔK ergibt sich zu

$$\frac{da}{dN} = \left[\frac{1+R}{2(1-R)}\right]^n g\; T\; A\; (\Delta K)^n \tag{3.55b}$$

Bei einigen Werkstoffen kann das Verhalten bei zyklischer Belastung aus den Ergebnissen bei statischer Belastung vorhergesagt werden, d.h. Gl. (3.50) oder Gl. (3.55) ist erfüllt. In Abb. 3.23 sind Ergebnisse von Evans und Fuller [3.27] an Porzellan dargestellt, bei denen die bei trapezförmiger Belastung gemessenen Rißgeschwindigkeiten gut mit denen aus statischer Belastung vorausgesagten übereinstimmen.

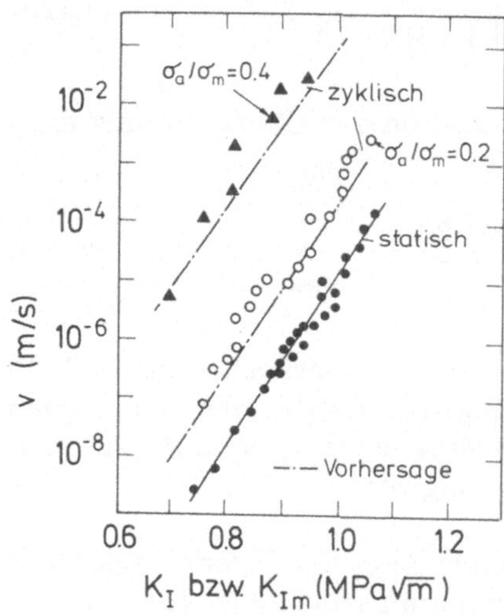

Abb. 3.23 Rißgeschwindigkeit bei statischer und zyklischer Belastung für Porzellan; gestrichelte Kurve: Vorhersagen der zyklischen Ergebnisse aus den statischen Ergebnissen [3.27]

Bei vielen Keramiken wurden jedoch deutliche Ermüdungseffekte festgestellt. In den Abb. 3.24 und 3.25 werden einige Beispiele gezeigt. Aus diesen und weiteren Untersuchungen können folgende Gesetzmäßigkeiten entnommen werden:

- Die Steigung der $\lg \sigma_{max} - \lg t_{Bz}$-Kurve ist größer als der nach Gl. (3.50) vorausgesagte Wert von -1/n. Dies entspricht einem kleineren Wert von n.
- Die Streuung der Lebensdauer ist in einigen Fällen geringer als bei statischer Belastung.
- Die Abweichung der Bruchzeit t_{Bz} gegenüber der Voraussage aus statischer Belastung ist bei reinen Wechselversuchen ($\sigma_m = 0$) größer als bei Versuchen im Zugschwellbereich.

Die geringere Lebensdauer gegenüber der aus statischen Versuchen vorausgesagten ist auf eine stärkere Schädigung im Rißbereich bei wechselnder Belastung zurückzuführen. In den Fällen, bei denen eine geringere

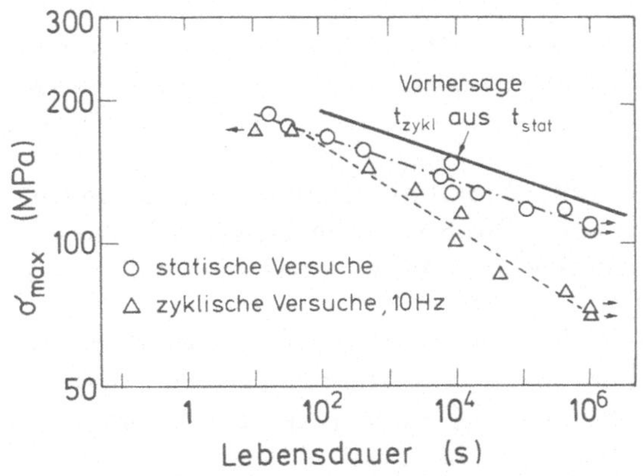

Abb. 3.24 Statische und zyklische Ermüdung an Zirkonoxid [3.28]

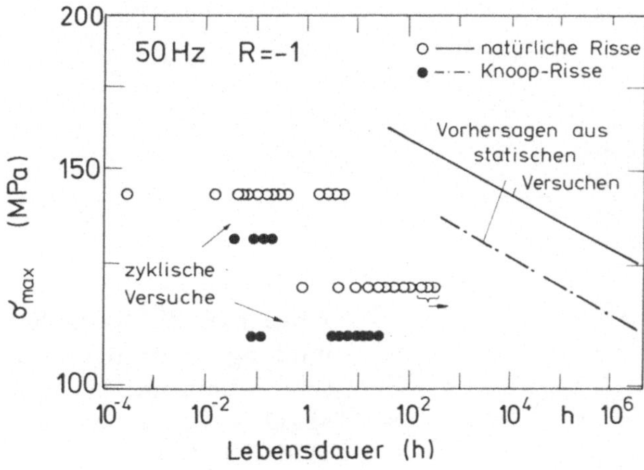

Abb. 3.25 Zyklische Ermüdung an Al_2O_3 und Vorhersage aus statischen Versuchen (Ergebnisse der Verfasser)

Streuung der Lebensdauer beobachtet wird, ist zu vermuten, daß das Versagen bei zyklischer Ermüdung nicht ausschließlich von den Fehlern ausgeht, die zum Versagen bei statischer Belastung führen. Vielmehr entstehen durch die wechselnde Belastung Ermüdungsrisse.

Komplizierter werden die Aussagen im Hochtemperaturbereich für den Fall, daß nennenswerte Kriechverformungen auftreten. Abb. 3.26 zeigt Messungen an heißgepreßtem Siliciumnitrid mit 3 % MgO bei 1200 ° C, das bei einer Frequenz von 30 Hz im Biegeschwellversuch belastet wurde. Die Parameter des unterkritischen Rißwachstumsgesetzes konnten aus Lebensdauern im statischen Biegeversuch ermittelt werden. Diese Lebensdauern, die ebenfalls in Abb. 3.26 dargestellt sind, führen zu einem Rißwachstumsexponenten von n = 30. Die aus den statischen Versuchen vorhergesagten zyklischen Lebensdauern sind als Gerade in Abb. 3.26 eingezeichnet. Die gemessenen zyklischen Lebensdauern sind hier offensichtlich - abweichend vom zuvor beschriebenen Raumtemperaturverhalten - größer als nach den Gesetzmäßigkeiten des unterkritischen Rißwachstums erwartet.

Im Hochtemperaturbereich können zwei Erscheinungen auftreten, die zu den in Abb. 3.26 gezeigten Versuchsergebnissen führen und die bei einer korrekten Analyse beachtet werden müssen:

- Bei den Rißwachstumsberechnungen muß die aktuelle Spannungsverteilung im Biegestab bekannt sein. Die Spannungsumverteilungen im Biegestab aufgrund von Kriecheffekten sind im statischen und im zyklischen Versuch unterschiedlich.
- Die in Abb. 3.26 dargestellte Vorhersage wurde unter Verwendung der linear-elastischen Bruchmechanik gemacht. Hierzu ist erforderlich, daß die auftretenden Kriechverformungen gegenüber den elastischen Verformungen gering sind. Ist dies nicht der Fall, müssen anstelle der Spannungsintensitätsfaktoren Parameter der Fließbruchmechanik verwendet werden (s. Kapitel 9).

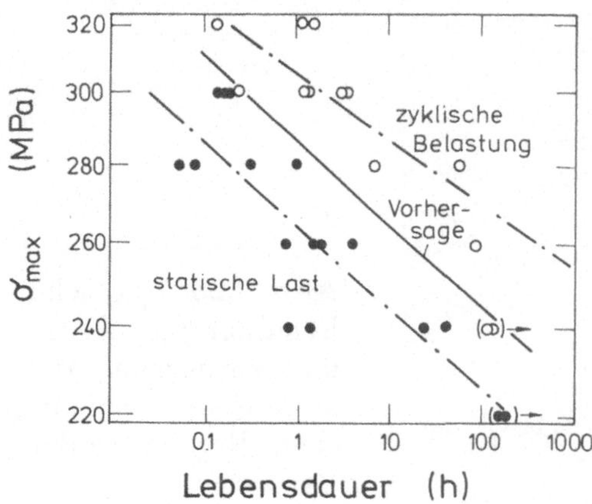

Abb. 3.26 Zyklische Ermüdung an heißgepreßtem Siliciumnitrid mit MgO - Zusätzen bei 1200°C [3.29]

Während die Spannungsumverteilung durch aufwendige numerische Rechnung berücksichtigt werden kann, schränkt die zweite Forderung die relativ einfache Vorhersagemethode ein.

3.5.4 Methoden zur Bestimmung von Rißwachstumsgeschwindigkeiten

3.5.4.1 Bestimmung des unterkritischen Rißwachstums an makroskopischen Rissen

Die Doppel-Torsions-Probe

Die Doppel-Torsions-Methode (DT) ist das am weitesten verbreitete Verfahren zur Bestimmung von v-K_I-Kurven. Die Abmessungen der Probe und die Belastungsanordnung wurden bereits in Kapitel 3.3.2 gezeigt. Die beiden Hälften einer dünnen Platte der Breite W werden durch je ein im Abstand W_m angreifendes Kräftepaar F tordiert. Eine ausführliche Darstellung der hier kurz wiedergegebenen Grundlagen ist in [3.7] zu finden.

In einem großen Bereich der Rißlänge a ist die Verschiebung der Kraftangriffspunkte linear von der Rißlänge abhängig:

$$V = F\,(C_1 a + C_2)\ , \tag{3.56}$$

wobei die Konstanten C_1 und C_2 vom Elastizitätsmodul und den Probendimensionen abhängen. Aus Gleichung (3.56) folgt, daß die Ableitung der Compliance $C = V/F$ nach der Rißlänge unabhängig von der Rißlänge ist.

Nach Gl. (3.10) ist dann auch die Energiefreisetzungsrate bzw. der Spannungsintensitätsfaktor unabhängig von der Rißlänge. Auf diese Tatsache wurde bereits in Kapitel 3.3 hingewiesen. Eine Bestimmung von Rißwachstumsgeschwindigkeiten da/dt kann auf zwei verschiedene Weisen erfolgen [3.30]:

a) Last – Relaxationsmethode
Hierbei wird eine Verschiebung V vorgegeben und während des Versuchs konstant gehalten. Als zeitliche Ableitung von Gl. (3.56) folgt

$$\frac{dV}{dt} = (C_1 a + C_2)\,\frac{dF}{dt} + C_1 F\,\frac{da}{dt} \tag{3.57}$$

Bedeuten F_i und a_i die Kraft bzw. die Rißlänge bei Beginn der Relaxation, dann ergibt sich wegen $V = V_i$

$$F\,(C_1 a + C_2) = F_i\,(C_1 a_i + C_2) \tag{3.58}$$

und aus Gl. (3.57) die Rißwachstumsgeschwindigkeit zu

$$\frac{da}{dt} = -\frac{F_i}{F^2}\left(a_i + \frac{C_2}{C_1}\right)\frac{dF}{dt} \tag{3.59}$$

Die Rißwachstumsgeschwindigkeit kann also direkt aus der Kraft – Relaxationsgeschwindigkeit dF/dt, der aktuellen Kraft F sowie den Anfagswerten a_i, F_i ermittelt werden. Der zugehörige Wert von K_I berechnet sich nach Gl.(3.17).

b) Inkremental – Methode
Bei diesem Verfahren wird eine konstante Verschiebungsgeschwindigkeit der Kraftangriffspunkte vorgegeben und die sich nach einer Übergangsphase einstellende konstante Kraft F gemessen. Aus Gl. (3.57) folgt mit dF/dt = 0

$$\frac{dV}{dt} = C_1 F \frac{da}{dt} \tag{3.60}$$

Für eine feste Verschiebungsgeschwindigkeit dV/dt kann also da/dt ermittelt werden. Durch inkrementelle Veränderung von dV/dt resultiert dann die gesamte da/dt-K_I-Kurve. Im Prinzip kann also eine komplette v-K_I-Kurve aus nur einer Probe gewonnen werden. Diesem Vorteil stehen jedoch wesentliche Nachteile, speziell hinsichtlich der Lebensdauervorhersage, entgegen:

- Die meßbaren Rißausbreitungsgeschwindigkeiten sind auf $v > 10^{-9}$ m/s beschränkt [3.31]. Im Falle eines Risses der Tiefe a = 50 µm lassen sich dann Lebensdauern in der Größenordnung von nur wenigen Stunden vorhersagen.
- DT-Messungen werden an Rissen in der Größenordnung von mehreren mm durchgeführt, für Lebensdauervorhersagen ist jedoch das Verhalten natürlicher Risse mit Rißtiefen um 50 µm von Interesse. Die Übertragung kann zu Problemen führen [3.32].
  Prinzipiell sollte im Rahmen der linear-elastischen Bruchmechanik die Übertragung von Ergebnissen aus Proben mit großen Rissen auf Bauteile mit kleinen Rissen möglich sein. Die kleinen Risse in keramischen Werkstoffen sind aber in der Größenordnung der Mikrostruktur (Korngröße). Damit stößt die kontinuumsmechanische Theorie der Bruchmechanik an ihre Grenzen. Es ist aber zu erwarten, daß sich dabei auftretende "Fehler" bei der Ermittlung von Kennwerten und bei der anschließenden Lebensdauervoraussage von Bauteilen in gleicher Weise auswirken, so daß die mit natürlichen Rissen gewonnenen Kennwerte zu einer besseren Lebensdauervoraussage führen sollten.
- Speziell für Materialien mit einem starken R-Kurven-Effekt (s. Kapitel 3.2) sind DT-Messungen zur Vorhersage des Verhaltens kleiner natürlicher Risse - bei denen R-Kurven-Effekte möglicherweise vernachlässigbar gering sind - ungeeignet.

Das DT-Verfahren ist dann von Bedeutung, wenn aus den erhaltenen Meßdaten nicht gerade Lebensdauern von Bauteilen mit natürlichen Rissen vorhergesagt werden sollen. So läßt sich z.B. schnell und sicher feststellen, ob ein Material unterkritisches Rißwachstum zeigt bzw. welche Umgebungsmedien das Rißwachstum beschleunigen.

Die Double-Cantilever-Beam-Probe

Eine weitere, oft verwendete Bruchmechanikprobe zur Ermittlung des unterkritischen Rißwachstums ist die Double-Cantilever-Beam-(DCB)-Probe. Ihr Prinzip ist aus Abb. 3.27 ersichtlich. Sie besteht aus einem geschlitzten Rechteckstab, an dem ein Kräftepaar angreift und die beiden Stabhälften im "Modus I" auseinanderzieht. Die DCB-Probe ist ein geeignetes Demonstrationsbeispiel, bei dem die in Kapitel 3.1 angegebenen bruchmechanischen Grundbeziehungen auf einfache Auswerteformeln führen. Betrachtet man die beiden Stabhälften der Probe in Abb. 3.27a als auf der Höhe der Rißspitze "fest eingespannt", dann ergibt sich aus der elementaren Biegetheorie für die Verschiebung der beiden Lastangriffspunkte

$$V = \frac{8Fa^3}{EBH^3} \tag{3.61}$$

Die Compliance ergibt sich somit zu

$$C = \frac{V}{F} = \frac{8a^3}{EBH^3} \tag{3.62}$$

und die Energiefreisetzungsrate entsprechend Gl. (3.10)

$$G_I = \frac{F^2}{2B}\frac{dC}{da} = \frac{12F^2a^2}{EB^2H^3} \tag{3.63}$$

Damit ergibt sich der Spannungsintensitätsfaktor schließlich nach Gl. (3.14)

$$K_I = \frac{\sqrt{12}\,a\,F}{(1-\nu^2)^{1/2}\,BH^{3/2}} \tag{3.64}$$

Gleichung (3.64) ist nicht völlig exakt, da Scherverformungen der Stabhälften bei den Verschiebungen vernachlässigt wurden und auch ihre völlig starre Einspannung nur näherungsweise erfüllt ist. Detaillierte Betrachtungen sind z.B. in [3.33] zu finden. Die korrekte Beziehung lautet

$$K_I = \frac{\sqrt{12}\,a\,F}{(1-\nu^2)^{1/2}\,BH^{3/2}}\left[\left(1+\frac{a_0}{a}\right)^2+\frac{1+\nu}{3}\left(\frac{H}{a}\right)^2\right]^{1/2} \tag{3.65}$$

wobei a_0 eine experimentell zu bestimmende Größe ist. Näherungsweise gilt $a_0 = H/3$.

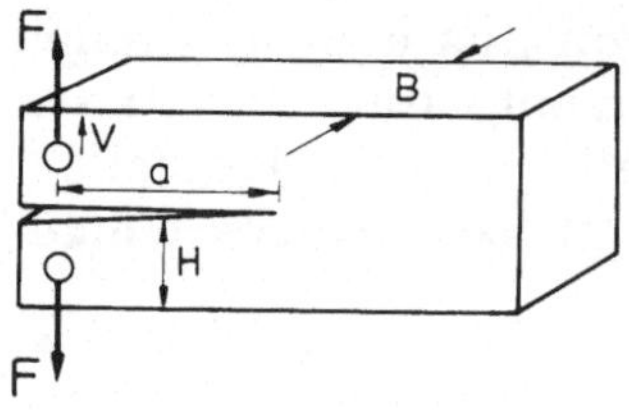

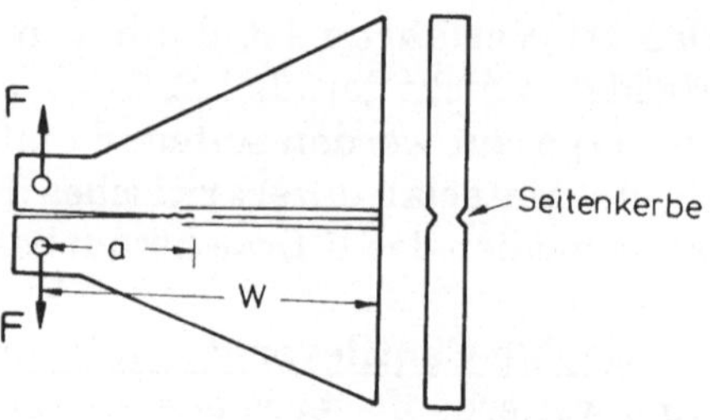

a) Normalausführung

b) Probe mit konstantem K

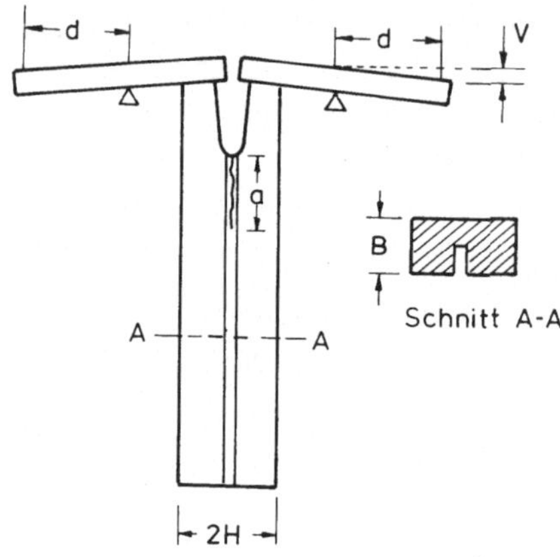

c) Probe mit konstantem Moment

Abb.3.27 DCB – Probe

Modifikationen der in Abb. 3.27a dargestellten Grundversion wurden vorgeschlagen, um konstante – von der Rißlänge unabhängige – Spannungsintensitätsfaktoren zu erhalten. Eine Möglichkeit besteht in einer linear anwachsenden Dicke B, wodurch der in Gl. (3.65) auftretende Quotient a/B konstant wird. Besser geeignet ist eine DCB-Probe mit zunehmender Höhe H, die in einem weiten Bereich von a/W ein konstantes K_I liefert (Abb. 3.27b). Eine Probe mit konstantem – von der Rißlänge unabhängigem Moment – ist in Abb. 3.27c angegeben [3.39]. Die an den Stirnseiten angebrachten Hebelarme, deren Befestigung meist durch Kleben erfolgt, beschränken den Einsatz dieser Anordnung auf relativ niedrige Temperaturen. Die Vor- und Nachteile sind im wesentlichen mit denen der DT-Probe identisch.

Rißwachstumskurven – sowohl mit der DT- als auch der DCB-Probe bestimmt – sind in der Literatur häufig zu finden. Hier seien in Abb. 3.28 Messungen von Wiederhorn et.al. [3.34] an Gläsern im Vakuum wiedergegeben, die mit der DCB-Probe erhalten wurden. Die gute Linearität in der lg(v)-lg(K_I)-Darstellung führt auf die Gesetzmäßigkeit nach Gl. (3.38).

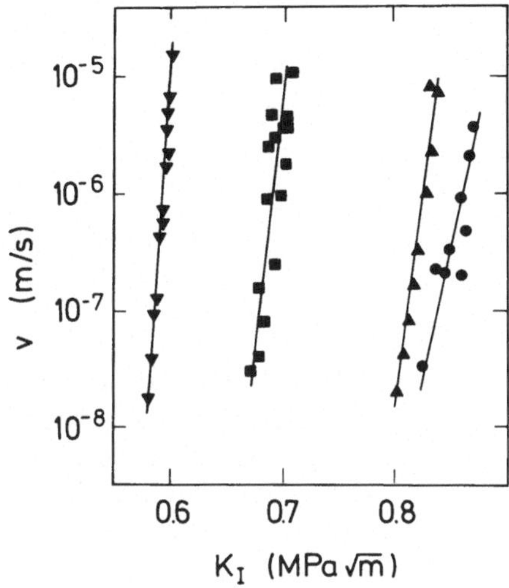

Abb.3.28 Mit DCB – Proben erhaltene Rißgeschwindigkeits - Kurven für 4 verschiedene Gläser [3.34]

3.5.4.2 Bestimmung des unterkritischen Rißwachstums an natürlichen Rissen

a) Der dynamische Biegeversuch

Der dynamische Biegeversuch wurde erstmals von Charles [3.35] zur Bestimmung der Rißwachstumsparameter vorgeschlagen. In diesem Versuch werden Proben mit jeweils konstanter Belastungsgeschwindigkeit $\dot{\sigma} = d\sigma/dt$ bis zum Bruch belastet und die von $\dot{\sigma}$ abhängige Festigkeit σ_B registriert. Einen formelmäßigen Zusammenhang erhält man durch Einsetzen von

$$dt = d\sigma/\dot{\sigma}$$

in das Integral auf der linken Seite von Gl. (3.40). Nach Ausführung der Integration folgt

$$\sigma_B^{n+1} = B\sigma_c^{n-2}\dot{\sigma}\,(n+1)\,[1-(\sigma_B/\sigma_c)^{n-2}] \tag{3.66}$$

Diese implizite Abhängigkeit $\sigma_B = f(\dot{\sigma})$ ist in Abb. 3.29 dargestellt.

Zwei asymptotische Grenzfälle sind aus Gl. (3.66) zu erkennen. Für kleine Beanspruchungsgeschwindigkeiten ($\dot{\sigma} \rightarrow 0$)ergibt sich

$$\sigma_B^{n+1} = B\sigma_c^{n-2}\,(n+1)\,\dot{\sigma} \tag{3.67}$$

Diese Beziehung eignet sich zur Ermittlung des Rißwachstumsparameters n und der Größe B und damit nach Gl. (3.44) des Parameters A. Der Exponent n ergibt sich aus der Steigung der $\lg(\sigma_B)$-$\lg(\dot{\sigma})$-Abhängigkeit. Der Wert $B\sigma_c^{n-2}$ folgt aus dem Ordinatenabschnitt.

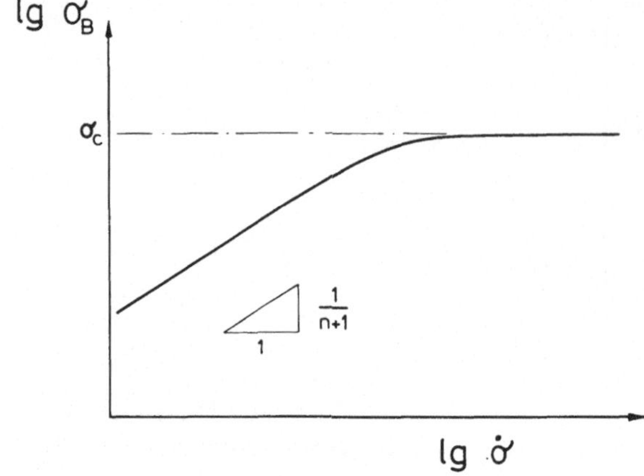

Abb. 3.29 Abhängigkeit der Biegefestigkeit von der Beanspruchungsgeschwindigkeit

Im Grenzfalle extrem hoher Belastungsgeschwindigkeit strebt die Festigkeit σ_B gegen die Inertfestigkeit, d.h.

$$\sigma_B \rightarrow \sigma_c \qquad (\dot{\sigma} \rightarrow \infty) \tag{3.68}$$

Zur Auswertung dynamischer Biegeversuche nach Gl. (3.67) muß daher immer sichergestellt werden, daß diese Abhängigkeit in einem hinreichend großen $\dot{\sigma}$-Bereich erfüllt ist. Hierzu sind Messungen über mehrere Zehnerpotenzen von $\dot{\sigma}$ erforderlich, wobei nur der bei doppelt-logarithmischer Auftragung von σ_B gegen $\dot{\sigma}$ auftretende lineare Bereich auszuwerten ist.
In Abb. 3.30 sind Ergebnisse dynamischer Biegeversuche an heißgepreßtem Siliciumnitrid bei hohen Temperaturen dargestellt. Bei den in Abb. 3.30b gezeigten Ergebnissen ist deutlich der Übergang in die Inertfestigkeit zu sehen.

Vorteile dieser Prozedur sind:

- Die Durchführung der Versuche ist einfach und ohne aufwendige Testapparaturen möglich
- Das Rißwachstum wird an Proben mit natürlichen Fehlern untersucht, wodurch Übertragungsprobleme entfallen.

Nachteilig ist:

- Der Typ der v-K_I-Kurven muß bekannt sein, um eine Integration von Gl. (3.37) zu gestatten. Er muß bei Verwendung von Gl. (3.67) durch ein Potenzgesetz gegeben sein.
- Die Biegefestigkeit wird hauptsächlich durch das Rißwachstum bei relativ hohen Rißwachstumsgeschwindigkeiten beeinflußt. Dieses ist aber für Lebensdauervorhersagen von geringerem Interesse.

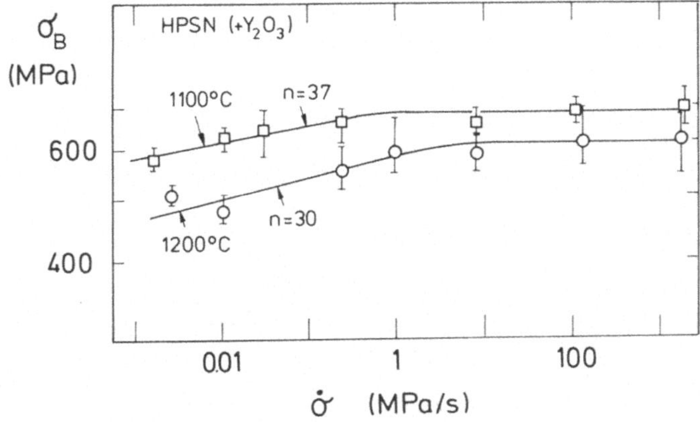

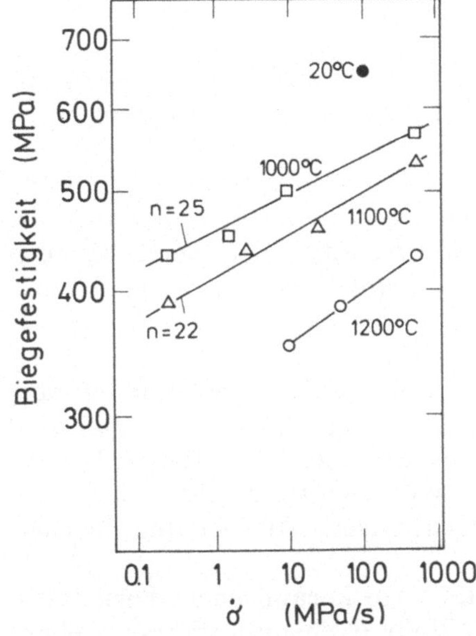

Abb. 3.30 Biegefestigkeit von zwei verschiedenen heißgepreßten Siliciumnitrid-Materialien bei hohen Temperaturen

b) Bestimmung der Rißwachstumsparameter im statischen Biegeversuch

Eine einfache Bestimmung der Parameter des Potenzgesetzes - Gl. (3.38) - kann aus Lebensdauermessungen erfolgen. Führt man statische Versuche bei unterschiedlichen Lastniveaus mit den Spannungen σ durch und mißt die bis zum Bruch vergehende Zeit t_B, dann ist eine Bestimmung von n und B (bzw. A) aus Gl. (3.47) möglich.

Trägt man - wie in Abb. 3.31 für Versuche an einer Al_2O_3-Keramik in konzentrierter Salzlösung dargestellt - die Belastungsgröße σ gegen die Lebendauern t_B in doppelt-logarithmischer Weise auf, dann resultiert nach

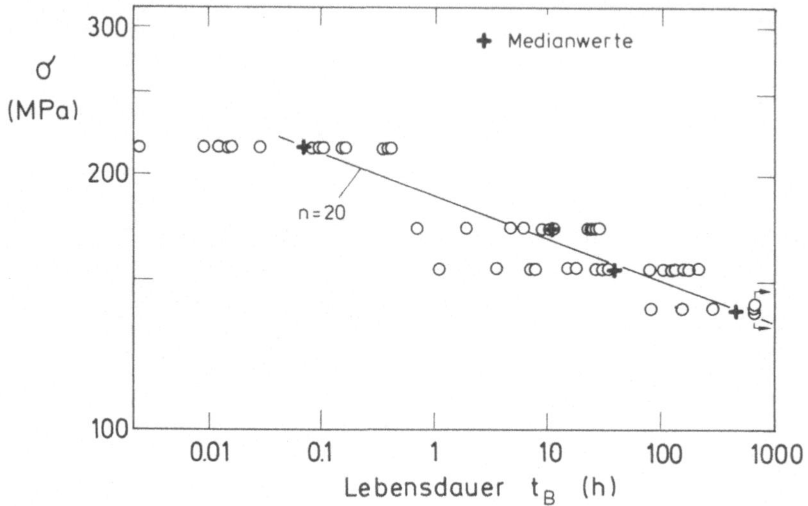

Abb. 3.31 Lebensdauer in statischem Biegeversuch an Al_2O_3 in einer konzentrierten Salzlösung bei 70°C (Ergebnisse der Verfasser)

Gl. (3.47) der Exponent n aus der Steigung der erhaltenen Geraden und der Wert $B\sigma_c^{n-2}$ aus dem Ordinatenabschnitt. Bei Kenntnis der Inertfestigkeit σ_c und der Rißzähigkeit K_{Ic} kann auch der Parameter A aus Gl. (3.44) berechnet werden.

Diese Art der Bestimmung von n und A ist bei größeren Streuungen der zum gleichen Lastniveau gehörenden Lebensdauern - und das ist bei den Ergebnissen der Abb. 3.31 der Fall - relativ unsicher. Von diesem Streuungsverhalten macht eine zweite Lebensdauerauswertung gebrauch. Diese alternative Methode stützt sich auf eine statistische Auswertung der Lebensdauern.
Die statistische Verteilung der Festigkeitswerte keramischer Werkstoffe kann häufig durch eine zweiparametrige Weibull-Verteilung beschrieben werden. Auf diese Verteilung wird in Kapitel 5 näher eingegangen. So kann die Verteilungsfunktion F der Inertfestigkeit durch

$$F = 1 - \exp[-(\sigma_c/\sigma_0)^m] \tag{3.69}$$

dargestellt werden, wobei m und σ_0 die Weibull-Parameter sind. Aus Gl. (3.69) folgt

$$\ln\ln\frac{1}{1-F} = m\ln(\sigma_c/\sigma_0) = m\ln\sigma_c - m\ln\sigma_0 \tag{3.70}$$

Bei einer Auftragung von ln ln 1/(1-F) gegen ln σ_c ergibt sich eine Gerade mit der Steigung m. In Abb. 3.32a ist eine derartige Inertfestigkeitsverteilung für ein hochreines Aluminiumoxid (99.7% Al_2O_3) wiedergegeben. Die beiden Weibullparameter ergaben sich nach der "Maximum-Likelihood"-Methode (s. Kapitel 5.2) zu $m = 14$, $\sigma_0 = 297$ MPa.

Löst man nun die Lebensdauerformel Gl. (3.47) nach der Inertfestigkeit auf und setzt diese in Gl. (3.69) ein, dann erhält man die Weibull-Verteilung der Lebensdauern zu

$$F = 1 - \exp\left[-\left(t_B / t_0\right)^{m^*}\right] \tag{3.71}$$

Der Weibull-Exponent der Lebensdauerverteilung ist

$$m^* = \frac{m}{n-2} \tag{3.72}$$

Der Weibull-Parameter t_0 ergibt sich aus

$$t_0 = B\sigma_0^{n-2}\sigma^{-n} \tag{3.73}$$

Aus Gl. (3.71) folgt

$$\ln\ln\frac{1}{1-F} = \frac{m}{n-2}\ln t_B + \frac{m}{n-2}\ln(\sigma^n/B) - m\ln\sigma_0 \tag{3.74}$$

Bei einer Auftragung von ln ln 1 / (1–F) gegen ln t_B ergibt sich somit eine Gerade mit der Steigung $m^* = m / (n-2)$. Eine ausführlichere Darstellung dieser Zusammenhänge wird in Kapitel 5 gegeben.

Abbildung 3.32b zeigt Ergebnisse von Lebensdauermessungen an dem gleichen Al_2O_3 wie von Abb. 3.32a , die bei 20°C in destilliertem Wasser bei einer Biegespannung von $\sigma = 183$ MPa durchgeführt wurden. Die nach der "Maximum–Likelihood"–Methode bestimmten Weibull-Parameter der Lebensdauerverteilung sind: $m^* = 0.290$, $t_0 = 0.61$ h. Daraus ergibt sich nach Gl. (3.72) und (3.73) $n = 50$ und $B = 1.6 \cdot 10^{-6}$ [MPa, h].

Die gegenüber dem dynamischen Biegeversuch zusätzlich auftretenden Vorteile der Lebensdauermethoden sind:

- Die Ergebnisse bei den niedrigen Spannungen werden durch die zu Beginn auftretenden kleinen Rißwachstumsgeschwindigkeiten entscheidend beeinflußt. Dadurch sind die ermittelten Parameter A und n besser zur Lebensdauervorhersage geeignet als diejenigen aus dem dynamischen Biegeversuch.

- Lebensdauervorhersagen sind einfach durch Extrapolation der Meßdaten zu größeren Zeiten möglich.

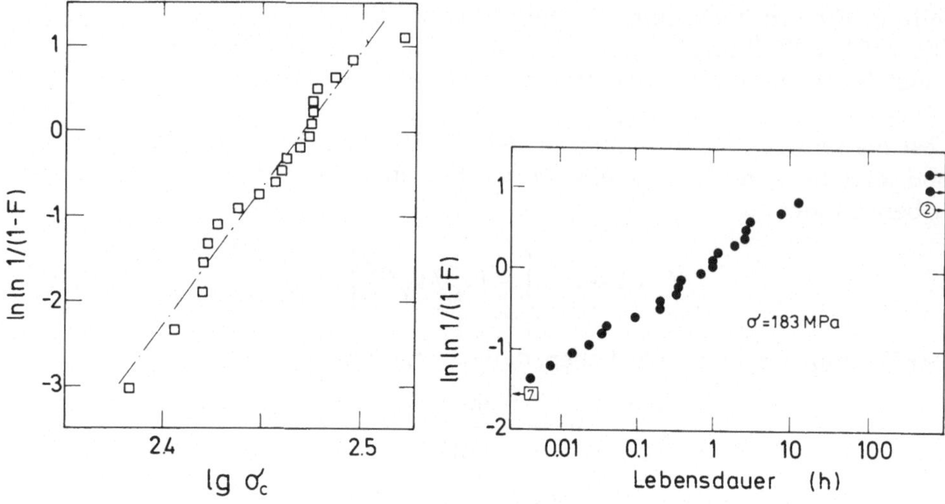

Abb. 3.32 Inertfestigkeit und Lebensdauer in Wasser für ein 99.7% Al_2O_3 [3.36]

Von Nachteil ist auch hier, daß der Typ des Rißwachstumsgesetzes fest vorgegeben ist und nur die zugehörigen Parameter bestimmt werden. Zur Vermeidung dieses Nachteils wurde eine modifizierte Auswertung des Lebensdauerversuchs vorgeschlagen [3.38].

c) Modifizierte Lebensdauermethode

Die modifizierte Lebensdauermethode, die die Ermittlung der gesamten v–K_I - Kurve gestattet, soll hier detailliert beschrieben werden.
Durch Kombination der Gln. (3.37) und (3.2) erhält man die gegenüber Gl. (3.39) allgemeinere Darstellung des Zeitdifferentials

$$dt = \frac{2}{Y^2 \sigma^2 \, v(K_I)} K_I \, dK_I \tag{3.75}$$

und durch Integration vom Moment der Belastung (Index "i") bis zum Zeitpunkt des Bruchs (Index "c")

$$t_B = \frac{2}{\sigma^2 Y^2} \int_{K_{Ii}}^{K_{Ic}} \frac{1}{v(K_I)} K_I dK_I \tag{3.76}$$

Da die Korrekturfunktion im Bereich der interessierenden Rißgeometrien nur eine geringe Variation aufweist, kann $Y = Y_i$ gesetzt werden. Dies ist vor allem deshalb gerechtfertigt, weil ein Riß die weitaus längste Zeit seiner Entwicklung nahe seiner Ausgangsgeometrie verbringt.

Differentiation von Gl. (3.76) nach der unteren Integrationsgrenze K_{Ii}, dem Spannungsintensitätsfaktor im Moment der Belastung, liefert

$$\frac{d(t_B \sigma^2 Y^2)}{d(K_{Ii})} = - \frac{2}{v(K_{Ii})} K_{Ii} \tag{3.77}$$

Unter Verwendung der logarithmischen Ableitungen

$$t_B \sigma^2 Y_i^2 \quad d\,[\log(t_B \sigma^2 Y_i^2)] = d\,(t_B \sigma^2 Y_i^2)$$

$$K_{Ii} \; d[\log K_{Ii}] = d\,K_{Ii}$$

findet man schließlich eine Beziehung für die Rißgeschwindigkeit

$$v\,(K_{Ii}) = - \frac{2}{t_B \sigma^2} \left[\frac{K_{Ii}}{Y_i} \right]^2 \frac{d[\log K_{Ii}]}{d[\log(t_B \sigma^2 Y^2)]} \tag{3.78}$$

Da wegen Gl. (3.2) ferner

$$K_{Ii} = \frac{\sigma}{\sigma_c} K_{Ic} \tag{3.79}$$

gilt, resultiert die Darstellung

$$v\,(K_{Ii}) = - \frac{2}{t_B \sigma_c^2} (K_{Ic} / Y_i)^2 \frac{d\,[\log(K_{Ii} / K_{Ic})]}{d\,[\log(t_B \sigma^2 Y_i^2)]} \tag{3.80a}$$

$$= - \frac{2}{t_B \sigma_c^2} (K_{Ic} / Y)^2 \frac{d\,[\log(\sigma / \sigma_c)]}{d\,[\log(t_B \sigma^2)]} \tag{3.80b}$$

Um die Rißgeschwindigkeit nach Gl. (3.80) bestimmen zu können, muß sowohl die Inertfestigkeit σ_c wie auch die Lebensdauer t_B identischer Proben bekannt sein. Diese sind natürlich nicht beide mit der gleichen Probe zu bestimmen. Es ist deshalb eine indirekte Vorgehensweise angebracht.

Zur Durchführung des Verfahrens teilt man die Proben in zwei Serien. Jede sollte mindestens 15 Proben umfassen. Die erste wird zur Bestimmung der Inertfestigkeit σ_c einem schnellen Biegeversuch unterworfen.

Die zweite Serie wird im statischen Biegeversuch belastet und die Zeitdauer bis zum Bruch registriert. Inertfestigkeit und Lebensdauer werden nach steigenden Werten geordnet und dem ν-ten Festigkeitswert die ν-te Lebensdauer zugeordnet. Damit sind die zur Auswertung von Gl. (3.80) notwendigen Daten bekannt.

Die praktische Vorgehensweise sei am Beispiel der in Abb. 3.32 angegebenen Daten erläutert. Aus beiden Diagrammen gewinnt man Abb. 3.33 in der die Größe $t_{B\nu}\,\sigma^2$ in Abhängigkeit von $\sigma/\sigma_{c\nu}$ dargestellt ist.Dabei wurde jedem einzelnen Lebensdauerwert in Abb. 3.32b ein Wert der Inertfestigkeit entsprechend seiner kumulativen Häufigkeit in Abb. 3.32a zugeordnet. (Dieser Festigkeitswert kann bei nicht übereinstimmender Probenanzahl durch lineare Interpolation zweier, der gesuchten Häufigkeit benachbarter Meßwerte erhalten werden).
Den zur Auswertung von Gl. (3.80) notwendigen Ausdruck $d[\log(\sigma/\sigma_c)]$ / $d[\log(\sigma^2 t_B)]$ bestimmt man aus den Daten der Abb. 3.33 zweckmäßig durch Anwendung einer Fit-Prozedur. Im betrachteten Beispiel ergibt sich innerhalb der Meßwertstreuungen eine Gerade, die in Abb. 3.33 zusätzlich eingetragen ist. Mit Gl. (3.80) folgt schließlich die in Abb. 3.34 wiedergegebene Rißgeschwindigkeitskurve. Dabei wurden in Gl. (3.80) für $t_B\sigma_c^2$ die Einzelwerte eingesetzt um die Streuung der Methode zu charakterisieren. Die erhaltenen v-K-Kurven bestätigen das Potenzgesetz im betrachteten Rißgeschwindigkeitsbereich bis 10^{-12} m/s.

Das beschriebene Verfahren besitzt all die Vorteile der in c) dargestellten herkömmlichen Lebensdauermethode und ist darüberhinaus von den beiden einschränkenden Bedingungen unabhängig:

- Es sind keine Kenntnisse über den Typ der v-K_I-Kurve notwendig.
- Es wird keine Vernachlässigung der Art $K_{Ii}^{n-2} << K_{Ic}^{n-2}$ benötigt, d.h. es sind auch Lebensdauerversuche mit kurzen Lebensdauern auswertbar, vorausgesetzt, daß die Lebensdauer richtig gemessen wird. Trotzdem liegt das Hauptinteresse natürlich im "Langzeitbereich".

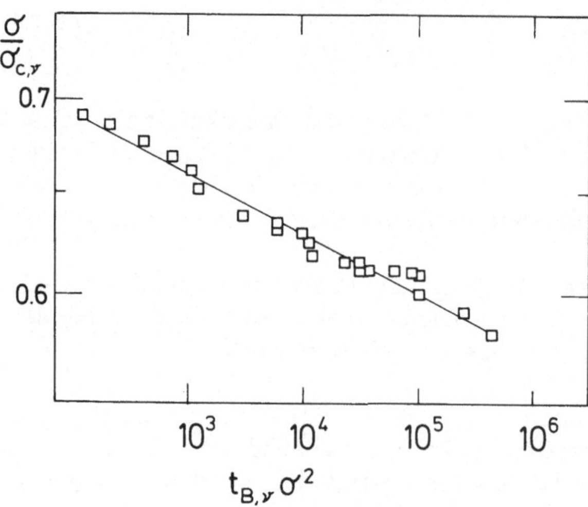

Abb. 3.33 Lebensdauerdiagramm in normierter Darstellung am Beispiel von Al_2O_3 in Wasser [3.38]

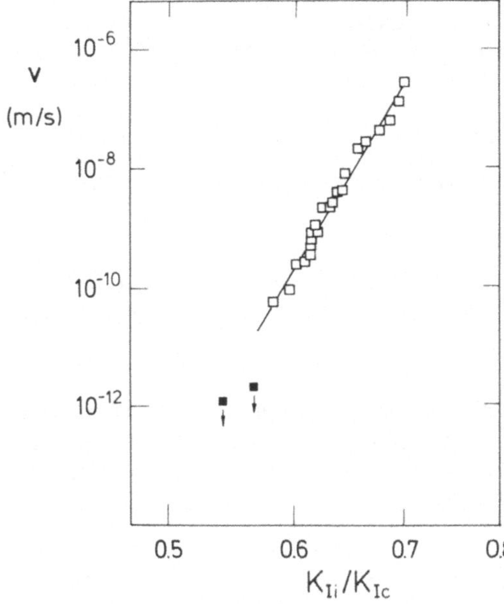

Abb. 3.34 v–K_I–Kurve von Al_2O_3 in Wasser [3.38]

Als Nachteil kann der bei Lebensdauerverfahren übliche relativ hohe Probenaufwand angesehen werden, der hier noch durch die Inertfestigkeitsmessungen erhöht wird. Diese ist jedoch für ein Material von allgemeinerem Interesse und wird im allgemeinen unabhängig von Rißwachstumsuntersuchungen bestimmt.

Literatur zu Kapitel 3

[3.1] R. Steinbrech, R. Knehans, W. Schaarwächter, Increase of crack resistance during slow crack growth in Al_2O_3 bend specimens, Journal of Materials Science 18, 1983, 265 – 270.

[3.2] L.A. Simpson, R.R. Hsu, G. Merret, The application of the single – edge notched beam to fracture toughness testing of ceramics, Journal of Testing and Evaluation 2, 1974, 503 – 509.

[3.3] H. Hübner, W. Strobl, Anwendbarkeit bruchmechanischer Verfahren auf keramische Werkstoffe, Berichte der Deutschen Keramischen Gesellschaft 54, 1977, 117 – 125.

[3.4] R. Warren, B. Johannesson, Creation of stable cracks in hard metals using 'bridge' indentation, Powder Metallurgy 27, 1984, 25 – 29.

[3.5] S. Suresh, L. Ewart, M. Maden, W.S. Slaughter, M. Nguyen, Fracture toughness measurements in ceramics: pre – cracking in cyclic compression, Journal of Materials Science 22, 1987,1271 –1276.

[3.6] E.A. Almond, B. Roebuck, Precracking of fracture-toughness specimens of hardmetals by wedge indentation, Metals Technology 1978, 92 - 99.

[3.7] E.R. Fuller, An evaluation of double - torsion testing - Analysis, Fracture Mechanics Applied to Brittle Materials ASTM STP 678, 1979, 3 -18.

[3.8] L.M. Barker, A simplified method for measuring plane strain fracture toughness, Engineering Fracture Mechanics 9, 1977, 361 - 360.

[3.9] J.L. Shannon, D. Munz, Specimen size and geometry effects on fracture toughness of aluminium oxide measured with short–rod and short–bar Chevron–notched specimens, Chevron-Notched Specimens: Testing and Analysis, ASTM STP 855, 1984, 270 - 280.

[3.10] P. Ostojic, R. Mc Pherson, A review of indentation fracture theory: its development, principles and limitations, International Journal of Fracture 33, 1987, 297 - 312.

[3.11] B.R. Lawn, M.V. Swain, Microfracture beneath point indentation in brittle solids, Journal of Materials Science 10, 1975, 113 - 122.

[3.12] A.G. Evans, E.A. Charles, Fracture toughness determinations by indentation , Journal of the American Ceramic Society 59, 1976, 371 - 372.

[3.13] K. Niihara, R. Morena, D.P.H. Hasselman, Evaluation of K_{Ic} of brittle solids by the indentation method with low crack-to-indent ratios, Journal of Materials Science Letters 1, 19 82, 13 - 16.

[3.14] G.R. Anstis, P. Chantikul, B.R. Lawn, D.B. Marshall, A critical evaluation of indentation techniques for measuring fracture toughness: I, Direct crack measurements, Journal of the American Ceramic Society 64, 1981, 533 - 538.

[3.15] B.R. Lawn, A.G. Evans, D.B Marshall, Elastic /plastic indentation damage in ceramics: The median /radial crack system, Journal of the American Ceramic Society 63,1980,574 - 581.

[3.16] J.G.P. Binner, R. Stevens, The measurement of toughness by indentation, British Ceramic 83, 1984, 168 -172.

[3.17] P. Chantikul, G.R. Anstis, B.R. Lawn, D. B. Marshall, A critical evaluation of indentation techniques for measuring fracture toughness, II: Strength method, Journal of the American Ceramic Society 64, 1981, 539 – 543.

[3.18] D. Munz, Effect of specimen type on the measured values of fracture toughness of brittle ceramics, Fracture Mechanics of Ceramics Vol. 6, Plenum Publishing Corporation 1983, 1 – 26.

[3.19] N. Claussen, J. Jahn, Umwandlungsverhalten von $Zr0_2$-Teilchen in einer keramischen Matrix, Berichte der Deutschen Keramischen Gesellschaft 55, 1978, 487 – 491.

[3.20] H. Hübner, W. Jillek: Subcritical crack extension and crack resistance in polycrystalline alumina, Journal of Materials Science 12, 1977, 117 –125.

[3.21] R. Knehans, R. Steinbrech, Memory effect of crack resistance during slow crack growth in notched Al_2O_3 bend specimens, Journal of Materials Science Letters 1, 1982, 327 – 329.

[3.22] M.V. Swain, L. R. F. Rose, Strength limitations of transformation-toughened zirconia alloys, Journal of the American Ceramic Society 69, 1986, 511 – 518.

[3.23] D.B. Marshall, Strength characteristics of transformation-toughened zirconia, Journal of the American Ceramic Society 69, 1986, 173 – 180.

[3.24] G. Ziegler, D. Munz, Bruchwiderstandsmessungen an Al_2O_3 und Si_3N_4 mit der Knoop-Härteeindruck-Technik, Bericht der Deutschen Keramischen Gesellschaft 56, 1979, 128-131.

[3.25] D. Munz, G. Himsolt, J. Eschweiler, Effect of stable crack growth on fracture toughness determination for hot-pressed silicon nitride at elevated temperatures, Fracture Mechanics Methods for Ceramics, Rocks, and Concrete, ASTM STP 745, 1981, 69 – 84.

[3.26] G. Himsolt, T. Fett, K. Keller, D. Munz, Fracture toughness measurements on silicon carbide, Materialwissenschaft und Werkstofftechnik 20, 1989.

[3.27] A.G. Evans, E.R. Fuller, Crack propagation in ceramic materials under cyclic loading conditions, Metallurgical Transactions 5, 1974, 27 – 33.

[3.28] T. Kawakubo, Static and cyclic fatigue in ceramics, Interner Bericht der Toshiba Corporation.

[3.29] T. Fett, G. Himsolt, D. Munz, Cyclic fatigue of hot – pressed Si_3N_4 at high temperatures, Advanced Ceramic Materials 1, 1986, 179 – 84.

[3.30] A.G. Evans, A method for evaluating the time – dependent failure characteristics of brittle materials – and its application to polycrystalline alumina, Journal of Materials Science 7, 1972, 1137 – 1146.

[3.31] P. Fournier, F. Naudin, Essai de K_{Ic} et determination du diagramme (K_I,v) du verre par la methode de la double torsion, Rev. Phys. Appl. 12,1977, 797 – 802.

[3.32] T.E. Adams, D.J. Landini, C.A. Schumacher, R.C. Bradt, Micro – and macrocrack growth in alumina refractories, Ceramic Bulletin 60, 1981, 730 – 735.

[3.33] S.W. Freiman, D.R. Murville, P.W. Mast, Crack propagation studies in brittle materials, Journal of Materials Science 8, 1973, 1527 – 1533.

[3.34] S.M. Wiederhorn, H. Johnson, A.M. Diness, A.H. Heuer, Fracture of glass in vacuum, Journal of the American Ceramic Society 57, 1974, 336 – 341.

[3.35] R.J. Charles, Dynamic fatigue of glass, Journal of Applied Physics 29, 1958, 1657 – 1661.

[3.36] T. Fett, Lebensdauervorhersage an keramischen Werkstoffen mit den Methoden der Bruchmechanik bei elastischem und viskoelastischem Materialverhalten, DFVLR – Forschungsbericht FB83 – 09, Köln,1983.

[3.37] K. Keller, Theoretische und experimentelle Untersuchungen zur Thermoermüdung keramischer Werkstoffe, Dissertation Universität Karlsruhe, 1989.

[3.38] F. Fett, D. Munz, Determination of v – K_I – curves by a modified evaluation of lifetime measurements in static bending tests, Communication of the American Ceramic Society 68,1985,C213 – C215.

[3.39] S.W. Freiman, D.R. Mulville, P.W. Mast, Crack propagation studies in brittle materials, Journal of Materials Science 8, 1973, 1527 – 1533.

4. Bestimmung der Festigkeit

Die "Festigkeit" keramischer Werkstoffe wird üblicherweise durch den Widerstand des Materials gegenüber Zugspannungen charakterisiert. Die Druckfestigkeit, die auch als Versagen unter lokalen Zugspannungen an Fehlern angesehen werden kann, ist demgegenüber von geringerer Bedeutung.

4.1 Messung der Zugfestigkeit

4.1.1 Der Zugversuch

Der Zugversuch ist wegen seiner homogenen Spannungsverteilung und des rein einachsigen Spannungszustands das übersichtlichste Verfahren zur Bestimmung der Zugfestigkeit. Seine Probleme liegen in der – speziell im Hochtemperaturbereich – schwierigen Krafteinleitung und in der Vermeidung überlagerter Biegespannungen.
Unterschiedlichste Prüfkörperformen werden in der Literatur erwähnt, wobei fast ausschließlich kreisförmige Probenquerschnitte verwendet werden. Die Einspannbereiche sind als zylindrische [4.1] und konische [4.2] Schultern ausgebildet. Im Raumtemperaturbereich werden auch Zugversuche an glatten zylindrischen Stäben durchgeführt bei denen die Prüfkräfte durch großflächige Klebungen eingeleitet werden.
Die Vorteile der Keramik gegenüber Metallen zeigen sich vor allem im Hochtemperaturbereich. Bei diesen Temperaturen können die Einspanngestänge nicht mehr aus metallischen Werkstoffen hergestellt werden. Es sind dann Keramikeinspannungen zu verwenden, die zur Reduzierung der Zugspannungen mit relativ großen Querschnitten ausgeführt werden.

Die beiden wichtigsten Ursachen für das Auftreten störender Biegespannungen sind [4.3]:

- Ein seitlicher Versatz der unteren Einspanneinheit relativ zur oberen, der wie in Abb. 4.1 verdeutlicht, durch den Winkel α beschrieben wird.

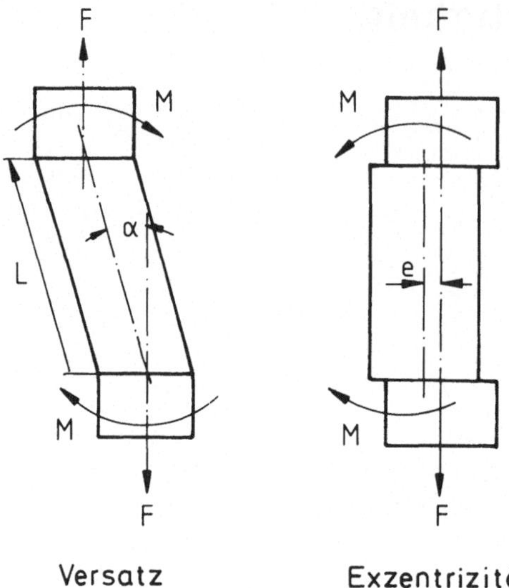

Abb. 4.1 Einspannfehler beim Zugversuch

Es ergibt sich hier eine resultierende Spannung

$$\sigma = \frac{F}{S} \pm \frac{F\,L\tan\alpha}{2W_b} \tag{4.1}$$

wobei F die Zugkraft, S der Probenquerschnitt, L die Probenlänge und W_b das Widerstandsmoment gegen Biegung bedeutet.

- Ein exzentrischer Einbau der Probe bei ansonsten fluchtenden Einspannklemmen ergibt eine Spannung

$$\sigma = \frac{F}{S} + \frac{Fe}{W_b} \tag{4.2}$$

Der Exzentrizitätsanteil läßt sich durch Vergrößerung des Probenquerschnitts beträchtlich verringern. Als Nebeneffekt wird durch die dann höheren Prüfkräfte das Ausrichten der Einspannungen gegeneinander erleichtert. Konstruktive Maßnahmen wie der Einbau von Kreuzschneidegelenken und die Kraftübertragung durch flexible Seile reduzieren die Störeffekte ebenfalls. Schließlich kann durch das Applizieren von Dehnungsmeßstreifen die Größe der verbleibenden Biegeanteile erfaßt werden.

In manchen Fällen ist neben der reinen Festigkeitsangabe auch noch eine Aussage über die Bruchdehnung von Interesse. Bei Raumtemperatur und Temperaturen, wie sie bei der Metallprüfung üblich sind, genügt das Ansetzen von mechanisch-elektrischen Wegaufnehmern. Im Hochtemperaturbereich wird in einfachsten Ausführungen die Änderung des Abstandes der

Einspanneinheiten gemessen. Beim Schluß auf die vorhandenen lokalen Dehnungen innerhalb des Meßbereichs mit konstantem Querschnitt sind die Unsicherheiten groß, da neben der interessierenden Verlängerung des Meßbereichs auch die Verformung der Übergangsbereiche mit größerem Querschnitt erfaßt wird. Zusätzlich ergibt auch die bei ansteigender Kraft verbesserte Einpassung der Probe in die Einspanneinheit eine scheinbare Verlängerung der Probe. Im Hochtemperatureinsatzbereich sind optische Dehnungsmeßvorrichtungen von Vorteil. So beschreiben Pears und Digescu [4.4] eine Vorrichtung, bei der zwei bewegliche Meßteleskope automatisch den Abstand zweier Markierungen messen. Nach Angaben der Verfasser war die Apparatur bis 3000°C einsatzfähig.

Um den hohen versuchstechnischen Aufwand der so einfach erscheinenden Zugversuche zu umgehen, wurden andere Methoden zur Ermittlung der Zugfestigkeit entwickelt, bei denen aber der Vorteil des homogenen Spannungszustand entfällt.

4.1.2 Der Biegeversuch

Am weitesten verbreitet ist der Biegeversuch an rechteckigen Proben. Abbildung 4.2 zeigt die Abmessungen und die Belastungsanordnung am Beispiel des 4-Punkt-Biegeversuchs. Diesem wird oft wegen des größeren Meßbereichs mit konstantem Biegemoment gegenüber dem 3-Punkt-Biegeversuch der Vorzug gegeben, auch wenn aufgrund statistischer Einflüsse die Festigkeitswerte niedriger liegen.

Die Biegefestigkeit berechnet sich aus der Versagenslast F zu

$$\sigma_c = \frac{3(S_1 - S_2)\,F}{2W^2 B} \tag{4.3}$$

wobei S_1 und S_2 die Abstände der Belastungsrollen, W die Probenhöhe und B die Probenbreite sind.

Der Biegeversuch dürfte hinsichtlich der Meßfehlerbeurteilung der am umfassendsten untersuchte Festigkeitstest sein. Dies ist vor allem den Unter-

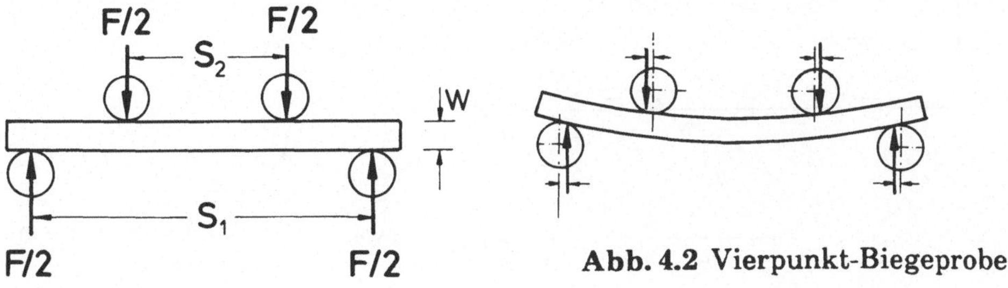

Abb. 4.2 Vierpunkt-Biegeprobe

suchungen von Baratta [4.5] zu verdanken. An dieser Stelle sollen nur vier der wichtigsten Einflußgrößen erwähnt werden:

- Bei der Bestimmung der Biegefestigkeit nach der einfachen Biegetheorie wird vereinfachend angenommen, daß die Belastung reibungsfrei auf die Probe übertragen wird. Bei unbeweglichen Schneiden oder festliegenden Rollen treten an jedem Belastungspunkt Reibungskräfte auf, die eine Verlängerung der Probe in der Zugzone bzw. eine Verkürzung in der Druckzone behindern. Wegen des Abstandes dieser Kräftepaare werden Momente verursacht, die dem Belastungsmoment entgegenwirken, woraus eine erhöhte von außen aufzuwendende Belastung erforderlich ist. Die Biegefestigkeit erscheint um den Anteil $\Delta\sigma_c$ zu hoch, der sich aus

$$\Delta\sigma_c / \sigma_c = \frac{2W\mu}{S_1 - S_2 - 2W\mu} \tag{4.4}$$

  berechnet. Mit den üblichen Werten $2 < (S_1 - S_2) / 2W < 4$ ergibt sich bei einem Reibungskoeffizienten von $\mu \simeq 0.2$ ein Fehler von 5 - 11%. Dieser Einfluß kann eliminiert - zumindest aber deutlich reduziert - werden, wenn man dafür sorgt, daß die Belastung über frei bewegliche Rollen übertragen wird. Diese einfache Abhilfe kann im Hochtemperaturbereich durch Verklebungen infolge Glasphasenbildung unwirksam werden.

- Ein zweiter Effekt, der ebenfalls die Auflager betrifft, ist die Verschiebung der Kontaktlinien zwischen der Rolle und der Probe bei relativ großen Durchbiegungen (Abb. 4.2), wobei die Kontaktstelle auf dem Zylindermantel wandert. Die dadurch bedingten Meßfehler hängen vom Verhältnis Rollendurchmesser/Probenhöhe ab. Bei 10 mm-Rollen und einer Probenhöhe von 3.5 mm ergeben sich Abweichungen von 0.6%, bei 5 mm-Rollen von 0.4%.

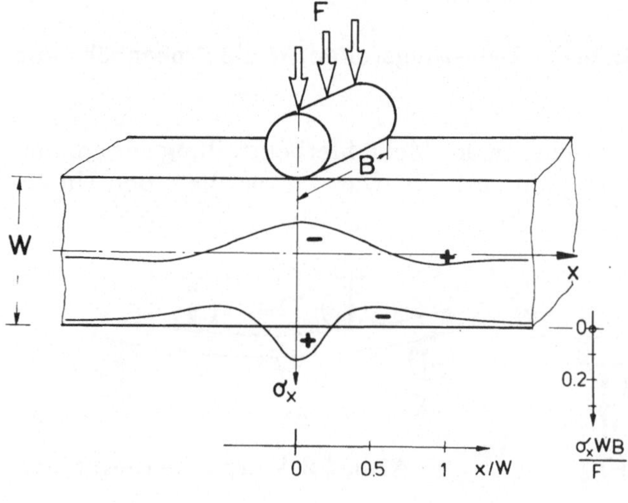

Abb. 4.3 Zusatzspannungen durch Rollenbelastung im Biegeversuch

- Die Belastungskräfte werden entlang der Kontaktlinien zwischen Rolle und Probe als Linienlasten - bzw. bei Berücksichtigung der Rollenabplattung durch kleinflächige Druckspannungen - übertragen. Diese Spannungen führen direkt gegenüber den inneren Belastungsrollen zu Zugspannungen (s. Abb. 4.3), die sich den trapezförmig verteilten Biegespannungen überlagern [4.6, 4.7]. Die Spannungsüberhöhungen betragen bei einem Wert $S_1 – S_2$ = 20mm und 3.5 mm Probenhöhe ca. 1.6% der Biegespannung, bei einer Probenhöhe von 5mm steigt der maximale Fehler auf 2.3% an. Dies ist mit ein Grund, weshalb viele Proben direkt unter den inneren Belastungsrollen brechen. Leicht einsehbar ist, daß dieser Fehler bei der 3-Punkt-Belastung die Resultate wesentlich stärker beeinflußt als bei 4-Punkt-Belastung.

- Im Falle unterschiedlicher Elastizitätsmoduli im Zug- und im Druckbereich treten Abweichungen von Gl. (4.3) auf. Es gilt dann

$$\sigma_c = \frac{3}{4} \frac{(S_1 - S_2) F}{BW^2} \left[1 + (E_{Zug} / E_{Druck})^{1/2} \right] \qquad (4.5)$$

  Dieser Effekt dürfte bei faserverstärkten Keramiken von Bedeutung werden, bei denen die Fasern den Zug-E-Modul stärker beeinflussen als den Druck-E-Modul.

Abschließend sollte nochmals darauf hingewiesen werden, daß die Auflistung der Fehlermöglichkeiten nicht bedeutet, daß der Biegefestigkeitsversuch besonders fehleranfällig wäre. Vielmehr wird hierdurch deutlich, wie intensiv dieser Test theoretisch untersucht wurde.

Trotz der genannten - und weiterer in [4.5] zusammengestellter Fehlermöglichkeiten - ist bei sorgfältiger Versuchsdurchführung der Biegeversuch wegen seiner einfachen Lastaufbringung und Durchführung von größter Bedeutung.

4.1.3 Versuche an Rohrabschnitten

Während die mechanische Prüfung zur Materialcharakterisierung keramischer Werkstoffe oft an Proben erfolgt, die aus speziell gesinterten Keramikplatten herausgearbeitet wurden oder sogar als Einzelproben hergestellt wurden, müssen in der Praxis oft die Probekörper aus Produktionsteilen entnommen werden. Liegen Produkte in Form von Rohren vor, sind zwei Versuche anwendbar.

a) Der Kreisring-Test

Im Kreisringtest (Abb. 4.4a) werden Ringe, die von rohrförmigen Fertigteilen abgeschnitten wurden, diametral zwischen zwei planparallelen Plat-

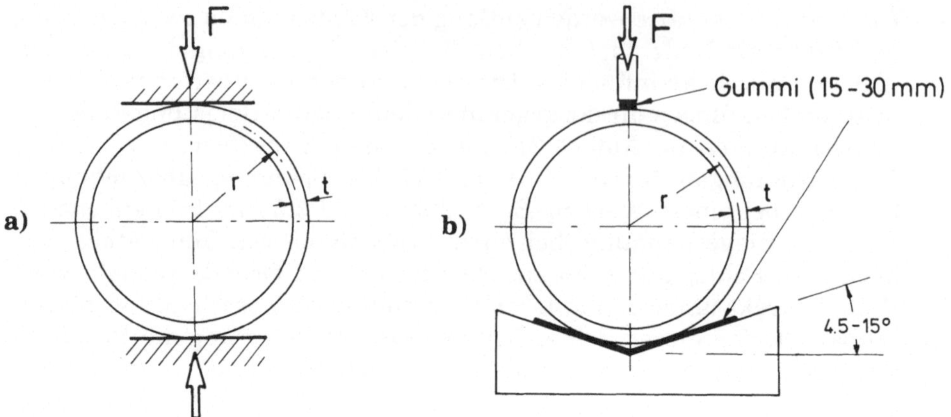

Abb. 4.4 Kreisringtest

ten durch eine Linienlast auf Druck belastet. Dabei treten an den Ringinnenseiten direkt an der Lastlinie sowie auf den Ringaußenseiten in maximalem Abstand von der Lastlinie maximale Zugspannungen auf. Bedeutet t die Ringdicke, r den mittleren Radius und B die Länge des Ringabschnitts,dann folgt aus der Versagenslast F die Zugfestigkeit zu [4.8]

$$\sigma_c = \frac{6}{\pi} \frac{F\,r}{B\,t^2} (1 - \frac{t}{6r}) \,/\, (1 - \frac{t}{2r}) \tag{4.6}$$

Im Kreisringtest ist der effektiv belastete Probenanteil auf eine nur kleine Zone beschränkt, die für die Gesamtprobe nicht unbedingt repräsentativ ist. In einer für Steinzeug entwickelten Norm (DIN 1230) wird die Krafteinleitung in die Probe durch flächige Belastungselemente homogener in die Probe eingeleitet (Abb. 4.4b). Als Probenunterlage dient eine winkelförmige Auflagerplatte mit 150 bis 171° Öffnungswinkel, die mit einer Gummiauflage versehen ist. Der obere Belastungsstempel ist ebenfalls mit einer Gummiplatte versehen. Aus der beim Probenbruch vorliegenden Scheiteldruckkraft F resultiert als Zugfestigkeit

$$\sigma_c = 1.8 \frac{F\,r}{B\,t^2} (1 + \frac{t}{2r}) (1 + \frac{t}{3r}) \tag{4.7}$$

b) Der C-Ring - Test

Im C-Ring-Test wird ein Ringsegment auf Druck oder Zug belastet. Abbildung 4.5 zeigt die Probe als Hälfte eines Kreisringes und schematisch die beiden Belastungsanordnungen. Durch Anwendung des Druckversuchs kann die Zugfestigkeit im Bereich der äußeren Rohroberfläche gemessen werden. Im Zugversuch, der eine etwas kompliziertere Lasteinleitung erfordert, geht das Versagen von der inneren Rohroberfläche aus.

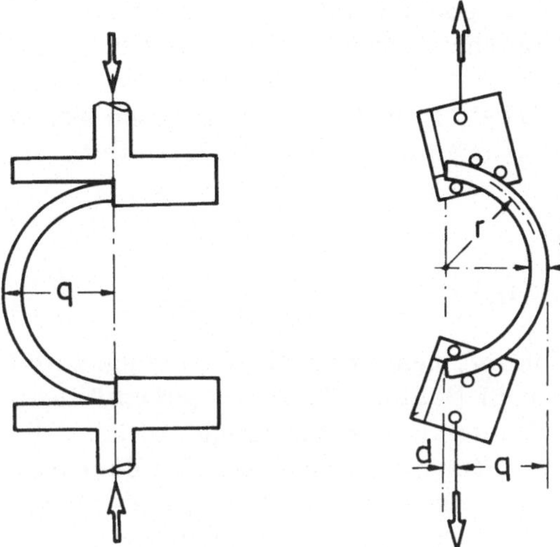

Abb. 4.5 C-Ring-Test

Bezeichnet F die Veragenslast, B die Breite und t die Dicke der Probe, dann berechnet sich die Versagensspannung zu [4.9]

$$\sigma_c = \kappa \frac{F}{B\,t} \tag{4.8}$$

Nach Timoshenko und Young [4.10] ist im Druckversuch mit dem "aktuellen Hebelarm" q

$$\kappa = \frac{(q - \frac{1}{2}\, t)\,(r_0 - L)}{r_0\,(r - L)} - 1 \tag{4.9}$$

und im Zugversuch

$$\kappa = \frac{(q - \frac{1}{2}\, t - d)\,(L - r_i)}{r_i\,(r - L)} + 1 \tag{4.10}$$

mit

$$r_i = r - t/2\,,\; r_0 = r + t/2\,,\; L = t/[\ln(r_0/r_i)]$$

Bei exakt diametraler Belastung sind die in Abb. 4.5 definierten Größen $q = r_0$ und $d = 0$.

Die größten Fehlermöglichkeiten entfallen auf die Dickenmessung. Eine typische Meßgenauigkeit von 5% in t führt zu ca. 10% Fehler der Festigkeit.

Aufgrund der relativ großen Dickentoleranz der unbearbeiteten Keramikprodukte empfiehlt sich die nachträgliche Messung direkt an der Versagensstelle.
Erwähnt werden soll auch noch die "Theta-Probe" [4.11], die jedoch wegen ihrer komplexen geometrischen Struktur eine aufwendige Herstellung erfordert.

4.2 Messung der Druckfestigkeit

Ein wachsendes Interesse wird in Zukunft sicher dem Druckversuch zuteil werden, nicht zuletzt weil man versucht Bauteile "keramikgerecht" so zu konstruieren, daß diese überwiegend unter Druckspannungen stehen. Die das Kräftegleichgewicht herstellenden Zugspannungen würden dann von Metallteilen übertragen, die an Stellen angebracht sind, an denen die positiven Eigenschaften der Keramik nicht notwendig gebraucht werden. In solchen Fällen muß auch die Veragensspannung der Keramik unter Druckspannungen bekannt sein.
Unter Druckbeanspruchung ertragen keramische Werkstoffe hohe Belastungen. Verglichen mit der Biegefestigkeit herrscht jedoch ein ausgesprochener Mangel an verläßlichen Druckfestigkeitsdaten. Eine detaillierte Beschreibung der Technik des Druckversuchs ist in [4.12] gegeben.

4.2.1 Der Druckversuch an zylindrischen Proben

Die Belastung der zylindrischen Keramikproben erfolgt zwischen planparallelen Druckstempeln. Als Bruchfestigkeit wird die auf den Zylinderquerschnitt bezogene Prüfkraft im Moment des Versagens bezeichnet. Die Problematik des Versuchs liegt auch bei diesem Festigkeitstest in der Krafteinleitung in die Probe. Es treten Störeffekte im Bereich des Übergangs von den Druckstempeln auf die Probe auf. Als wichtige Einflußgrößen seien erwähnt:

- Fehlpassung von Stempel- und Probenquerschnitt:

  Im allgemeinen ist der Probendurchmesser kleiner als der Durchmesser der Druckstempel. Dadurch kommt es entlang der äußersten Kontaktlinie zu einer linienförmigen Spannungssingularität. Im Extremfall kann die sich einstellende Spannungsverteilung aus dem elastizitätstheoretisch wohlbekannten Problem des Eindrückens eines starren Zylinders vom Radius R in einen unendlich ausgedehnten elastischen Körper abgeschätzt werden. Man erhält dann die Spannungen im Abstand r von der Symmetrieachse zu

$$\sigma = \frac{F}{2\pi R\,(R^2 - r^2)^{1/2}} \tag{4.11}$$

und folglich für $r = R$ unendliche Spannungen. Die Spannungsverteilung wird homogener wenn man berücksichtigt, daß auch die Keramikproben einen endlichen E-Modul besitzen und die Belastungsstempel eine mit dem Probenquerschnitt vergleichbare Größe besitzen. Die Spannungssingularität bleibt jedoch erhalten.

- Fehlpassung der elastischen Konstanten

Eine andere Fehlerquelle bei der Bestimmung der Druckfestigkeit tritt dann auf, wenn Proben- und Stempelmaterial unterschiedliche laterale Ausdehnungen infolge der unterschiedlichen Querkontraktionszahlen ν aufweisen. Besitzt das Material des Druckstempels ein größeres Verhältnis ν/E als die Probe, treten an den Zylinderenden radiale Zugspannungen auf, die vorzeitiges Versagen zur Folge haben können. Im Idealfalle sind die Stempelmaterialien so auszuwählen, daß gleiche Werte ν/E erreicht werden.

- Einfluß der Kraftübertragungsflächen

Um punktförmige Kraftübertragungen an den Kontaktflächen zu vermeiden werden oft elastisch bzw. plastisch deformierbare Zwischenschichten verwendet. Hier kommen speziell weiche Metallfolien in Betracht. Bei Anwendung zu weicher Zwischenschichten können jedoch auch ungünstige Spannungen verursacht werden. So kann das Metall in den Außenbereichen der Kontaktfläche bei hohem Druck fließen und aus dem Spalt herausgedrückt werden. Im Innenbereich herrscht ein nahezu hydrostatischer (äquitriaxialer) Spannungszustand, bei dem Fließen nicht auftreten kann. Die übertragenen Druckspannungen werden folglich im Bereich des Kontaktflächenzentrums konzentriert. Hierdurch wird der Spannungszustand an den Probenenden unübersichtlich.Neben dem Einsatz metallischer Zwischenschichten kann die Passung der Kontaktflächen durch Läppen verbessert werden.

- Exzentrische Belastung

Sind die Oberflächen der Belastungsstempel und der Probe nicht exakt parallel muß mit einer exzentrischen Belastung gerechnet werden. Eine nur kleine Exzentrizität kann beachtliche Biegespannungen hervorrufen. Bezeichnet e die Exzentrizität als Abstand des Kraftangriffspunktes von der Probenmittelachse, dann errechnet sich die wahre Spannung in der Probe nach [4.12] zu

$$\sigma_{min}^{max} = \frac{F}{R^2 \pi} \left(1 \pm 4 \frac{e}{R}\right) \tag{4.12}$$

Um diesen Effekt zu minimieren empfiehlt es sich durch einen Test mit auf die Zylinder-Mantelfläche aufgeklebten Dehnungsmeßstreifen das Ausmaß des Exzentrizitätseffekts abzuschätzen.

4.2.2 Der Druckversuch am Hohlzylinder

Auch über rein einachsige Druckversuche an Hohlzylindern wird in der Literatur berichtet. In Abb. 4.6a ist eine rohrförmige Probe dargestellt, deren tragender Querschnitt im Mittenbereich auf ca. ein Viertel des Endquerschnitts verjüngt ist. Durch die Rohrform werden einige der bei Vollzylindern auftretenden Schwierigkeiten eliminiert. Die Belastung erfolgt über "Compliance-Rohre", die aus dem gleichen Material wie der Prüfling bestehen und die beim Vollzylindertest erwähnten Probleme der verschiedenen ν/E- Verhältnisse vermeiden. Ihre eigentliche Bedeutung finden die Hohlzylinder-Proben jedoch bei hydrostatischen Druckversuchen (Abb. 4.6b). In diesem Belastungszustand sind Biegemomente und axiale Exzentrizitäten ohne Bedeutung. Ein Nachteil der Hohlzylinderproben gegenüber den Vollzylinderproben ist der wesentlich höhere Aufwand bei der Probenherstellung.

4.2.3 Ergebnisse aus Druckversuchen

Bei einem Vergleich der Druckfestigkeiten mit den Biegefestigkeiten fällt der um einen Faktor 5-30 höhere Festigkeitswert im Druckversuch auf. In Tabelle 4.1 sind einige Festigkeitswerte aus [4.13] wiedergegeben. Tabelle 4.2 zeigt das Verhältnis der Druckfestigkeit zur Biegefestigkeit einiger Werkstoffe. In Tabelle 4.3 sind Festigkeitswerte der gebräuchlicheren Werkstoffe aus Datenblättern von Keramikherstellern zusammengestellt. Aus den für Aluminiumoxid angegebenen Daten geht hervor, daß das Verhältnis Druckfestigkeit/Biegefestigkeit mit abnehmender Festigkeit reduziert wird.

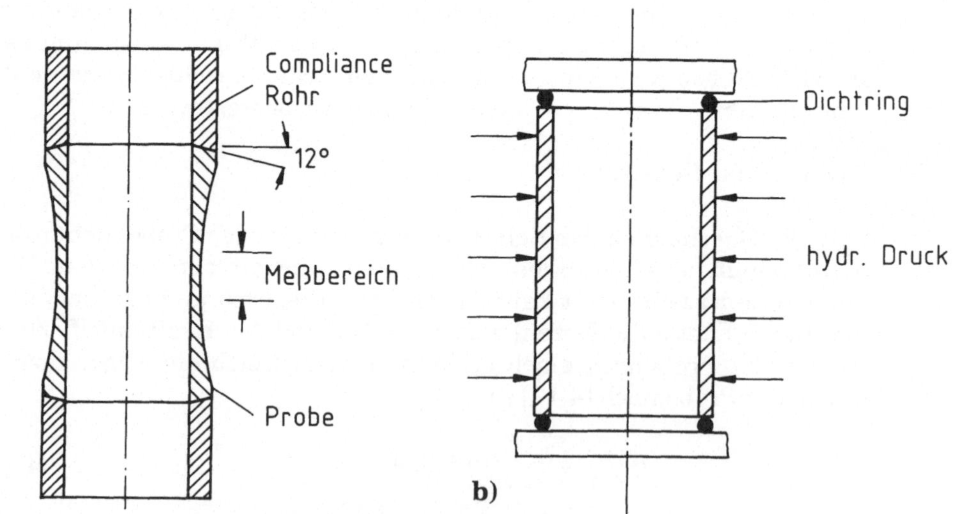

Abb. 4.6 Hohlzylinder für Druckversuche

Tabelle 4.1
Druckfestigkeiten in MPa von polykristallinen Keramiken nach Rice [4.13]

Si_3N_4	2100
TiN	970
SiC	1050
TiC	2400
Al_2O_3	4500
MgO	1400
BeO	2400
SiO_2(krist.)	2500
ZrO_2(+CaO)	2000
$MoSi_2$	2400

Tabelle 4.2
Verhältnis der Druckfestigkeit zur Biegefestigkeit bei Raumtemperatur [4.13]

Material	Korngröße (μm)	Druckfestigkeit/ Biegefestigkeit
TiB_2	20-50	4-6
ZrB_2	20-50	4-6
B_4C	1	7
WC	1-6	4-6
Al_2O_3	1-100	4-30
$MgAL_2O_4$	1	7
ThO_2	4-60	13-17
UO_2	20-50	5-18

Tabelle 4.3
Festigkeiten nach Datenblättern von Keramikherstellern

Material	Druck-festig-keit	Biege-festigkeit	Dichte	Druckfestig-keit/Biege-festigkeit
Al_2O_3	3500	350	3.9-3.9	10
	3000	300	3.7-3.8	10
	1000	150	3.4-3.6	6.7
	300	70	2.8-3.1	4.3
ZrO_2	1800-2200	350-800	5.5-5.8	2.5-5.1
SiC	1200-2200	300-410	-	3.4-5.5
Si_3N_4(HPSN)	≃3000	≃750	-	≃

Die Druckfestigkeit nimmt wie aus Abb. 4.7 hervorgeht mit abnehmender Korngröße zu. Auch die Belastungsgeschwindigkeit beeinflußt die Druckfestigkeit, wie Abb. 4.8 zeigt. Dieser Einfluß dürfte auf unterkritisches Rißwachstum zurückzuführen sein, das bei den niedrigen Beanspruchungsgeschwindigkeiten besonders ausgeprägt ist und hier zu einer stark erniedrigten Festigkeit führt. Auf die bruchmechanische Betrachtung des Versagens im Druckversuch gehen Sammis und Ashby [4.15] sowie Steif [4.16] ein.

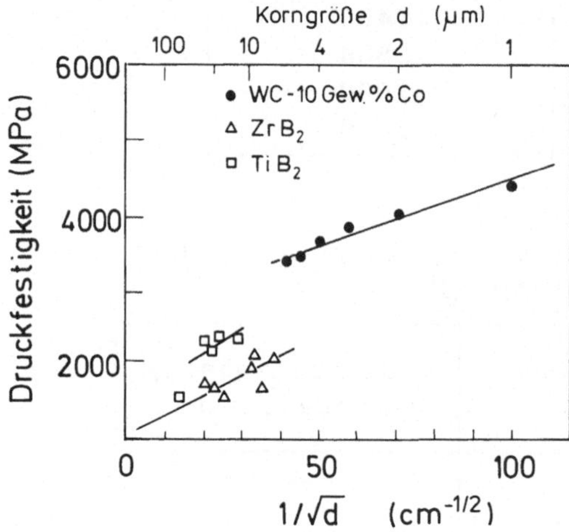

Abb. 4.7 Druckfestigkeit als Funktion der Korngröße [4.13]

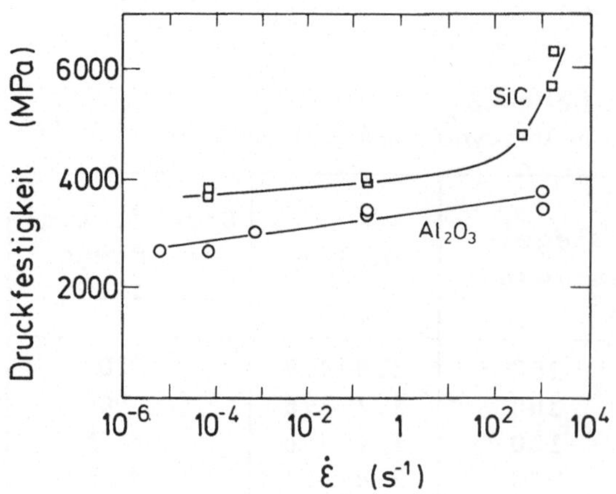

Abb. 4.8 Druckfestigkeit in Abhängigkeit von der Belastungsgeschwindigkeit [4.14]

Literatur zu Kapitel 4

[4.1] H.R. Maier, K. Heckel, Bruchwahrscheinlichkeit von polykristallinem Aluminiumoxid unter statischer Biege- und Zugbeanspruchung bei 800°C, Berichte der Deutschen Keramischen Gesellschaft 54, 1977, 370 - 373.

[4.2] W. Gebhard, Die Ermittlung der Warmfestigkeit keramischer Werkstoffe, DFLVR - Mitteilungen 81 - 03, 1981, Köln.

[4.3] B.W. Christ, S.R. Swanson, Alignment problems in tensile testing, Journal of Testing and Evaluation 4, 1976, 407 - 417.

[4.4] C.D. Pears, F.J. Digescu, Gas - bearing facilities for determining axial stress - strain and lateral strain of brittle materials to 5500F, Proceedings of the American Society of Testing and Materials 65, 1965, 855 - 873.

[4.5] F.I. Baratta, Requirements for flexure testing of brittle materials, Bericht des Army Materials and Mechanics Research Center TR 82 - 20, 1982, Watertown, USA.

[4.6] T. von Kàrmàn, Über die Grundlagen der Balkentheorie, Abhandlung aus dem Aerodynamischen Institut der TH Aachen 7,1927.

[4.7] F. Seewald, Die Spannungen und Formänderungen von Balken mit rechteckigem Querschnitt, Abhandlung aus dem Aerodynamischen Institut der TH Aachen 7, 1927.

[4.8] G. De With, Note on the use of the diametral compression test for the strength measurement of ceramics, Journal of Materials Science Letters 3, 1984, 1000 - 1002.

[4.9] J.R.G. Evans, R. Stevens, The C - ring test for the strength of brittle materials, Britisch Ceramis Transaction Journal 83, 1984, 14 - 18.

[4.10] S. Timoshenko, D.H. Young, Elements of Strength of Materials, van Nostrand, 1968.

[4.11] C.W. Marschall, A. Rudnick, Conventional strength testing of ceramics, Fracture Mechanics of Ceramics, Vol. 1, Plenum Press 1974.

[4.12] G. Sines, M. Adams, Compression testing of ceramics, Fracture Mechanics of Ceramics, Vol. 3, Plenum Press 1978, 403 - 434.

[4.13] R.W. Rice, The compressive strength of ceramics, in: Ceramics in several Environments, Vol. 5, Plenum Press, New York, 1970, 195 - 229.

[4.14] J. Lankford, D.L. Davidson, The effect of compressive strength on the mechanical performance of strong ceramics, ICM 3, Vol.3 Cambridge, 1979, 35 - 43.

[4.15] C.G. Sammis, M.F. Ashby, The failure of brittle porous solids under compressive stress states, Acta Metallurgica 34, 1986, 511 - 256.

[4.16] P.S. Steif, Crack extension under compressive loading, Engineering Fracture Mechanics 20, 1984, 463 - 473.

5. Streuung der mechanischen Eigenschaften

5.1 Ursache und prinzipielles Verhalten

Die Streuung der Festigkeit von keramischen Werkstoffen ist wesentlich größer als diejenige von metallischen Werkstoffen. Dies hängt mit der Bruchursache zusammen. Wie bereits in Kapitel 3 besprochen wurde, geht der Bruch von kleinen im Werkstoff vorhandenen Fehlern aus. Die Streuung der Festigkeit ist daher auf die Streuung der Fehlergröße zurückzuführen. Diese Tatsache ist auch die Ursache eines ausgeprägten Einflusses der Bauteilgröße auf die Festigkeit.

Der Bruch kann sowohl von Oberflächenfehlern als auch von Volumenfehlern ausgehen. Im folgenden wird angenommen, daß nur eine Fehlerart – Oberflächen- oder Volumenfehler – zum Versagen führt.

Die Streuung der Festigkeit σ_c wird durch die Verteilungsdichte $f(\sigma_c)$ beschrieben. Man erhält diese Funktion im Prinzip nach dem in Abb. 5.1 angegebenen Verfahren. In einem Histogramm werden die gemessenen Festigkeiten dargestellt. Dazu wird der Festigkeitsbereich, in dem die Messungen liegen, in k Klassen eingeteilt und die Anzahl der gemessenen Festigkeitswerte, die in eine Klasse fallen, aufgetragen. Die Gesamtzahl der Messungen sei n, die Anzahl der Werte in der i-ten Klasse n_i, wobei

$$n = \sum_{i=1}^{k} n_i \tag{5.1}$$

sein muß. Wird die Anzahl n_i auf die Gesamtzahl der Messungen bezogen, dann ist

$$\sum_{i=1}^{k} \frac{n_i}{n} = 1 \tag{5.2}$$

Die Verteilungsdichte $f(\sigma_c)$ ist eine analytische Beschreibung des normierten Histogramms (s. Abb. 5.2). In der Praxis erhält man allerdings $f(\sigma_c)$

nicht aus dem Histogramm, sondern aus allen Einzelmessungen nach Methoden, die in Kapitel 5.2 beschrieben werden. Die Verteilungsdichte hat folgende Eigenschaften:

a. Das Integral über den gesamten Bereich der Festigkeit ist gleich eins:

$$\int_0^\infty f(\sigma_c)\, d\sigma_c = 1 \tag{5.3}$$

b. Das Integral zwischen zwei Werten σ_{c1} und σ_{c2} entspricht der Wahrscheinlichkeit, daß die Festigkeit zwischen diesen Werten liegt:

$$P(\sigma_{c1} < \sigma_c < \sigma_{c2}) = \int_{\sigma_{c1}}^{\sigma_{c2}} f(\sigma_c)\, d\sigma_c \tag{5.4}$$

Insbesondere ist

$$F(\sigma_c) = \int_0^{\sigma_c} f(\sigma_c)\, d\sigma_c \tag{5.5}$$

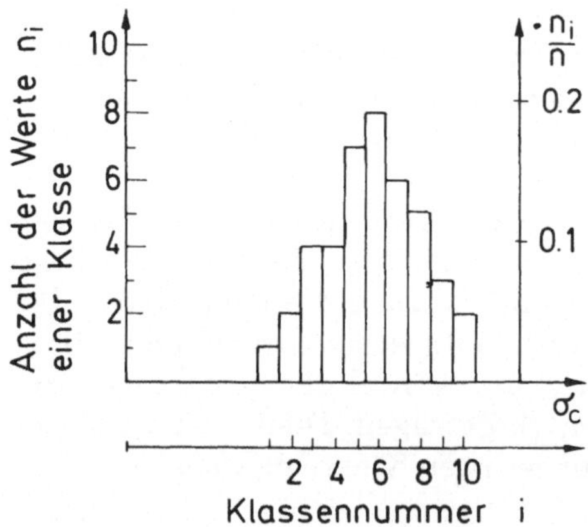

Abb. 5.1 Histogramm der Festigkeit

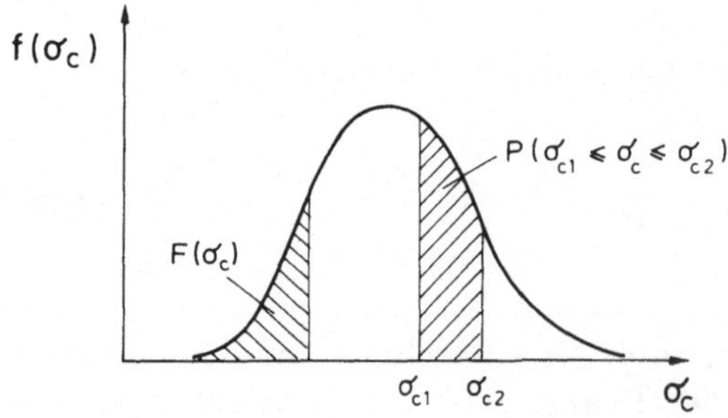

Abb. 5.2 Verteilungsdichte der Festigkeit.

die Wahrscheinlichkeit, daß die Festigkeit kleiner als σ_c ist. $F(\sigma_c)$ ist die kumulative Verteilung, die auch als Verteilungsfunktion bezeichnet wird.

Im folgenden wird der Zusammenhang zwischen der Streuung der Fehlergröße und der Festigkeit hergeleitet. Die Streuung der Fehlergröße a wird ebenfalls durch eine Verteilungsdichte f(a) beschrieben. Diese Funktion ist ebenfalls normiert, d.h. es ist

$$\int_0^\infty f(a)\, da = 1 \tag{5.6}$$

Die Verteilungsdichte erhält man im Prinzip aus der Vermessung der Fehler in sehr vielen Bauteilen.

Entscheidend für das Versagen ist der größte Fehler in einem Bauteil, wenn eine homogene Spannungsverteilung vorliegt. Diese wird im folgenden angenommen. Eine Beziehung für Spannungsgradienten wird in Kapitel 5.3 angegeben.

Die Fehlerdichte z ist die Anzahl der Fehler in der Volumeneinheit bzw. der Flächeneinheit bei Oberflächenfehlern. Die mittlere Anzahl der Fehler in einem Bauteil ist dann

$$Z = zV \quad \text{bzw.} \quad Z = zS \tag{5.7}$$

wobei V das Volumen und S die Oberfläche des Bauteils ist. Die tatsächliche Anzahl der Fehler in einem Bauteil M kann allerdings größer oder kleiner als Z sein. Dabei muß M selbstverständlich im Gegensatz zu Z ganzzahlig sein. Die Wahrscheinlichkeit, daß ein Bauteil gerade M Fehler hat, ist durch die Poissonverteilung gegeben:

$$P(M) = \frac{e^{-Z} Z^M}{M!} \tag{5.8}$$

Es wird nun die Verteilungsdichte des maximalen Fehlers gesucht, d. h. die Verteilung des größten Fehlers in verschiedenen Bauteilen. Es werden zunächst die Bauteile betrachtet, die jeweils M Fehler enthalten. Für diese Bauteile ist die kumulative Verteilung des maximalen Fehlers gegeben durch

$$G(a_{max}) = P(\text{alle } a_i < a_{max}) = [P(a_i < a_{max}]^M = [F(a = a_{max})]^M \tag{5.9}$$

Die Verteilungsdichte ist

$$g(a_{max}) = \frac{dG}{da_{max}} \tag{5.10}$$

Die Wahrscheinlichkeit, daß in einem beliebigen Bauteil der größte Fehler kleiner als a_{max} ist, ergibt sich aus der Betrachtung aller Bauteile mit beliebiger Anzahl von Fehlern. Sie ist gegeben durch

$$P = \sum_{M=0}^{\infty} P(M)\, G(a_{max}) = \sum_{M=0}^{\infty} \frac{e^{-Z} Z^M}{M!} [F(a = a_{max})]^M$$

$$= e^{-Z} \sum_{M=0}^{\infty} \frac{(ZF)^M}{M!} = e^{-Z(1-F)} = e^{-zV(1-F)} \tag{5.11}$$

Diese Wahrscheinlichkeit ist die gesuchte kumulative Verteilung und wird mit H(a) bezeichnet:

$$H(a) = \exp[-zV(1-F(a))] \tag{5.12}$$

Anstelle von a_{max} wurde hier wieder die allgemeine Bezeichnung a gewählt. Die Verteilung H(a) bzw. die Verteilungsdichte

$$h(a) = \frac{dH}{da} = zV\, f(a) \exp[-zV(1-F(a))] \tag{5.13}$$

ist abhängig vom Volumen des Bauteils. Die Verteilung der Festigkeit ergibt sich aus der Beziehung zwischen Fehlergröße und Festigkeit

$$\sigma_c = \frac{K_{Ic}}{\sqrt{a}\, Y} \tag{5.14}$$

In Abb. 5.3 sind die Verteilungen der maximalen Fehlergröße und der Festigkeit aufgezeichnet.

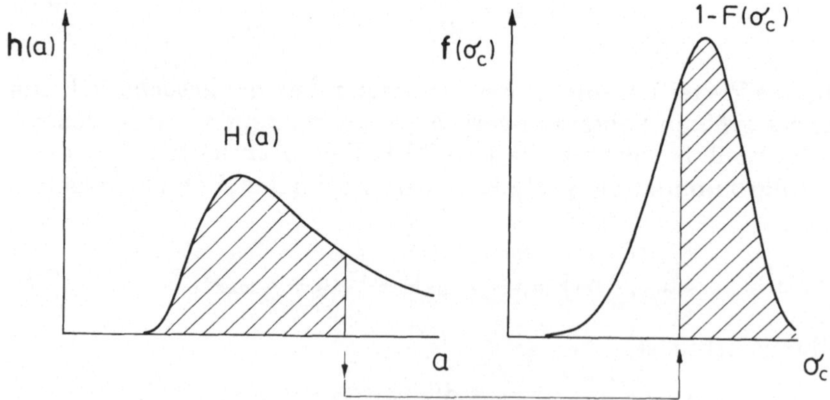

Abb. 5.3 Verteilungsdichte des maximalen Fehlers und der Festigkeit.

Zu einem bestimmten Wert von a gehört ein bestimmter Wert von σ_c entsprechend Gl. (5.14). Die schraffierte Fläche links von dem betrachteten Wert von a muß gleich der schraffierten Fläche rechts von dem entsprechenden Wert von σ_c sein. Daraus folgt

$$1 - F(\sigma_c) = H(a), \tag{5.15}$$

wobei in der Funktion H(a) die Rißlänge a nach Gl.(5.14) durch

$$a = \left[\frac{K_{Ic}}{\sigma_c Y} \right]^2 \tag{5.16}$$

ersetzt wird. Dies führt zu

$$F(\sigma_c) = 1 - \exp\left[-zV(1-F) \right] \tag{5.17}$$

Entscheidend für die Verteilung von a_{max} bzw. von σ_c ist der Verlauf von f(a) bei relativ großen Werten von a. Dieser kann näherungsweise durch ein Potenzgesetz mit

$$f(a) \sim \frac{1}{a^r} \tag{5.18}$$

beschrieben werden. Die Verteilungsfunktion ergibt sich dann zu

$$F(a) = 1 - \left(\frac{a_0}{a} \right)^{r-1} \quad \text{für} \quad a > a_0 \tag{5.19}$$

Aus Normierungsgründen (F = 0 für $a \to 0$) muß eine untere Grenze $a = a_0$ eingeführt werden. Da sehr kleine Risse nicht zum Versagen führen, spielt dies keine Rolle, d.h. Gl. (5.19) beschreibt die Rißgrößenverteilung ausreichend im interessierenden Bereich der Rißlänge.

Für die Verteilung der Festigkeit ergibt sich dann

$$F(\sigma_c) = 1 - \exp\left[-zV \left(\frac{a_0 \sigma_c^2 Y^2}{K_{Ic}^2} \right)^{r-1} \right] \tag{5.20a}$$

$$F(\sigma_c) = 1 - \exp\left[-\left(\frac{\sigma_c}{\sigma_0} \right)^m \right] \tag{5.20b}$$

Dies ist eine Weibull-Verteilung mit den Parametern

$$m = 2(r-1) \tag{5.21}$$

$$\sigma_0 = \frac{K_{Ic}}{Y\sqrt{a_0}\,(zV)^{1/m}} \tag{5.22}$$

Die Verteilungsdichte $f(\sigma_c)$ ergibt sich zu

$$f(\sigma_c) = \frac{dF}{d\sigma_c} = \frac{m}{\sigma_0}\left(\frac{\sigma_c}{\sigma_0}\right)^{m-1} \exp\left[-\left(\frac{\sigma_c}{\sigma_0}\right)^m\right] \tag{5.23}$$

Gl. (5.20a) läßt sich auch schreiben als

$$F(\sigma_c) = 1 - \exp\left[-\frac{V}{V_0}\left(\frac{\sigma_c}{\sigma_v}\right)^m\right] \tag{5.24}$$

mit

$$\sigma_v = \sigma_0\left(\frac{V}{V_0}\right)^{1/m} = \frac{K_{Ic}}{Y\sqrt{a_0}(zV_0)^{1/m}} \tag{5.25}$$

Dabei ist V_0 die Volumeneinheit und σ_v eine von der Bauteilgröße unabhängige Konstante.

Gl. (5.24) zeigt deutlich, daß die Verteilung der Festigkeit vom Volumen der Bauteile abhängt. Auf diese Abhängigkeit wird in Kapitel 5.3 näher eingegangen.

Es soll an dieser Stelle noch erwähnt werden, daß die Voraussetzung für die Existenz einer Weibullverteilung nicht auf die Erfüllung der Gleichung (5.18) beschränkt ist. Es kann gezeigt werden, daß für eine größere Klasse von Verteilungsdichten der Fehlergröße die Festigkeitsverteilung durch eine Weibullverteilung angenähert werden kann.

5.2 Die Ermittlung der Weibull-Parameter

Gleichung (5.20b) wird allgemein zur Beschreibung der Verteilung der Festigkeit von keramischen Bauteilen verwendet. Sie gilt, wie in Kapitel 5.3 gezeigt wird, auch bei inhomogener Belastung. Die Darstellung der Ergebnisse erfolgt in einem sogenannten Weibull-Diagramm. Aus Gl. (5.20b) folgt durch zweimaliges Logarithmieren

$$\ln\ln\frac{1}{1-F} = m\ln\sigma_c - m\ln\sigma_0 \tag{5.26a}$$

oder

$$\lg\ln\frac{1}{1-F} = m\lg\sigma_c - m\lg\sigma_0 \tag{5.26b}$$

Dies bedeutet, daß sich bei der Auftragung von ln ln 1/(1-F) gegen ln σ_c eine Gerade mit der Steigung m ergibt, deren Lage durch den Parameter σ_0 bestimmt ist.

Bei der graphischen Ermittlung von m und σ_0 werden die gemessenen Bruchfestigkeiten der Größe nach geordnet und von 1 bis n durchnumeriert. Dann werden den einzelnen Festigkeiten σ_{ci} Versagenswahrscheinlichkeiten F_i zugeordnet. Dies geschieht mit der Beziehung

$$F_i = \frac{i-0.5}{n} \tag{5.27}$$

Schließlich wird ln ln $1/(1\text{-}F_i)$ gegen ln σ_{ci} aufgetragen (s. Abb. 5.4).

Der Parameter m ergibt sich aus der Steigung der Ausgleichsgeraden und σ_0 aus der Festigkeit bei

$$\ln\ln 1/(1-F) = 0 \text{ oder } F = 0.632$$

Die graphische Ermittlung der Parameter m und σ_0 führt nicht zu den zuverlässigsten Ergebnissen. Genauere Ergebnisse liefern numerische Verfahren, von denen die Maximum-Likelihood-Methode am häufigsten angewandt wird. Sie beruht auf der Überlegung, daß bei einer Verteilungsfunktion mit den Parametern $\theta_1, \theta_2 ... \theta_p$ (bei der Weibull-Verteilung ist $\theta_1 = \sigma_0$, $\theta_2 = m$) die Wahrscheinlichkeit, einen bestimmten Stichprobenwert x_i (bei der Betrachtung der Festigkeit ist $x = \sigma_c$) zu messen, durch den Wert der Verteilungsdichte $f(x_i, \theta_1, .. \theta_p)$ gegeben ist. Dabei ist p die Anzahl der Parameter der Verteilung (bei der Weibull-Verteilung ist $p = 2$). Die Wahrscheinlichkeit, die Stichprobenwerte $x_1, x_2 ... x_n$ zu bekommen, ist durch die

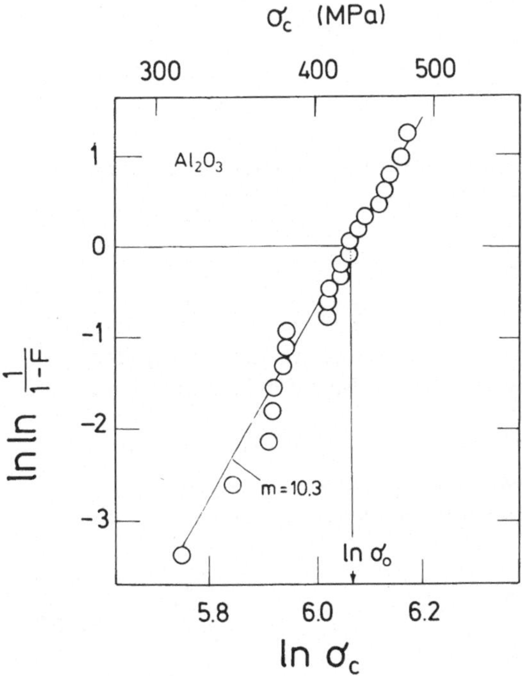

Abb. 5.4 Darstellung der Streuung der Festigkeit von Al_2O_3 im Weibull-Diagramm.

Maximum-Likelihood-Funktion L gegeben, mit

$$L \sim f(x_1, \theta_1,\dots \theta_p)\cdots f(x_2, \theta_1,\dots \theta_p)\cdots f(x_n, \theta_1,\dots \theta_p) \tag{5.28}$$

Für verschiedene mögliche Werte der Parameter $\theta_1 \dots \theta_p$ hat die Funktion L unterschiedliche Werte. Dabei sind die Werte von $\theta_1 \dots \theta_p$ am wahrscheinlichsten für die $L(\theta_1 \dots \theta_p)$ bei vorgegebenen Stichprobenwerten $x_1 \dots x_n$ ein Maximum hat. Dies führt zu der Forderung

$$\frac{\partial L(x_1, \dots, x_n, \theta_1, \dots, \theta_p)}{\partial \theta_j} = 0 \tag{5.29}$$

wobei j die Werte 1 bis p annimmt. Da L durchweg positiv ist, kann auch geschrieben werden:

$$\frac{\partial \ln L}{\partial \theta_j} = 0 \tag{5.30}$$

Für die Weibull-Verteilung ergeben sich zwei Gleichungen ($\theta_1 = \sigma_0$, $\theta_2 = m$), aus denen m und σ_0 ermittelt werden können. Diese Gleichungen führen zu:

$$\frac{1}{m} = \frac{\sum (\ln \sigma_{ci} \cdot \sigma_{ci}^m)}{\sum \sigma_{ci}^m} - \frac{1}{n} \sum \ln \sigma_{ci} \tag{5.31a}$$

$$\sigma_0^m = \frac{1}{n} \sum \sigma_{ci}^m \tag{5.31b}$$

Aus der ersten Gleichung kann m und dann aus der zweiten σ_0 berechnet werden.

5.3 Der Größeneinfluß

Gleichung (5.24) gibt den Einfluß des Volumens auf die Verteilung der Festigkeit bei homogener Belastung wieder. Abbildung 5.5 zeigt diesen Einfluß im Weibull-Diagramm.

Für eine vorgegebene Versagenswahrscheinlichkeit - z.B. $F = 0.5$ oder $F = 0.001$ - verhalten sich die Festigkeiten zweier Komponenten mit den Volumina V_1 und V_2 wie

$$\frac{\sigma_1}{\sigma_2} = \left(\frac{V_2}{V_1}\right)^{1/m} \tag{5.32}$$

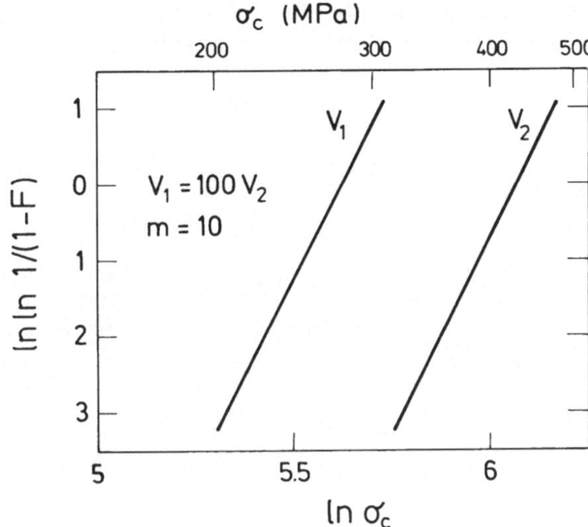

Abb. 5.5 Einfluß des Volumens auf die Verteilung der Festigkeit.

Bei einer inhomogenen Spannungsverteilung wird in Gl. (5.24) $\sigma_c{}^m V$ durch

$$\int [\,\sigma(x, y, z)]^m \, dV$$

ersetzt, wobei über das Volumen des Bauteils integriert wird. Die Begründung dafür wird in Kapitel 7.3.6 bei der Ableitung der Beziehung für mehrachsige Belastung gegeben. Die räumliche Spannungsverteilung $\sigma(x,y,z)$ kann geschrieben werden als

$$\sigma(x, y, z) = \sigma^* \, g(x, y, z) \tag{5.33}$$

Dabei ist σ^* eine charakteristische Spannung, die proportional der äußeren Belastung ist, z.B. die Randfaserspannung bei Biegung oder die Kerbgrundspannung bei gekerbten Komponenten. $g(x,y,z)$ ist eine reine Geometriefunktion. Beim Versagen wird der kritische Wert von σ^* als die Festigkeit σ_c bezeichnet. Es ist dann

$$F(\sigma_c) = 1 - \exp\left[-\frac{1}{V_0}\left(\frac{\sigma_c}{\sigma_v}\right)^m \int g^m \, dV\right] \tag{5.34}$$

Das Integral in Gl. (5.34) wird als effektives Volumen bezeichnet:

$$V_{eff} = \int g^m \, dV \tag{5.35}$$

Es ist somit

$$F(\sigma_c) = 1 - \exp\left[-\frac{V_{eff}}{V_0}\left(\frac{\sigma_c}{\sigma_v}\right)^m\right] \tag{5.36}$$

Bisher wurden Volumenfehler betrachtet. Liegen Oberflächenfehler vor, dann wird anstatt über das Volumen über die Oberfläche integriert.

Gl. (5.24) wird durch

$$F(\sigma_c) = 1 - \exp\left[-\frac{S}{S_0}\left(\frac{\sigma_c}{\sigma_s}\right)^m\right] \tag{5.37}$$

und Gl. (5.34) durch

$$F(\sigma_c) = 1 - \exp\left[-\frac{1}{S_0}\left(\frac{\sigma_c}{\sigma_s}\right)^m \int g^m \, dS\right] \tag{5.38a}$$

$$= 1 - \exp\left[-\frac{S_{eff}}{S_0}\left(\frac{\sigma_c}{\sigma_s}\right)^m\right] \tag{5.38b}$$

ersetzt, wobei S_0 die Flächeneinheit und S_{eff} die effektive Oberfläche ist.Mit den Gl. (5.36) bzw. (5.38) wird die Festigkeitsverteilung berechnet. Dazu müssen die Parameter m und σ_v bzw. σ_s aus Ergebnissen an Versuchsproben ermittelt werden. Nach den in Kapitel 5.2 beschriebenen Verfahren ergibt sich zunächst m und $\sigma_{0,PR}$ (der Index PR wurde angefügt, um deutlich zu machen, daß es sich um Ergebnisse aus Proben handelt). Der Parameter σ_v berechnet sich aus

$$\sigma_v = \sigma_{0,PR}\left(\frac{V_{eff,PR}}{V_0}\right)^{1/m} \tag{5.39}$$

wobei $V_{eff,PR}$ das effektive Volumen der Probe ist. Die Verteilung der Bauteilfestigkeit wird dann mit den Weibull-Parametern m und

$$\sigma_{0,B} = \sigma_{0,PR}\left(\frac{V_{eff,PR}}{V_{eff,B}}\right)^{1/m} \tag{5.40}$$

ermittelt.

Wie in Kapitel 4 beschrieben wurde, wird die Festigkeit üblicherweise im Biegeversuch bestimmt. Es wird eine Vierpunkt-Biegeprobe der Breite B und der Höhe W betrachtet. Der Bereich des konstanten Biegemoments ist $L = (S_1 - S_2)/2$ (der Bereich des abfallenden Moments zwischen den Auflagerollen wird im folgenden nicht berücksichtigt). Der Spannungsverlauf in der Biegeprobe ist gegeben durch

$$\sigma = \frac{2y}{W}\sigma^* \tag{5.41}$$

wobei σ^* die Randfaserspannung und y der Abstand von der neutralen Faser ist. Es ist somit

$$g(x,y,z) = \frac{2y}{W} \tag{5.42}$$

und

$$V_{eff} = \int g^m dV = L B \left(\frac{2}{n}\right)^m \int_0^{h/2} y^m dy = \frac{L B W}{2(m+1)} \tag{5.43}$$

Dabei wurde nur über den Zugbereich integriert, da davon ausgegangen werden kann, daß Versagen nur von den unter Zugbelastung stehenden Bereichen ausgeht.

5.4 Die Streuung der Lebensdauer

In Kapitel 3.5 wurde der Zusammenhang zwischen der Lebensdauer eines Bauteils und den Kenngrößen des unterkritischen Rißwachstums hergeleitet. Es ergab sich dabei für eine zeitlich konstante Spannung

$$t_B = \frac{B \sigma_c^{n-2}}{\sigma^n} \tag{5.44}$$

mit der in Kapitel 3.5.2 eingeführten Größe

$$B = \frac{2}{(n-2) A Y^2 K_{Ic}^{n-2}} \tag{5.45}$$

σ war dabei eine charakteristische Spannung im Bauteil und σ_c die inerte Festigkeit des Bauteils. Die Lebensdauer verschiedener identisch belasteter Bauteile streut, da die Ausgangsfehlergröße, die die Lebensdauer bestimmt, streut. Die Streuung der Lebensdauer läßt sich aus der Streuung der inerten Festigkeit herleiten. Wie in Abb. 5.6 schematisch gezeigt wird, hängen die Verteilungsdichten der Lebensdauer und der Festigkeit über die Verteilungsdichte des maximalen Fehlers zusammen.

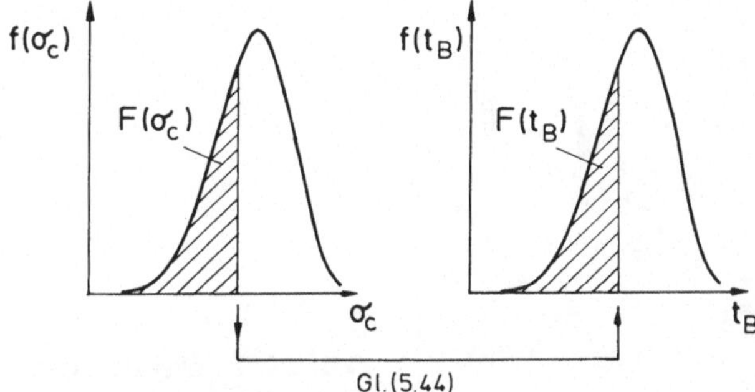

Abb. 5.6 Zusammenhang zwischen Verteilungsdichte von Festigkeit und Lebensdauer.

Für die Verteilungsfunktionen gilt

$$F(t_B) = F(\sigma_c) \tag{5.46}$$

Dabei wird in der Funktion $F(\sigma_c)$ die Festigkeit σ_c durch die Bruchzeit t_B nach Gl. (5.44) ersetzt. Ist $F(\sigma_c)$ die Weibull-Verteilung - Gl. (5.20b) - dann ergibt sich für $F(t_B)$ ebenfalls eine Weibull-Verteilung mit den Parametern t_0 und m^*:

$$F(t_B) = 1 - \exp\left[-\left(\frac{t_B}{t_0}\right)^{m^*}\right] \tag{5.47}$$

mit

$$m^* = \frac{m}{n-2} \tag{5.48a}$$

$$t_0 = \frac{B\,\sigma_0^{n-2}}{\sigma^n} \tag{5.48b}$$

Für verschiedene Spannungen ergeben sich in einem Weibull-Diagramm, in dem ln ln 1/(1-F) gegen $\ln t_B$ aufgetragen ist, Geraden mit der Steigung m^*. Diese Steigung ist nach Gl. (5.48a) vom Weibull-Parameter der Festigkeit und vom Rißwachstumsexponenten n abhängig. Die Lage der Weibull-Geraden hängt nach Gl. (5.48b) von der Spannung σ, dem Weibull-Parameter σ_0, vom Exponenten n der Rißgeschwindigkeitsbeziehung sowie von der Größe B ab.

In Abb. 5.7 ist für Al_2O_3 in einer Salzlösung die Streuung der Lebensdauer für verschiedene Biegespannungen im Weibull-Diagramm dargestellt.

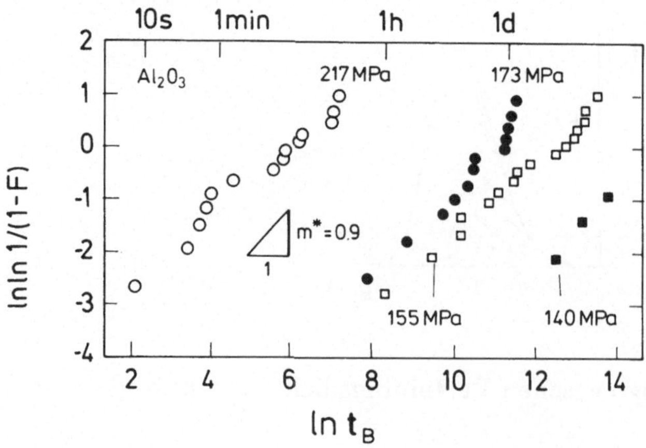

Abb. 5.7 Darstellung der Lebensdauer von Al_2O_3 im Weibull-Diagramm.

In Abb. 5.8 sind die aus diesen Messungen gewonnenen Werte von t_0 gegen die Spannung in doppelt-logarithmischem Maßstab aufgetragen. Aus der Steigung der Geraden ergibt sich der Rißwachstumsparameter n.

Die Ableitung der Gl. (5.47) erfolgte unter der Voraussetzung, daß die Lebensdauer und die Festigkeit durch die gleichen Fehler verursacht werden. Experimentelle Untersuchungen haben gezeigt, daß diese Voraussetzung in vielen Fällen erfüllt ist. Abweichungen können auftreten, wenn die inerte Festigkeit durch Volumenfehler bedingt ist, während sich die unterkritische Rißausbreitung wegen der Einwirkung des umgebenden Mediums auf die Oberflächenfehler beschränkt.

Weiterhin ist zu beachten, daß in Gl. (5.48b) der Weibull-Parameter der Festigkeit des betrachteten Bauteils $\sigma_{0,B}$ eingesetzt werden muß. Liegt der Weibull-Parameter aus Messungen an Versuchsproben vor, dann berechnet sich t_0 aus (s. Gl. (5.40))

$$t_0 = \frac{B\,\sigma_{0,PR}^{n-2}}{\sigma^n}\left(\frac{V_{eff,B}}{V_{eff,PR}}\right)^{\frac{n-2}{m}} \tag{5.49a}$$

bzw.

$$t_0 = \frac{B\,\sigma_{0,PR}^{n-2}}{\sigma^n}\left(\frac{S_{eff,B}}{S_{eff,PR}}\right)^{\frac{n-2}{m}} \tag{5.49b}$$

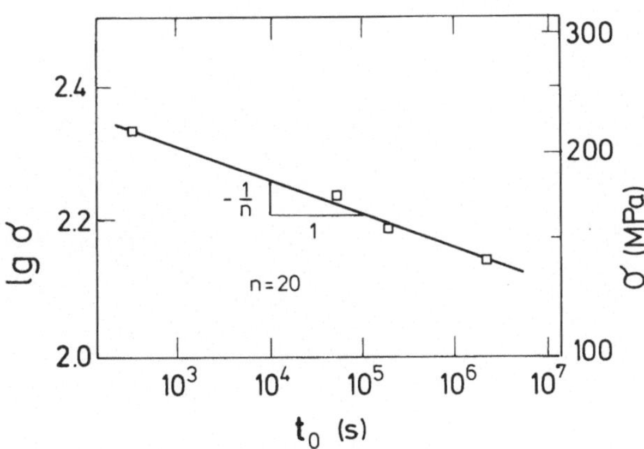

Abb. 5.8 t_0 in Abhängigkeit von der Spannung für die Ergebnisse von Abb.5.7.

6. Das Überlastverfahren

6.1 Ohne Berücksichtigung des unterkritischen Rißwachstums

Wegen der großen Streuung der Festigkeit keramischer Werkstoffe muß mit dem Versagen einer Komponente auch bei geringen Belastungen gerechnet werden. Eine Möglichkeit, solche Brüche auszuschließen, liefert das Überlastverfahren, das auch unter der Bezeichnung Proof-Load-Verfahren bekannt ist.

Die Darstellung erfolgt hier mit Hilfe einer charakteristischen Spannung in der Komponente, z.B. der Randfaserspannung bei der Biegung oder der Kerbgrundspannung - s. Kapitel 5. Die Festigkeit der Komponente ausgedrückt in dieser Spannung ist σ_c. Beim Überlastverfahren werden nun alle gefertigten Bauteile mit einer Spannung σ_p belastet, die größer ist als die maximal während des Betriebs auftretende Spannung. Alle Bauteile mit einer Festigkeit $\sigma_c < \sigma_p$ brechen während der Lastaufbringung des "proof-test". Wird unterkritisches Rißwachstum während des Betriebs der Komponente ausgeschlossen und die Spannung σ_p nie überschritten, dann ist mit keinem Versagen während des Betriebs zu rechnen.

Im folgenden wird die Verteilungsdichte der Festigkeit nach dem Aufbringen der Überlast abgeleitet. Diese interessiert allerdings nur, wenn doch mit einer Überschreitung von σ_p während des Betriebes gerechnet werden muß.Die Verteilungsdichte der Festigkeit vor der Überbelastung $f(\sigma_c)$ ist in Form der Verteilungsfunktion $F(\sigma_c)$ gegeben durch

$$F = 1 - \exp\left[-\left(\frac{\sigma_c}{\sigma_0}\right)^m\right] \tag{6.1}$$

Nach der Belastung liegen nur noch Bauteile mit $\sigma_c > \sigma_p$ vor. Die Verteilungsdichte dieser Bauteile wird mit $g(\sigma_c)$, die Verteilungsfunktion mit $G(\sigma_c)$ bezeichnet. Sie ergibt sich aus $f(\sigma_c)$ durch Abschneiden bei $\sigma_c = \sigma_p$ (s. Abb.6.1). Da $g(\sigma_c)$ eine normierte Verteilung ist, muß

$$\int_{\sigma_p}^{\infty} g(\sigma_c)\, d\sigma_c = 1 \tag{6.2}$$

sein. Die Herleitung von $g(\sigma_c)$ erfolgt zweckmäßigerweise über $G(\sigma_c)$. Aus Abb. 6.1 folgt

$$G(\sigma_c) = \frac{A_1}{A_2} = \frac{1-\exp\left[-\left(\frac{\sigma_c}{\sigma_0}\right)^m\right] - \left\{1-\exp\left[-\left(\frac{\sigma_P}{\sigma_0}\right)^m\right]\right\}}{1-\left\{1-\exp\left[-\left(\frac{\sigma_p}{\sigma_0}\right)^m\right]\right\}} \tag{6.3a}$$

$$G(\sigma_c) = 1-\exp\left[-\left(\frac{\sigma_c}{\sigma_0}\right)^m + \left(\frac{\sigma_p}{\sigma_0}\right)^m\right] \tag{6.3b}$$

Für die Verteilungsdichte folgt dann

$$g(\sigma_c) = \frac{m}{\sigma_0}\left(\frac{\sigma_c}{\sigma_0}\right)^{m-1} \exp\left[-\left(\frac{\sigma_c}{\sigma_0}\right)^m + \left(\frac{\sigma_p}{\sigma_0}\right)^m\right] \tag{6.4}$$

Die Verteilung $g(\sigma_c)$ ist keine Weibull-Verteilung. In der Darstellung im Weibull-Diagramm ergibt sich für $g(\sigma_c)$ eine gekrümmte Kurve (s. Abb. 6.2).

Als Beispiel wird die Biegefestigkeit von Al_2O_3 betrachtet. Aus Versuchen ergab sich für die Weibull-Parameter $m=14$ und $\sigma_0=297$ MPa. Es wird angenommen, daß bei diesen Biegeproben eine Belastung von $\sigma_p = 200$ MPa aufgebracht wird. Es ist dann

$$F(200 \text{ MPa}) = 0.0039 = 0.39\%$$

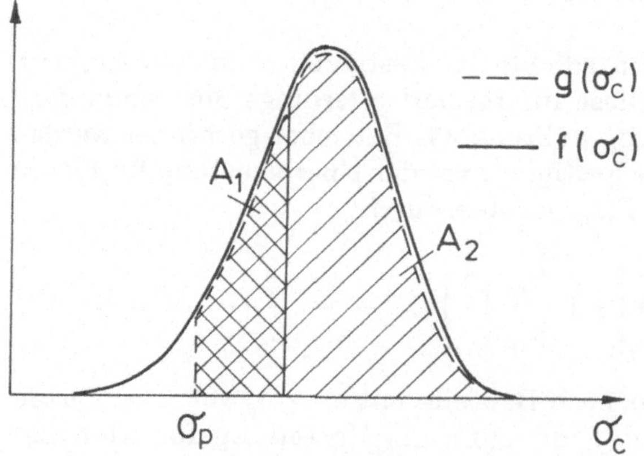

Abb.6.1 Verteilungsdichte der Festigkeit vor und nach der Überlastung

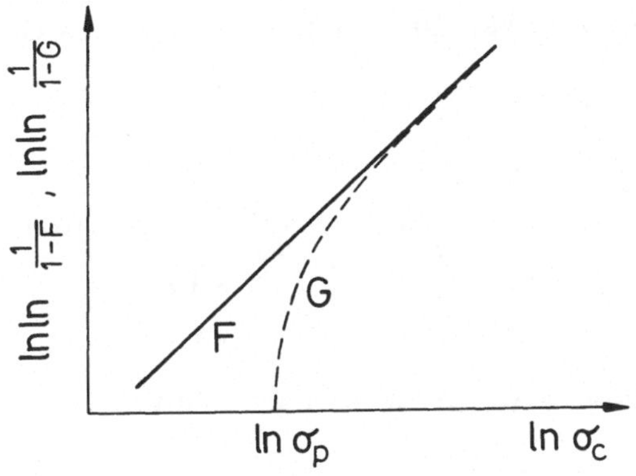

Abb. 6.2 Verteilungsfunktion der Festigkeit vor (F) und nach (G) der Überlast

Dies bedeutet, daß 0,39% der Biegeproben bei der Lastaufbringung brechen. Für die Verteilung der Festigkeit der nicht gebrochenen Biegeproben gilt dann

$$G(\sigma_c) = 1 - \exp[\,0.0039 - 2.41 \cdot 10^{-35}\,\sigma_c{}^{14}]$$

Wird z.B. während des Betriebs eine Belastung von $\sigma = 220$ MPa aufgebracht, d.h. die Überlastspannung um 20 MPa überschritten, so ist $G(220) = 0.011$ und $F(220) = 0.0149$. Dies bedeutet, daß ohne Überlastverfahren 1.49% der Bauteile und mit Überlastverfahren 1.1% der Bauteile brechen. Entscheidend ist aber, daß für $\sigma < 200$ MPa überhaupt kein Versagen auftritt.

6.2 Mit Berücksichtigung des unterkritischen Rißwachstums

Tritt unterkritisches Rißwachstum auf, so kann sich auch nach der Überbelastung noch ein Versagen ergeben. Dies ist allerdings erst nach einer Mindestzeit t_{Bmin} möglich. Im folgenden wird die Abhängigkeit der Zeit t_{Bmin} von der Höhe der Überlast σ_p sowie die Verteilung der Bruchzeit abgeleitet. Dies erfolgt unter der Voraussetzung, daß während der Überbelastung selbst kein unterkritisches Rißwachstums auftritt. Dies kann unter Umständen dadurch erreicht werden, daß die Überbelastung möglichst rasch und in einem inerten Medium erfolgt.

Der maximal mögliche Fehler nach der Aufbringung der Überbelastung hat die Größe

$$a_p = \left(\frac{K_{Ic}}{\sigma_p Y} \right)^2 \tag{6.5}$$

Die minimale Bruchzeit bei der konstanten Belastung σ ist die Zeit die dieser Riß braucht, um die kritische Größe a_c zu erreichen. Unter der Annahme eines Potenzgesetzes - Gl. (3.38) - berechnet sich diese Zeit aus Gl. (3.39) zu

$$t_{Bmin} = \int_{a_p}^{a_c} \frac{da}{A\sigma^n Y^n a^{n/2}} = \frac{2}{(n-2) A\sigma^n Y^n} \left[a_p^{-\frac{n-2}{2}} - a_c^{-\frac{n-2}{2}} \right]$$

$$= \frac{2}{(n-2) A\sigma^2 Y^2 K_{Ic}^{n-2}} \left[\left(\frac{\sigma_p}{\sigma} \right)^{n-2} - 1 \right] = \frac{B}{\sigma^2} \left[\left(\frac{\sigma_p}{\sigma} \right)^{n-2} - 1 \right] \tag{6.6}$$

Wegen der großen n-Werte kann üblicherweise die 1 in der Klammer vernachlässigt werden. Somit ist

$$t_{Bmin} = \frac{B\,(\sigma_p / \sigma)^{n-2}}{\sigma^2} \tag{6.7}$$

Gl. (6.7) läßt sich in einem $\lg t_{Bmin}$-$\lg\sigma$ -Diagramm mit σ_p/σ als Parameter darstellen. Es ergeben sich Geraden mit der Steigung –2. Abbildung 6.3 zeigt ein solches Diagramm für Aluminiumoxid mit $n = 50$.

Interessiert nicht nur die minimale Bruchzeit sondern die Verteilung der Bruchzeit nach der Überbelastung, so muß wieder von der Weibull-Verteilung der inerten Festigkeit mit den Parametern m und σ_0 ausgegangen werden. Die Verteilung der inerten Festigkeit nach der Überbelastung ist durch Gl. (6.3b) gegeben. Einer bestimmten Festigkeit σ_c wird, wie bereits in Kapitel 5.4 abgeleitet wurde, eine Bruchzeit t_B nach Gl. (5.44) zugeordnet. Die entsprechenden Versagenswahrscheinlichkeiten sind identisch

$$G(\sigma_c) = G(t_B) \tag{6.8}$$

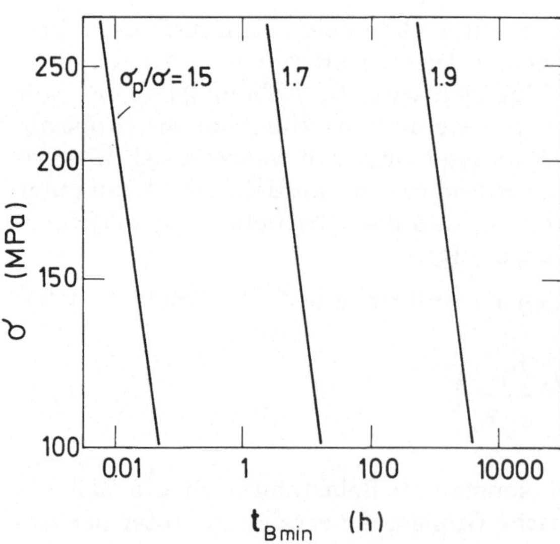

Abb. 6.3 Minimale Bruchzeit von Al_2O_3 in Abhängigkeit von der Spannung für verschiedene Überlastverhältnisse

Somit ergibt sich $G(t_B)$ aus Gl. (6.3) durch Substitution von σ_c nach Gl. (5.44). Dies führt zu

$$G(t_B) = 1 - \exp\left[-\left(\frac{t_B}{t_0}\right)^{\frac{m}{n-2}} + \left(\frac{\sigma_p}{\sigma_0}\right)^m\right] \tag{6.9a}$$

wobei t_0 durch Gl. (5.48b) gegeben ist.

Durch Einführung der minimalen Bruchzeit nach Gl. (6.7) ergibt sich

$$G(t_B) = 1 - \exp\left[-\left(\frac{t_B}{t_0}\right)^{\frac{m}{n-2}} + \left(\frac{t_{Bmin}}{t_0}\right)^{\frac{m}{n-2}}\right] \tag{6.9b}$$

In Abb. 6.4 ist die Bruchzeit gegen die Spannung in doppelt-logarithmischem Maßstab aufgetragen. Das Diagramm enthält die minimale Bruchzeit für drei verschiedene σ_p/σ-Verhältnisse in Form von Geraden mit der Steigung $-\frac{1}{2}$. Außerdem sind die Bruchzeiten ohne Überbelastung für drei verschiedene Versagenswahrscheinlichkeiten eingezeichnet. Dies sind Geraden mit der Steigung $-1/n$. Für eine bestimmte Ausfallwahrscheinlichkeit ist außerdem die Versagenszeit nach der Überbelastung eingezeichnet. Für eine vorgegebene Spannung ergeben sich bei vorgegebenem Überbelastungsverhältnis σ_p/σ und vorgegebener Ausfallwahrscheinlichkeit drei Zeiten: t_{Bmin}, t_B ohne Überbelastung und t_B mit Überbelastung.

Für das in Abb. 6.4 dargestellte Beispiel sind für $\sigma_p/\sigma = 1.7$ diese drei Zeiten für verschiedene Spannungen und Versagenswahrscheinlichkeiten in Tabelle 6.1 angegeben.

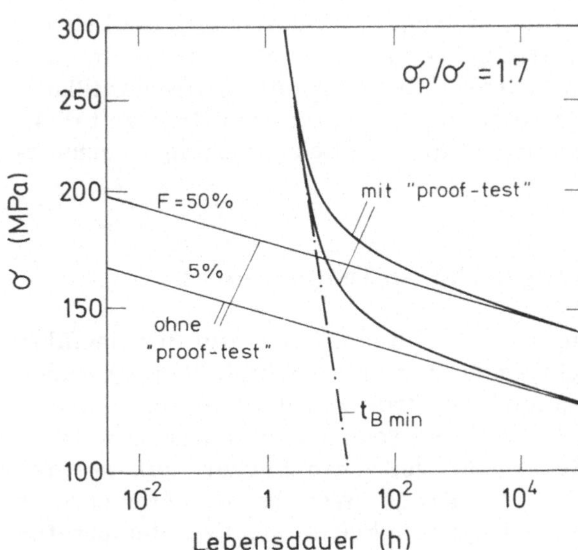

Abb. 6.4 Bruchzeit in Abhängigkeit von der Spannung mit und ohne Überbelastung für zwei verschiedene Versagenswahrscheinlichkeiten (Daten von Aluminiumoxid)

Tabelle: 6.1
Einfluß von Überbelastung auf Lebensdauer (Daten von Al_2O_3)

σ	t_{Bmin}	ohne proof test			mit proof test		
		50%	5%	0.1%	50%	5%	0.1%
100MPa	18.5 h	$2.2 \cdot 10^8$h	$3.0 \cdot 10^8$h	409 h	$2.3 \cdot 10^{12}$h	$3.1 \cdot 10^8$h	$1.3 \cdot 10^3$h
120MPa	12.8 h	$2.4 \cdot 10^8$h	$3.3 \cdot 10^4$h	0.045h	$2.5 \cdot 10^8$h	$4.5 \cdot 10^4$h	23 h
150MPa	8.2 h	$3.5 \cdot 10^8$h	0.47 h	$6.4 \cdot 10^{-7}$h	$6.0 \cdot 10^3$h	28 h	8.4 h

6.3 Probleme des Überlastverfahrens

Beim Überlastverfahren können Probleme auftreten, die im folgenden näher besprochen werden.

6.3.1 Unterkritisches Rißwachstum während der Aufbringung der Überlast

Die in Kapitel 6.2 abgeleiteten Beziehungen gelten nur, wenn während der Überbelastung kein unterkritisches Rißwachstum auftritt. Diese Voraussetzung läßt sich aber nicht in allen Fällen realisieren. Es können dann während der Belastung zusätzliche Brüche auftreten, da sich die vorhandenen Risse während der Belastung verlängern. Dadurch wird die Lebensdauerverteilung nach der Überlastung beeinflußt, nicht aber die minimale Bruchzeit. Die während des Entlastens auftretende unterkritische Rißausbreitung führt aber zu einer Verringerung der minimalen Bruchzeit [6.4]. Bei genügend schneller Entlastung ist dieser Effekt allerdings vernachlässigbar.

6.3.2 Andere Fehlerverteilung bei hohen Temperaturen

Das Überlastverfahren kann im Prinzip bei Raumtemperatur durchgeführt werden, auch wenn die Betriebstemperatur bei erhöhten Temperaturen liegt. Bei der Berechnung der minimalen Bruchzeit nach Gl. (6.7) müssen dann für n und A die Werte bei der erhöhten Temperatur eingesetzt werden. Aus der Ableitung von Gl. (6.7) geht weiterhin hervor, daß bei der Berechnung von B nach Gl. (5.45) für K_{Ic} der Wert bei Raumtemperatur verwendet werden muß, wenn die Inertfestigkeit σ_c bei Raumtemperatur bestimmt wurde.

Gl. (6.7) kann allerdings nur angewandt werden, wenn die gleiche Art von Fehlern bei Raumtemperatur und bei der erhöhten Temperatur für das Versagen verantwortlich ist. Dies ist, wie Wiederhorn und Tighe [6.3] gezeigt haben, nicht immer erfüllt.

6.3.3 Simulation der Betriebsbeanspruchung

Das Überlastverfahren sollte die Betriebsbelastung möglichst genau simulieren. Dies ist nicht immer auf einfache Weise möglich. Insbesondere bei Thermospannungen läßt sich die Spannungsverteilung in einem Bauteil nicht durch mechanische Belastung aufbringen. Wird die an einer bestimmten Stelle auftretende Thermospannung durch mechanische Belastung simuliert, so kann dies zu stark überhöhten Spannungen an anderen Stellen führen. Dies kann eine relativ große Anzahl von Brüchen während der Überbelastung zur Folge haben.

Literatur zu Kapitel 6

[6.1] A.G. Evans, S.M. Wiederhorn, Proof testing of ceramic materials – an analytical basis for failure prediction, International Journal of Fracture 10, 1974, 379-392.

[6.2] A.G. Evans, E. R. Fuller, Proof testing – the effects of slow crack growth, Materials Science and Engineering 19, 1975, 69 – 77.

[6.3] S. M. Wiederhorn, N. J. Tighe, Proof testing of hot-pressed silicon nitride, Journal of Materials Science 13, 1978, 1781 - 1793.

[6.4] E.R. Fuller, S.M. Wiederhorn, Proof testing of ceramics: II Theorie, Bericht NBSIR 79 -1944 des National Bureau of Standards, USA, 1979.

7. Mehrachsigkeitskriterien

7.1 Darstellung in Mehrachsigkeitsdiagrammen

Beim Zug-, Biege- und Druckversuch liegt eine einachsige Belastung vor. In Bauteilen treten dagegen häufig mehrachsige Spannungen auf. Dabei können auch bei einachsiger äußerer Belastung mehrachsige Spannungszustände entstehen, z.B. in gekerbten Bauteilen. Rotierende Bauteile oder Komponenten unter Innendruck weisen mehrachsige Spannungszustände auf. Auch Thermospannungen sind im allgemeinen mehrachsig.

Der Spannungszustand in einem Punkt eines Körpers wird durch den Spannungstensor σ_{ij} beschrieben. In einem beliebig gewählten Koordinatensystem besitzt dieser Tensor 6 Komponenten. Häufig genügt es, die drei Hauptspannungen σ_1, σ_2, σ_3 im Hauptspannungskoordinatensystem zu betrachten, in dem die Schubspannungen verschwinden.

Der Grad der Mehrachsigkeit kann durch das Verhältnis der drei Hauptspannungen beschrieben werden. Er läßt sich somit durch zwei Größen charakterisieren. Dies können z.B. die Formkoeffizienten

$$\alpha = \frac{\sigma_2}{\sigma_1}, \quad \beta = \frac{\sigma_3}{\sigma_1} \tag{7.1}$$

sein.

Allgemein erfolgt die Beschreibung des Einflusses des mehrachsigen Spannungszustandes auf die Festigkeit durch eine Vergleichsspannung σ_v (nicht zu verwechseln mit der in Kapitel 5 eingeführten Spannung σ_V), die eine Funktion der drei Hauptspannungen ist und beim Versagen den Festigkeitswert bei einachsiger Belastung annimmt. So wird zum Beispiel das Einsetzen plastischer Verformung bei metallischen Werkstoffen durch das von Mises-Kriterium beschrieben, nach dem die Vergleichsspannung gegeben ist durch

$$\sigma_v = \frac{1}{\sqrt{2}}[(\sigma_1-\sigma_2)^2 + (\sigma_2-\sigma_3)^2 + (\sigma_3-\sigma_1)^2]^{1/2} \tag{7.2}$$

Die Fließbedingung lautet mit der Fließgrenze R_p

$$\sigma_v = R_p \tag{7.3}$$

Die Darstellung der Versagensbedingung erfolgt im Falle einer zweiachsigen Belastung ($\sigma_3 = 0$, $\beta = 0$) in einem σ_1 - σ_2 -Diagramm (Abb. 7.1). Die Fließbedingung nach von Mises stellt in diesem Diagramm eine Ellipse dar. Mit eingezeichnet in Abb. 7.1 sind verschiedene Belastungsrichtungen, z.B. für Torsion ($\sigma_2 = -\sigma_1$) und äquibiaxialen Zug ($\sigma_1 = \sigma_2$). Die Versagenskurven sind symmetrisch zur äquibiaxialen Achse, so daß es genügt, den Bereich einzuzeichnen, in dem $\sigma_1 > \sigma_2$ ist.

Ein anderes Festigkeitskriterium ist das der maximalen Hauptspannung

$$\sigma_v = \sigma_1 \tag{7.4}$$

Dies ergibt im σ_1 - σ_2 -Diagramm ein Quadrat.

Bei dreiachsiger Beanspruchung erfolgt die Darstellung häufig in einem Koordinatensystem, dessen eine Achse die sogenannte polare Achse ζ ist, die gegenüber den drei Hauptspannungsrichtungen den gleichen Winkel aufweist. Viele Versagenskriterien lassen sich durch eine Rotationsfläche um die polare Achse darstellen. Belastungen in Richtung dieser Achse entsprechen einem allseitigen Zug bzw. hydrostatischem Druck ($\sigma_1 = \sigma_2 = \sigma_3$).

In Abb. 7.2 ist eine ζ-η-Ebene aufgezeichnet. Das von Misessche Fließkriterium ist ein Zylinder mit der polaren Achse als Zylinderachse. Verschiedene Belastungsrichtungen, die durch einen Winkel gegenüber der polaren Achse charakterisiert werden, sind in Abb. 7.2 eingetragen.

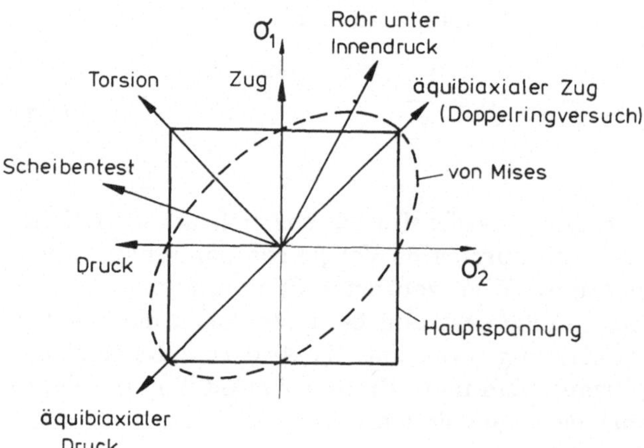

Abb. 7.1. Versagensdiagramm bei zweiachsiger Beanspruchung mit Versagenskriterien (von Mises, maximale Hauptspannung)

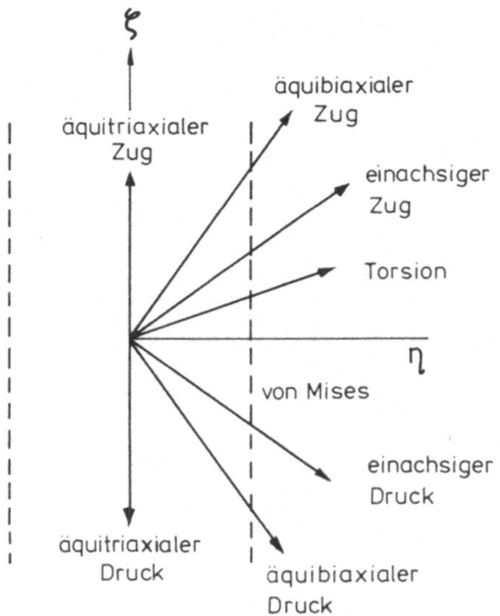

Abb. 7.2. Versagensdiagramm mit polarer Achse

7.2 Globale Mehrachsigkeitskriterien

Als globale Mehrachsigkeitskriterien sollen solche bezeichnet werden, die auf einem allgemeinen mechanischen Kriterium basieren. Die verschiedenen Kriterien bzw. Hypothesen sind im zweiachsigen Diagramm der Abb. 7.3 bzw. im polaren Koordinatensystem der Abb. 7.4 dargestellt.

- Die modifizierte Hauptspannungshypothese geht von unterschiedlichen Werten der Zug- und Druckfestigkeit, σ_{cz} und σ_{cd}, aus. Die Versagensbedingung lautet (für $\sigma_1 > \sigma_2 > \sigma_3$)

$$\sigma_1 = \sigma_{cz} \tag{7.5a}$$

$$\sigma_3 = -\sigma_{cd} \tag{7.5b}$$

  Das Minuszeichen in Gl. (7.5b) wurde eingeführt, weil die Druckfestigkeit σ_{cd} als positiver Wert, die Spannungen σ_1, σ_2, σ_3, aber vorzeichenrichtig angegeben werden.

- Die Mohrsche Hypothese wird hier nur für den zweiachsigen Fall behandelt. Sie ist mit der modifizierten Hauptspannungshypothese im Bereich des zweiachsigen Zugs und des zweiachsigen Drucks identisch. Im Bereich mit unterschiedlichen Vorzeichen für σ_1 und σ_2 ergibt sich das Versagenskriterium durch eine geradlinige Verbindung der Punkte $(0,\sigma_{cz})$ und $(-\sigma_{cd},0)$. Die Versagensbedingung lautet somit

$$\sigma_1 = \sigma_{cz} \quad \text{für} \quad \sigma_1 > 0, \quad \sigma_2 > 0 \tag{7.6a}$$

$$\sigma_2 = -\sigma_{cd} \quad \text{für} \quad \sigma_1 < 0, \quad \sigma_2 < 0 \tag{7.6b}$$

$$\sigma_1 = \sigma_{cz} (1 + \sigma_2 / \sigma_{cd}) \text{ für } \sigma_1 > 0, \sigma_2 < 0 \tag{7.6c}$$

- Nach der Sandelschen Hypothese tritt Versagen auf, wenn der maximale „Hauptdehnungsvektor"

$$\varepsilon_{res} = [\varepsilon_1^2 + \varepsilon_2^2 + \varepsilon_3^2]^{1/2} \tag{7.7}$$

einen kritischen Wert überschreitet.

Unter Heranziehung der Beziehungen zwischen Hauptspannungen und Hauptdehnungen ergibt sich im einachsigen Fall

$$\varepsilon_{res} = \frac{\sigma_{cz}}{E} (1 + 2\nu)^{1/2} \tag{7.8}$$

(E: Elastizitätsmodul, ν: Querkontraktionszahl).

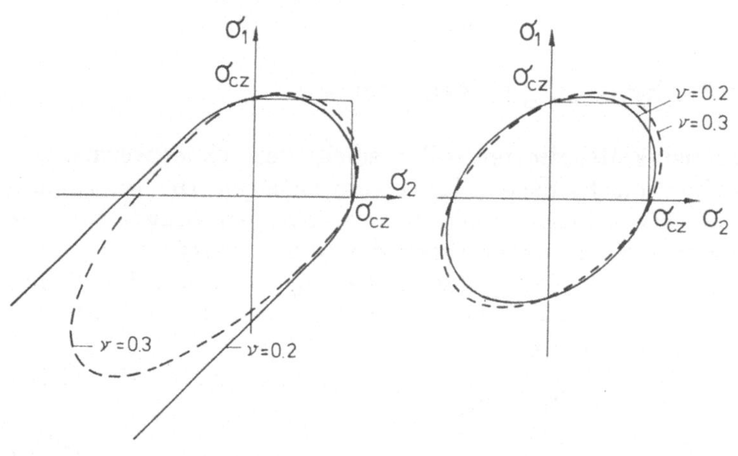

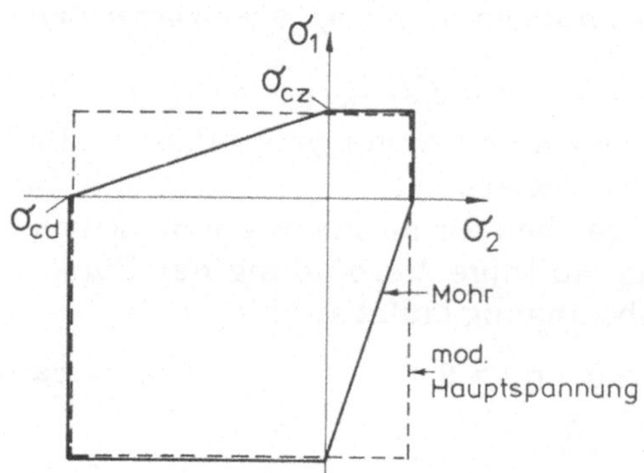

Abb. 7.3. Globale Versagenshypothesen für zweiachsige Belastung

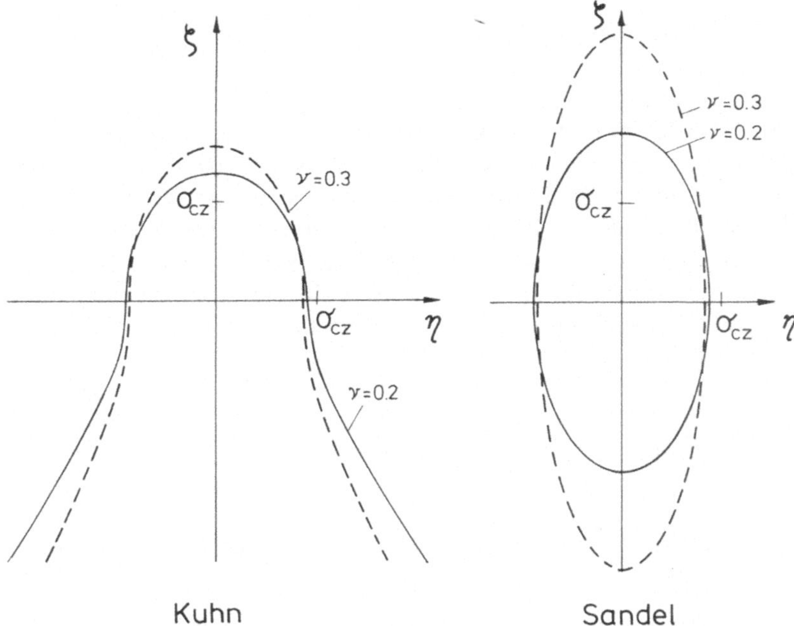

Abb. 7.4. Globale Versagenshypothesen für dreiachsige Belastung

Das mehrachsige Bruchkriterium lautet dann

$$\sigma_{cz}^2 = \sigma_1^2 + \sigma_2^2 + \sigma_3^2 - \frac{2\nu(2-\nu)}{1+2\nu^2}(\sigma_1\sigma_2 + \sigma_2\sigma_3 + \sigma_3\sigma_1) \tag{7.9}$$

Diese Beziehung stellt ein Rotationsellipsoid mit der polaren Achse als Rotationsachse dar. Bei zweiachsiger Belastung ($\sigma_3 = 0$) beschreibt die Gleichung eine Ellipse. Die Sandelsche Hypothese macht keinen Unterschied zwischen Zug- und Druckbelastung und kann somit nicht im gesamten Spannungsbereich gültig sein.

- Bei der Bruchhypothese von Kuhn wird von der Verformungsenergie ausgegangen, die sich mit Hilfe der Invarianten des Spannungstensors I_1 und I_2 wie folgt darstellen läßt:

$$U = \frac{1+\nu}{3E}\left(I_1^2 - 3I_2\right) + \frac{1-2\nu}{6E} I_1^2 \tag{7.10}$$

Der erste Ausdruck ist die Gestaltänderungsenergie, der zweite die Volumenänderungsenergie. Wird das Erreichen einer kritischen Formänderungsenergie als Bruchhypothese angesehen, so folgt aus Gl. (7.10)

$$\sigma_{cz}^2 = \sigma_1^2 + \sigma_2^2 + \sigma_3^2 - 2\nu\,(\sigma_1\sigma_2 + \sigma_2\sigma_3 + \sigma_1\sigma_3) \tag{7.11}$$

Diese Gleichung stellt wie die Sandelsche Hypothese ein Rotationsellipsoid dar. Um für den Druckbereich größere Versagensspannungen zu ermöglichen und insbesondere für die hydrostatische Belastung ($\sigma_1 = \sigma_2 = \sigma_3 < 0$) einen unendlich großen Versagensdruck zu erhalten, wird in Gl. (7.10) für die Volumenänderungsenergie eine Vorzeichenkonvention eingeführt. Das Vorzeichen richtet sich nach den Vorzeichen der Volumenänderung, d.h. positiv für Volumenvergrößerung und negativ für Volumenverkleinerung. Dies kann durch folgende Schreibweise erreicht werden:

$$\frac{1+\nu}{3E}\left(I_1^2 - 3I_2\right) + \frac{I_1}{|I_1|}\,\frac{1-2\nu}{6E}\,I_1^2 = \text{const.} = \frac{1}{2E}\,\sigma_{cz}^2 \tag{7.12}$$

wobei die Konstante die Bruchenergie bei einachsiger Belastung darstellt. Dies führt zu

$$\sigma_{cz}^2 = \frac{2\,(1+\nu)}{3}\left[\sigma_1^2 + \sigma_2^2 + \sigma_3^2 - (\sigma_1\sigma_2 + \sigma_2\sigma_3 + \sigma_3\sigma_1)\right] + \frac{(1-2\nu)}{3}(\sigma_1+\sigma_2+\sigma_3)\left[\sigma_1^2 + \sigma_2^2 + \sigma_3^2 + 2\,(\sigma_1\sigma_2 + \sigma_2\sigma_3 + \sigma_3\sigma_1)\right]^{1/2} \tag{7.13}$$

Diese Beziehung beschreibt für $I_1 = \sigma_1 + \sigma_2 + \sigma_3 > 0$ ein Rotationsellipsoid und für $I_1 < 0$ ein Hyperboloid. Die Rotationsachse ist in beiden Fällen die polare Achse. Bei zweiachsiger Belastung stellt die Versagensbedingung eine Kurve dar, die sich aus zwei Ellipsenhälften zusammensetzt. Die Druckfestigkeit ergibt sich zu

$$\sigma_{cd} = \left[\frac{3}{1+4\nu}\right]^{1/2} \sigma_{cz} \tag{7.14}$$

Für $\nu = 0.3$ ist $\sigma_{cd} = 1.17\,\sigma_{cz}$ für $\nu = 0.2$ ist $\sigma_{cd} = 1.30\,\sigma_{cz}$, d.h. das große experimentell beobachtete Verhältnis zwischen Druck- und Zugfestigkeit wird nicht richtig vorausgesagt.

Die beschriebenen globalen Mehrachsigkeitskriterien sind nicht in der Lage, die Festigkeit der keramischen Werkstoffe bei mehrachsiger Belastung allgemein zu beschreiben. Von den Kriterien, die nur einen Werkstoffkennwert – die Zugfestigkeit – besitzen, beschreibt die Sandelsche Hypothese den Druckbereich grundsätzlich falsch.

Die Kuhnsche Hypothese beschreibt vom Ansatz her das Verhalten bei Druckbelastung richtig, da sie bei hydrostatischer Belastung kein Versagen voraussagt. Allerdings wird die Druckfestigkeit bei einachsiger Belastung zu gering vorausgesagt.
Die Mohrsche Hypothese setzt die Messung der Druckfestigkeit voraus, verwendet daher zwei Werkstoffkennwerte - die Zug- und Druckfestigkeit - und kann das Werkstoffverhalten bei zweiachsiger Belastung besser beschreiben. Sie liefert aber keine richtigen Voraussagen, wenn sie auf den dreiachsigen Spannungszustand verallgemeinert wird, da sie dann auch bei hydrostatischer Belastung Versagen voraussagt.

7.3 Fehlermodelle

Die in Kapitel 7.2 angegebenen Versagenskritierien für mehrachsige Belastung beruhen auf allgemeinen mechanischen Überlegungen. In diesem Kapitel werden Kriterien abgeleitet, die von dem Verhalten der bruchauslösenden Fehler ausgehen. Dabei muß zunächst für einen bestimmten Fehler - Pore, Einschluß, Riß - ein lokales mehrachsiges Versagenskriterium festgelegt werden. Im nächsten Schritt wird angenommen, daß eine relativ große Anzahl von Fehlern vorliegt, die alle möglichen Orientierungen besitzen. Versagen tritt bei vorgegebener äußerer mehrachsiger Belastung an dem am günstigsten orientierten Fehler auf. In einem weiteren Schritt der in Kapitel 7.3.6 vorgenommen wird, kann noch die Streuung der Fehlergröße berücksichtigt werden. Dies führt dann zu statistischen Mehrachsigkeitskriterien.

7.3.1 Kreisförmige zylindrische Pore

Eine kreisförmige zylindrische Pore stellt einen einfachen Fehler dar. Es wird angenommen, daß Versagen auftritt, wenn die größte lokale Zugspannung einen kritischen Wert überschreitet. Es wird hier eine zweiachsige Beanspruchung mit σ_1, σ_2 betrachtet ($\sigma_3 = 0$). Zunächst wird der Fall $\sigma_1 > 0$, $\sigma_2 < 0$ behandelt. Die größte Zugspannung tritt beim Punkt A (Abb. 7.5) auf. Die Zugspannung σ_1 führt zu einer lokalen Spannung von $3\sigma_1$ und die Druckspannung zu einer lokalen Spannung von σ_2 (σ_2 wird vorzeichenrichtig eingesetzt). Die maximale Spannung ist somit

$$\sigma = 3\sigma_1 - \sigma_2 \tag{7.15}$$

Bei einachsiger Spannung ist $\sigma = 3\sigma_1$. Somit lautet die Versagensbedingung

$$\sigma_1 - \sigma_2/3 = \sigma_{cz} \quad (\sigma_1 > 0, \; \sigma_2 < 0) \tag{7.16a}$$

Diese Beziehung führt zu einer Druckfestigkeit von

$$\sigma_{cd} = 3\sigma_{cz} \tag{7.17}$$

Für $\sigma_1 > 0, \sigma_2 > 0$ führt Gl. (7. 16a) zu dem in Abb. 7. 6 eingezeichneten gestrichelten Verlauf. Höhere Spannungen treten aber auf, wenn die Pore in Richtung der Spannung σ_2 orientiert ist. Dann ist die maximale Spannung $3\sigma_1$, und die Versagensbedingung ist somit

$$\sigma_1 = \sigma_{cz} \quad (\sigma_1 > 0, \quad \sigma_2 > 0) \tag{7.16b}$$

Für $\sigma_1 < 0, \sigma_2 < 0$ führt die Orientierung der Pore in Richtung der Spannung σ_1 zu den größten Spannungen von $\sigma = \sigma_2$.

Die Versagensbedingung lautet somit

$$\sigma_2 = -3\sigma_{cz} \quad (\sigma_1 < 0, \quad \sigma_2 < 0) \tag{7.16c}$$

Wie Abb. 7.6 zeigt, ist die Versagensbedingung identisch mit der Mohrschen Hypothese mit $\sigma_{cd}/\sigma_{cz} = 3$.

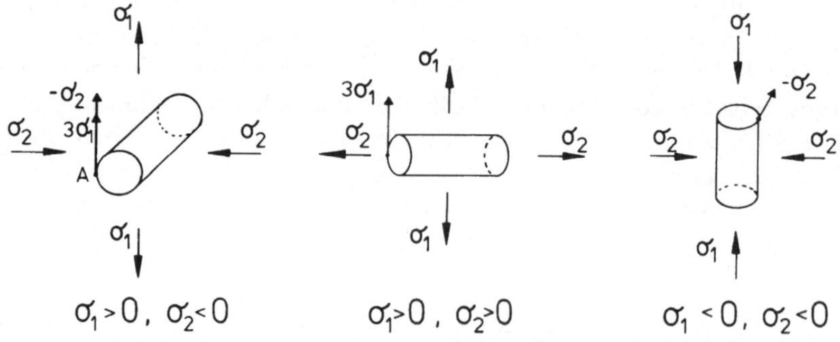

Abb. 7.5. Zylindrische Pore bei zweiachsiger Belastung

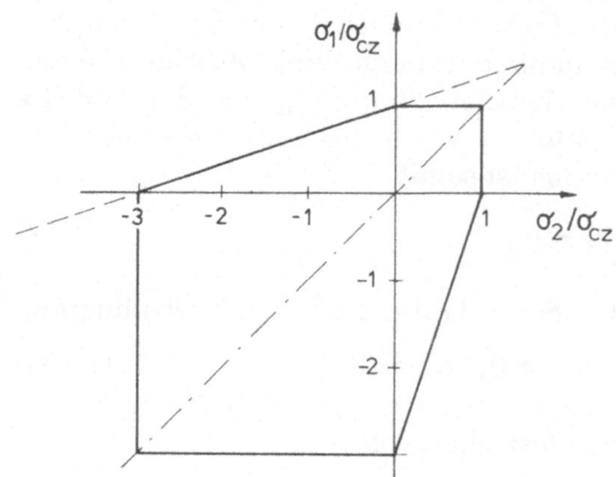

Abb. 7.6. Versagensdiagramm für zylindrische Pore

7.3.2 Kugelförmige Pore

Bei der in Abb. 7.7 gezeigten kugelförmigen Pore werden die drei Punkte A, B und C betrachtet. Bei einachsiger Belastung in x-Richtung sind die lokalen Spannungen im Punkt A:

$$\sigma_x = 0 \tag{7.18a}$$

$$\sigma_y = \sigma_z = \frac{3+15\nu}{2(7-5\nu)}\,\sigma = k_3\sigma \tag{7.18b}$$

und im Punkt B

$$\sigma_x = \frac{27-15\nu}{2(7-5\nu)}\,\sigma = k_1\sigma \tag{7.19a}$$

$$\sigma_y = 0 \tag{7.19b}$$

$$\sigma_z = \frac{15\nu-3}{2(7-5\nu)}\,\sigma = k_2\sigma \tag{7.19c}$$

Die Spannungen im Punkt C ergeben sich durch Vertauschung von σ_y und σ_z.

Bei mehrachsiger Belastung können nun die Spannungen an den Punkten A, B, C berechnet werden. Werden die Spannungen der Größe nach geordnet ($\sigma_1 > \sigma_2 > \sigma_3$), dann ist die größte Hauptzugspannung die Spannung σ_x im Punkt C mit

$$\sigma_x = k_1\sigma_1 + k_2\sigma_2 + k_3\sigma_3 \tag{7.20}$$

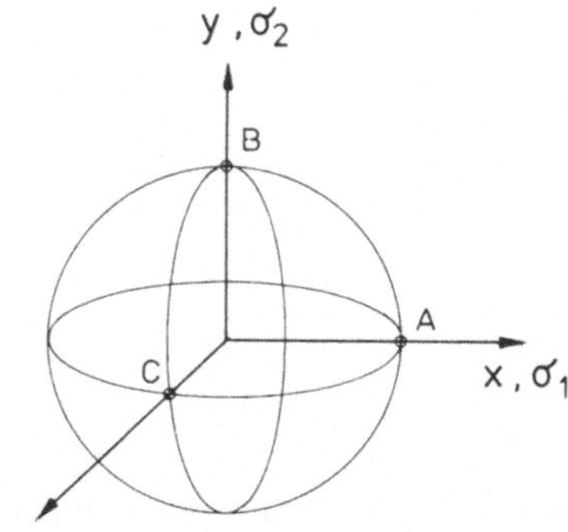

Abb. 7.7. Kugelförmige Pore

Als Versagensbedingung wird das Überschreiten eines kritischen Wertes von σ_x am Punkt C angenommen. Im zweiachsigen Fall ergibt sich dann:

$$\sigma_1 + \frac{k_2}{k_1}\sigma_2 = \sigma_{cz} \quad (\sigma_1 > 0,\ \ \sigma_2 > 0) \tag{7.21a}$$

$$\sigma_1 + \frac{k_3}{k_1}\sigma_2 = \sigma_{cz} \quad (\sigma_1 > 0,\ \ \sigma_2 < 0) \tag{7.21b}$$

$$\frac{k_2}{k_1}\sigma_1 + \frac{k_3}{k_1}\sigma_2 = \sigma_{cz} \quad (\sigma_1 < 0,\ \ \sigma_2 < 0) \tag{7.21c}$$

Dabei ist zu beachten, daß in Gl. (7.20) $\sigma_1 > \sigma_2 > \sigma_3$ gelten muß. Im zweiachsigen Diagramm ist aber immer $\sigma_3 = 0$ und somit ist σ_3 nicht die kleinste Hauptspannung, wenn $\sigma_2 < 0$ ist. Deshalb muß bei der Herleitung der Gl. (7. 21 b) und (7.21 c) eine Umbezeichnung vorgenommen werden.
In Abb. 7.8 sind die Versagensbeziehungen für $\nu=0.2$ und $\nu=0.3$ aufgetragen. Für $\nu=0.2$ ergibt sich Übereinstimmung mit der Mohrschen Hypothese mit $\sigma_{cd}=4\sigma_{cz}$. Für $\nu=0.3$ ist $\sigma_{cd}=3\sigma_{cz}$.

Für allseitigen Zug $\sigma_1=\sigma_2=\sigma_3 > 0$ ergibt sich

$$\sigma = \frac{\sigma_{cz}}{\left(1+\frac{k_2}{k_1}+\frac{k_3}{k_1}\right)} = \begin{cases} 1.33\sigma_{cz} & \text{für } \nu = 0.2 \\ 1.36\,\sigma_{cz} & \text{für } \nu = 0.3 \end{cases} \tag{7.22}$$

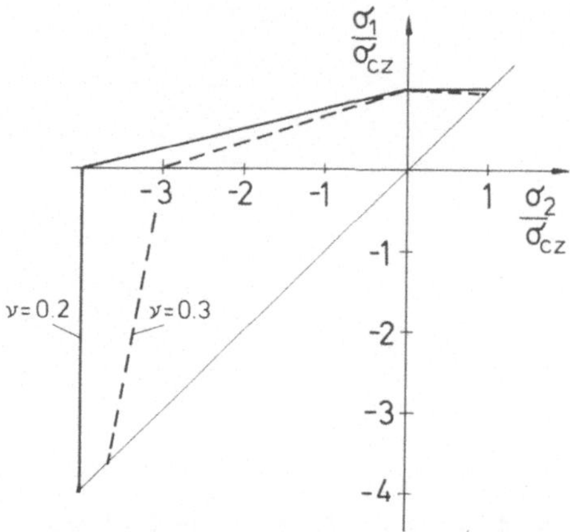

Abb. 7.8. Versagensdiagramm für kugelförmige Pore

7.3.3 Pore als Ellipsoid

Wird eine Pore als Ellipsoid mit den Halbachsen a > b > c beschrieben (s. Abb. 7.9), kann ebenfalls ein Mehrachsigkeitskriterium hergeleitet werden. Ist die kleinste Halbachse c klein gegenüber den anderen a und b, dann sind die entscheidenden Spannungen die Zugspannung in Richtung der c-Achse σ_n und die Schubspannung τ in der a-b-Ebene. Ohne weitere Ableitung soll hier nur das Ergebnis angegeben werden. Unter Berücksichtigung aller möglichen Orientierungen ergibt sich als Mehrachsigkeitskriterium

$$\left(\frac{\sigma_1}{\sigma_{cz}} - \frac{\sigma_3}{\sigma_{cz}}\right)^2 + 2N_1^2\left(\frac{\sigma_1}{\sigma_{cz}} + \frac{\sigma_3}{\sigma_{cz}}\right) + N_1^2\left(N_1^2 - 4\right) = 0 \qquad (7.23a)$$

für $\sigma_3/\sigma_z < 1 - N_1^2$

$$\frac{\sigma_3}{\sigma_{cz}} = 1 \qquad (7.23b)$$

für $\sigma_3/\sigma_z > 1 - N_1^2$, wobei $\sigma_1 > \sigma_2 > \sigma_3$ vorausgesetzt ist. Die Größe N_1 ist gegeben durch

$$N_1 = 2(1-\nu) + \frac{2\nu\, b/a\,(F-E)}{E\,[1-(b/a)^2]} \qquad (7.24)$$

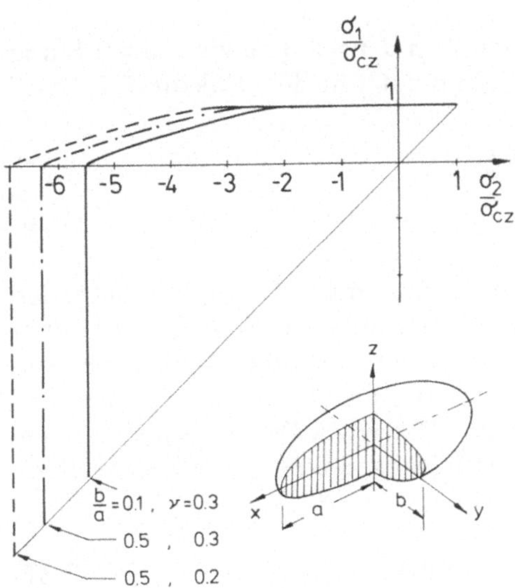

Abb. 7.9. Versagensdiagramm für Pore als Ellipsoid

F und E sind die vollständigen elliptischen Integrale erster und zweiter Ordnung mit dem Argument

$$m = \left[1 - (b/a)^2\right]^{1/2} \tag{7.25a}$$

$$F = \int_0^{\pi/2} \left[1 - m^2 \sin^2 \phi\right]^{-1/2} d\phi \tag{7.25b}$$

$$E = \int_0^{\pi/2} \left[1 - m^2 \sin^2 \phi\right]^{1/2} d\phi \tag{7.25c}$$

Für den zweiachsigen Spannungszustand führt Gl. (7.23) unter Berücksichtigung der Umbenennung für den zweiten und dritten Quadranten zu

$$\sigma_1/\sigma_{cz} = 1 \quad \text{für} \quad \sigma_1 > 0, \quad \sigma_2 > 0 \tag{7.26a}$$

$$\sigma_2/\sigma_{cz} = \sigma_1/\sigma_{cz} - N_1^2 - 2N_1\sqrt{1 - \sigma_1/\sigma_{cz}} \tag{7.26b}$$

$$\text{für} \quad \sigma_1 > 0, \sigma_2 < 0 \text{ und } \sigma_2/\sigma_{cz} < 1 - N_1^2$$

$$\sigma_2/\sigma_{cz} = 1 \text{ für } \quad \sigma_1 > 0, \sigma_2 < 0 \text{ und } \sigma_2/\sigma_{cz} > 1 - N_1^2 \tag{7.26c}$$

$$\sigma_2/\sigma_{cz} = -N_1^2 - 2N_1 \quad \text{für } \sigma_1 < 0, \quad \sigma_2 < 0 \tag{7.26d}$$

In Abb. 7.9 sind die Ergebnisse für $\nu = 0.2$ und $\nu = 0.3$ sowie $b/a = 0.1$ und $b/a = 0.5$ aufgezeichnet. Die Druckfestigkeit ist um den Faktor 5.5 bis 7 größer als die Zugfestigkeit.

7.3.4 Kreisförmige Risse

Fehler, die als Risse beschrieben werden können, müssen mit den Methoden der linear-elastischen Bruchmechanik behandelt werden. Ein beliebig orientierter Riß erfährt im allgemeinen Fall eine gemischte Beanspruchung nach den Beanspruchungsmoden I, II und III, die durch die Spannungsintensitätsfaktoren K_I, K_{II} und K_{III} beschrieben wird. Das Versagen, ausgehend von dem Riß, wird durch ein lokales Versagenskriterium beschrieben, das in der Form

$$f(K_I, K_{II}, K_{III}) = \text{const.} \tag{7.27}$$

dargestellt werden kann. Für die Versagensfunktion wurden verschiedene Beziehungen vorgeschlagen. Das einfachste Kriterium ist das der Energiefreisetzungsrate:

$$G_I + G_{II} + G_{III} = G_{Ic} \tag{7.28}$$

Aus dem Zusammenhang zwischen G_I, G_{II}, G_{III} mit K_I, K_{II}, K_{III} ergibt sich

$$K_I^2 + K_{II}^2 + \frac{1}{1-\nu} K_{III}^2 = K_{Ic}^2 \tag{7.29}$$

Nach dem Kriterium der Energiefreisetzungsrate müßte bei jeweils reiner Modus II bzw. Modus III-Belastung gelten

$$K_{IIc} = K_{Ic},\; K_{IIIc} = \sqrt{1-\nu}\cdot K_{Ic} \tag{7.30}$$

Für kombinierte K_I–K_{II}–Belastung lautet eine sehr allgemeine Beziehung

$$\left(\frac{K_I}{K_{Ic}}\right)^u + \left(\frac{K_{II}}{K_{IIc}}\right)^v = 1 \tag{7.31a}$$

oder

$$\left(\frac{K_I}{K_{Ic}}\right)^u + \left(\alpha\frac{K_{II}}{K_{Ic}}\right)^v = 1 \tag{7.31b}$$

mit

$$\alpha = \frac{K_{Ic}}{K_{IIc}} \tag{7.32}$$

$u = v = 2$ und $\alpha = 1$ entspricht dem Kriterium der Energiefreisetzungsrate. Die Exponenten u und v müssen aus geeigneten Experimenten ermittelt werden. Solche Experimente sind nicht einfach durchzuführen. Es liegen daher nicht genügend experimentelle Ergebnisse vor, um eine allgemeine Aussage für keramische Werkstoffe machen zu können. Für α wurden Werte zwischen 0.8 und 1.3 gemessen [7.6, 7.7]. Für die Parameter u und v wurde neben $u = v = 2$ auch $u = v = 1.5$ und $u = 1$, $v = 2$ vorgeschlagen.

Aus Abb. 7.10 kann der Bereich von K_I–K_{II} entnommen werden, der durch die angegebenen Werte von α, u und v abgedeckt ist.

Als einfache Rißkonfiguration werden kreisförmige Risse betrachtet. Die Orientierung eines solchen Risses wird durch die Richtung der Normalen zur Rißfläche gegen die drei Hauptachsen beschrieben, die durch die drei Winkel ϕ, θ, ψ, charakterisiert wird (Abb. 7.11).

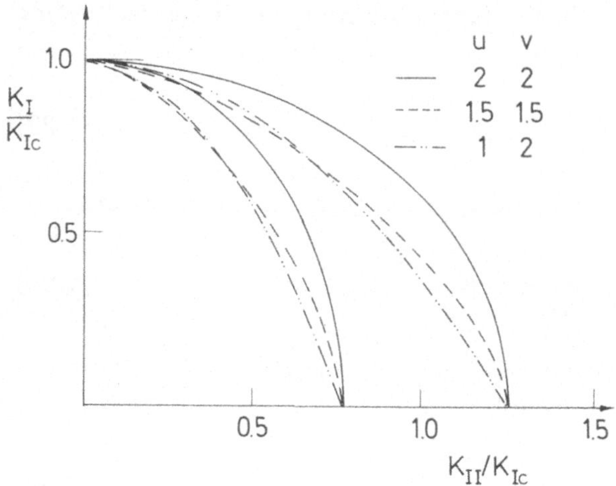

Abb. 7.10. K_I -K_{II} - Versagenskriterien für $\alpha = 0.8$ und $\alpha = 1.3$

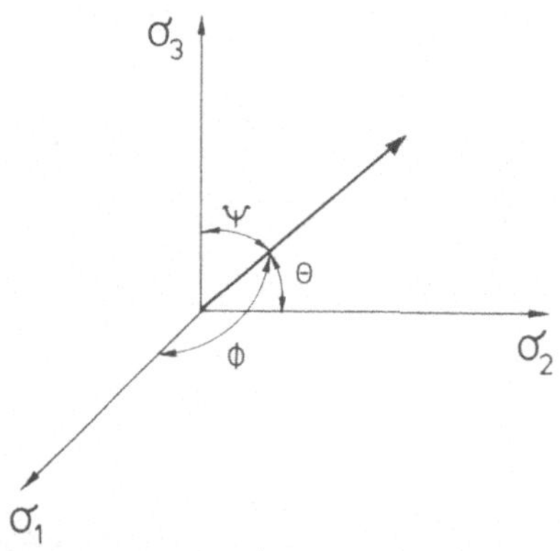

Abb. 7.11. Rißnormale im Hauptspannungs - Achsenkreuz

Die Normalspannung auf der Rißfläche ist gegeben durch

$$\sigma_n = \sigma_1 \cos^2\phi + \sigma_2 \cos^2\theta + \sigma_3 \cos^2\psi \tag{7.33}$$

Die Schubspannung berechnet sich aus

$$\tau^2 = \sigma_1^2 \cos^2\phi + \sigma_2^2 \cos^2\theta + \sigma_3^2 \cos^2\psi - (\sigma_1 \cos^2\phi + \sigma_2 \cos^2\theta + \sigma_3 \cos^2\psi)^2 \tag{7.34}$$

Wegen

$$\cos^2\phi + \cos^2\theta + \cos^2\psi = 1 \tag{7.35}$$

kann z.B. der Winkel θ aus den Gl. (7.33) und (7.34) eliminiert werden. Für den ebenen Spannungszustand ist $\sigma_3 = 0$ und $\psi = 90°$ und somit

$$\sigma_n = \sigma_1 \cos^2\phi + \sigma_2 \sin^2\phi \tag{7.36a}$$

$$\tau = (\sigma_1 - \sigma_2) \sin \phi \cos \phi \tag{7.36b}$$

Diese Spannungen führen zu den Spannungsintensitätsfaktoren

$$K_I = \frac{2\sqrt{a}}{\sqrt{\pi}} \sigma_n \tag{7.37a}$$

$$K_{II} = \frac{4\sqrt{a}}{(2-\nu)\sqrt{\pi}} \tau \cos\gamma \tag{7.37b}$$

$$K_{III} = \frac{4\sqrt{a}\ (1-\nu)}{(2-\nu)\sqrt{\pi}} \tau \sin\gamma \tag{7.37c}$$

wobei a der Radius des Risses und γ der Winkel gegenüber der Richtung von τ ist.

Aus dem Kriterium der Energiefreisetzungsrate – Gl. (7.29) – folgt für das Einsetzen der Rißverlängerung

$$\sigma_{nc}^2 + \frac{4\tau_c^2}{(2-\nu)^2} = \frac{\pi K_{Ic}^2}{4a} = \sigma_{Ic}^2 \tag{7.38}$$

Dabei wurde in Gl. (7.37) $\gamma = 0$ gesetzt, d.h. die Stelle des kreisförmigen Risses betrachtet, für die K_{II} den größten Wert hat und $K_{III} = 0$ ist. σ_{Ic} ist die Versagensspannung eines Risses bei einachsiger Belastung, die senkrecht zur Rißfläche wirkt:

$$\sigma_{Ic} = \frac{K_{Ic}\sqrt{\pi}}{2\sqrt{a}} \tag{7.39}$$

Aus der allgemeineren Beziehung nach Gl. (7.31) folgt als Bedingung für Rißverlängerung

$$\left(\frac{\sigma_{nc}}{\sigma_{Ic}}\right)^u + k\left(\frac{\tau_c}{\sigma_{Ic}}\right)^v = 1 \tag{7.40}$$

mit

$$k = \left[\frac{2\alpha}{2-\nu}\right]^v \tag{7.41}$$

An dieser Stelle kann auch eine Vergleichsspannung σ_{Ieq} eingeführt werden. Diese ist eine Funktion von σ_n und τ. Versagen tritt ein, wenn $\sigma_{Ieq} = \sigma_{Ic}$ ist. σ_{Ieq} ergibt sich dann für eine beliebige Belastung aus

$$\left(\frac{\sigma_n}{\sigma_{Ieq}}\right)^u + k\left(\frac{\tau}{\sigma_{Ieq}}\right)^v = 1 \tag{7.42}$$

Die Beziehung für den Modus I-Spannungsintensitätsfaktor - Gl. (7.37a) - ist nur sinnvoll, wenn $\sigma_n > 0$ ist, d.h. die Rißufer unter Zugbelastung stehen. Ist $\sigma_n < 0$, können drei verschiedene Annahmen gemacht werden:

- kein Versagen möglich
- $K_I = 0$, K_{II} nach Gl. (7.37b)
- $K_I = 0$, Annahme einer Reibungskraft

Die letzte Annahme bedeutet, daß die Schubspannung durch eine effektive Spannung

$$\tau_{eff} = \tau + \mu \sigma_n \tag{7.43}$$

ersetzt wird. Dabei ist μ der Reibungskoeffizient. Wegen $\sigma_n < 0$ ist $\tau_{eff} < \tau$.

Bei beliebiger mehrachsiger Belastung kann nun das Mehrachsigkeitskriterium abgeleitet werden. Es werden alle möglichen Orientierungen der Risse betrachtet. Versagen geht von dem Riß aus, der aufgrund seiner Orientierung die größte Vergleichsspannung besitzt.

Von Alpa [7.8] wurden analytische Beziehungen für den ebenen Spannungszustand abgeleitet, wobei er das Versagenskriterium nach Gl. (7.31) mit u=2 und v=2 verwendet. Es ergaben sich dabei die in Tabelle 7.1 angegebenen Beziehungen, die abschnittsweise zwischen den in Abb. 7.12 angegebenen Punkten gelten. Die Größe k berechnet sich nach Gl. (7.41).

In Abb. 7.12 sind für einige Werte von k und μ die Versagenskurven aufgezeichnet. Während die Form der Versagenskurven für alle gewählten Parameter ähnlich ist, hängen die Absolutwerte für $\sigma_2 < 0$ stark von den gewählten Parametern (α, ν, v) ab. Für die in diesem Kapitel angegebenen Bereiche dieser Parameter liegt das Verhältnis von Druck - und Zugfestigkeit zwischen 1.3 und 5.3.

7.3.5 Schlußfolgerung aus den Ergebnissen der Fehlermodelle

Ein Vergleich der Ergebnisse der verschiedenen Fehlermodelle führt zu folgenden Schlußfolgerungen:

- Die verschiedenen Fehlermodelle führen zu unterschiedlichen Ergebnissen.
- Im ersten Quadranten des zweiachsigen Diagramms stimmen die Fehlermodelle weitgehend mit der Hypothese der größten Hauptspannung überein. Nur das Kugelmodell ergibt für $\nu \neq 0.2$ Abweichungen, die allerdings minimal sind.

- Die Druckfestigkeit wird, abhängig vom Fehlermodell, um den Faktor 1.3 bis 7 größer als die Zugfestigkeit vorausgesagt.
- Im zweiten Quadranten des zweiachsigen Diagramms werden verschiedene Kurvenverläufe für die verschiedenen Fehlermodelle vorausgesagt. Die Mohrsche Hypothese ist für die meisten Fehlermodelle eine relativ gute Annäherung.

Bei der Bewertung der Fehlermodelle muß allerdings beachtet werden, daß sie die kritische Spannung für den Beginn der Rißverlängerung angeben. Es muß zusätzlich überprüft werden, ob ein Riß auch bis zum Versagen der Komponente weiterwächst.

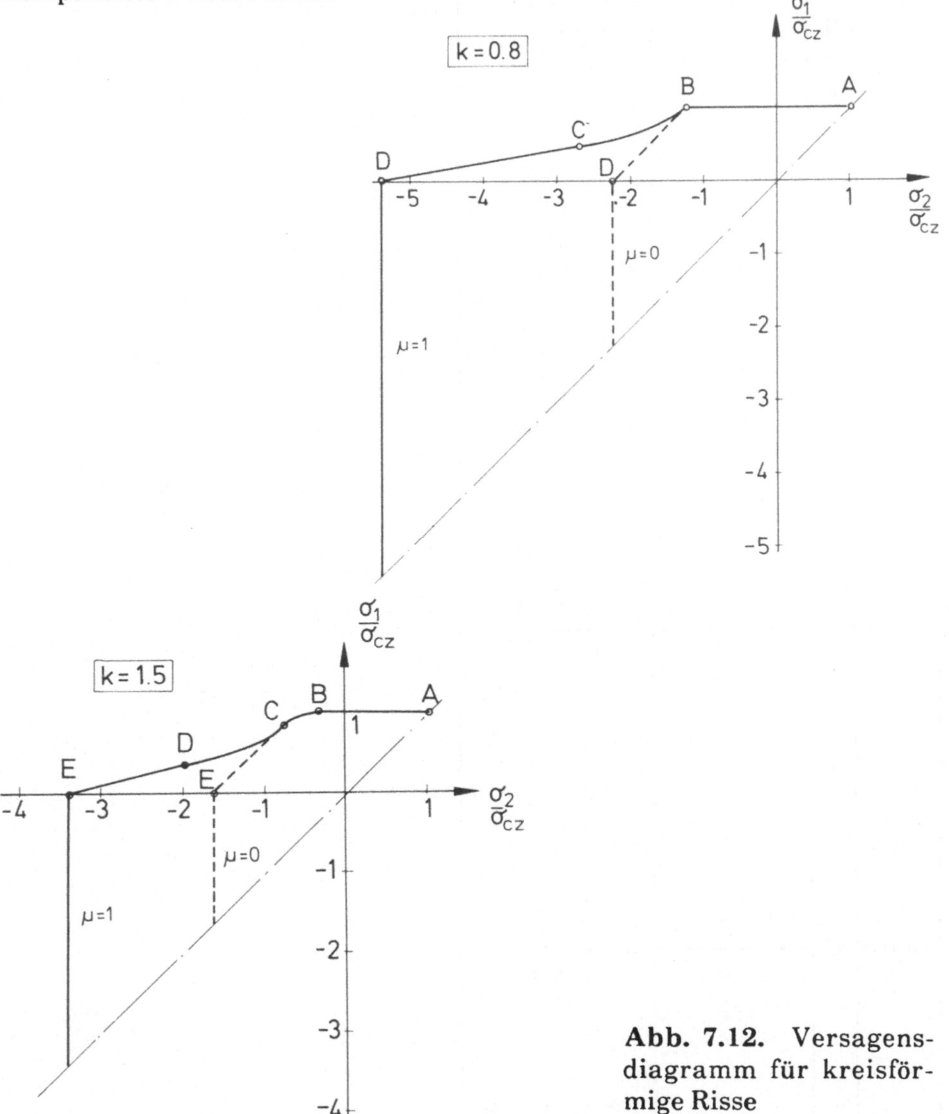

Abb. 7.12. Versagensdiagramm für kreisförmige Risse

Tabelle 7.1
Versagensbeziehungen für kreisförmige Risse nach
Alpa [7.8], s. Abb. 7.12

		$f_1 = \frac{\sigma_1}{\sigma_{cz}}$	$f_1 = \frac{\sigma_2}{\sigma_{cz}}$	
$k>1$	A	1	1	$f_1 = 1$
	B	1	$-\frac{2-k}{k}$	$f_1^2 + f_2^2 + 2\frac{2-k}{k} f_1 f_2 = 4\frac{k-1}{k^2}$
	C	$\frac{1}{\sqrt{k}}$	$-\frac{\sqrt{1+\mu^2}+\mu}{\sqrt{k}}$	$f_1 f_2 = -\frac{1}{k}$
	D	$\frac{\sqrt{1+\mu^2}-\mu}{\sqrt{k}}$	$-\frac{\sqrt{1+\mu^2}+\mu}{\sqrt{k}}$	$f_1(\mu+\sqrt{1+\mu^2})+f_2(\mu-\sqrt{1+\mu^2})=\frac{2}{\sqrt{k}}$
	E	0	$-\frac{\sqrt{1+\mu^2}+\mu}{0{,}5\sqrt{k}}$	
$k<1$	A	1	1	$f_1 = 1$
	B	1	$-\frac{1}{k}$	$f_1 f_2 = -\frac{1}{k}$
	C	$\frac{\sqrt{1+\mu^2}-\mu}{\sqrt{k}}$	$-\frac{\sqrt{1+\mu^2}+\mu}{\sqrt{k}}$	$f_1(\mu+\sqrt{1+\mu^2})+f_2(\mu-\sqrt{1+\mu^2})=\frac{2}{\sqrt{k}}$
	D	0	$-\frac{\sqrt{1+\mu^2}+\mu}{0{,}5\sqrt{k}}$	

7.3.6 Statistische Behandlung

Eine statistische Behandlung des Mehrachsigkeitskriteriums geht von einer regellosen Orientierung der Fehler aus. Bei der Ableitung der Weibullverteilung in Kapitel 5.1 wurde dagegen angenommen, daß alle Fehler senkrecht zur Beanspruchungsrichtung orientiert sind. Die regellos orientierten Fehler besitzen eine Größenverteilung. Bei einer vorgegebenen einachsigen oder mehrachsigen Belastung gibt es kritische und nicht kritische Fehler. Ob ein Fehler kritisch ist, d.h. zum Versagen führt, hängt sowohl von seiner Größe als auch von seiner Orientierung ab.

Zunächst wird jeder Fehlergröße eine kritische Spannung σ_{Ic} zugeordnet. Dies ist die Spannung, die bei einachsiger Belastung zum Versagen führt, wenn der Fehler senkrecht zur Spannung orientiert ist (s. auch Kapitel 7.3.4). Sie wird im folgenden als die "Festigkeit" des Fehlers bezeichnet.
Im folgenden wird als Beispiel eines Fehlers ein kreisförmiger Riß betrachtet. Der Zusammenhang zwischen σ_{Ic} und der Fehlergröße a (= Rißradius) ist

$$\sigma_{Ic} = \frac{K_{Ic}\sqrt{\pi}}{2\sqrt{a}} \tag{7.44}$$

Ist der Riß beliebig orientiert und liegt ein beliebiger mehrachsiger Spannungszustand vor, dann sind die Größe der Normalspannung σ_n und der Schubspannung in der Rißebene τ maßgebend dafür, ob der Riß kritisch ist. Die Spannungen σ_n und τ berechnen sich aus den Hauptspannungen σ_1, σ_2 und σ_3 in Abhängigkeit von der Orientierung der Rißnormalen, die durch die Winkel ϕ und ψ (s. Abb. 7.11) charakterisiert wird. Die Berechnung von σ_n und τ erfolgt mit den Gl. (7.33) und (7.34).

Welche Kombination von σ_n und τ zum Versagen führt, hängt vom lokalen Bruchkriterium ab. Dieses folgt aus einer Beziehung zwischen den drei Spannungsintensitätsfaktoren K_I, K_{II}, K_{III} der drei Beanspruchungsmoden I, II und III, die in der Form

$$f(K_I, K_{II}, K_{III}) = \text{const.}$$

geschrieben werden kann, wobei die Konstante die Rißzähigkeit K_{Ic} und eventuell zusätzlich den kritischen Wert für die Modus II-Belastung K_{IIc} enthält. Verschiedene Beziehungen sind in der Literatur angegeben, s. Kapitel 7.3.4. Aus dem Zusammenhang zwischen K_I, K_{II}, K_{III} und den Spannungen σ_n und τ und Gl. (7.44) folgt eine Beziehung zwischen σ_n und τ und der Spannung σ_{Ic}. Für den kreisförmigen Riß folgt aus den Gl. (7.37) und für die lokale Versagensbedingung nach Gl. (7.29)

$$\sigma_{nc}^2 + \frac{4\tau_c^2}{(2-\nu)^2} = \sigma_{Ic}^2 \tag{7.45}$$

Diese Versagensbedingung kann auch durch die Einführung einer Äquivalentspannung σ_{Ieq} ausgedrückt werden. Bei beliebiger Belastung ist

$$\sigma_{Ieq}^2 = \sigma_n^2 + \frac{4\tau^2}{(2-\nu)^2} \tag{7.46}$$

Bei vorgegebener Belastung sind von allen Rissen der Größe a nur ein Bruchteil kritisch, nämlich diejenigen, für die aufgrund ihrer Orientierung die Bedingung

$$\sigma_{Ieq} \geq \sigma_{Ic} \tag{7.47}$$

gilt. Es wird zunächst der Fall einer einachsigen Belastung betrachtet. Es ist dann

$$\sigma_{Ieq} = \sigma \cos\phi \left[\cos^2\phi + \frac{4}{(2-\nu)^2} \sin^2\phi \right]^{1/2} \tag{7.48}$$

wobei ϕ der Winkel zwischen der Belastungsrichtung und der Rißnormalen ist.

Risse, die kleiner sind als eine kritische Rißgröße a_{co} ,sind bei vorgegebener Spannung immer unterkritisch, da selbst bei günstigster Orientierung, d.h. senkrecht zur Belastung, $\sigma_{Ieq} < \sigma_{Ic}$ ist. Die kritische Rißgröße a_{co} berechnet sich entsprechend Gl. (7.44) zu

$$a_{co} = \left[\frac{K_{Ic}\sqrt{\pi}}{2\,\sigma} \right]^2 \tag{7.49}$$

Risse, die größer als a_{co} sind, führen zum Versagen, wenn ihre Orientierung innerhalb des Grenzwinkels ϕ_0 liegt. Dieser Winkel hängt von σ ab und ergibt sich aus

$$\sigma_{Ieq} = \sigma_{Ic} \quad , \tag{7.50}$$

da alle Risse mit $\sigma_{Ieq} > \sigma_{Ic}$ versagen. Aus Gl. (7.48) und Gl. (7.43) folgt somit ein Zusammmenhang zwischen der Rißlänge a, der Spannung σ und dem Winkel ϕ_0:

$$a = \frac{\pi K_{Ic}^2}{4\,\sigma^2 \cos^2\phi_0 \left[\cos^2\phi_0 + \frac{4}{(2-\nu)^2} \sin^2\phi_0 \right]} \tag{7.51}$$

In Abb. 7.13 ist dieser Zusammenhang für $K_{Ic} = 4$ MPa$\sqrt{m}$ und $\nu = 0.3$ aufgezeichnet. So ergibt sich z.B. für eine Spannung von $\sigma = 400$ MPa, daß alle Risse kleiner als $a_{co} = 0.079$ mm nicht versagen. Risse mit $a = 1$ mm versagen dann, wenn ihre Orientierung innerhalb des Winkels $\phi_0 = 75°$ liegt.

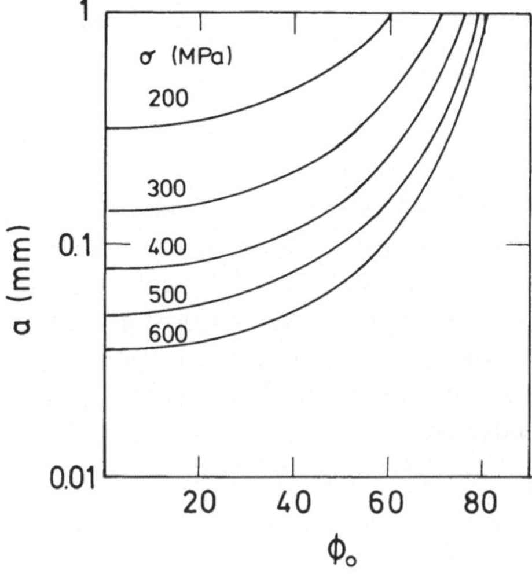

Abb. 7.13. Zusammenhang zwischen Rißgröße, Spannungen und kritischem Raumwinkel bei einachsiger Belastung

Mit diesen Betrachtungen sind die Voraussetzungen für eine statistische Analyse des Verhaltens bei mehrachsiger Belastung geschaffen. Dabei darf der Spannungszustand im allgemeinen Fall innerhalb der betrachteten Komponente beliebig variieren.

Es wird davon ausgegangen, daß eine normierte Fehlergrößenverteilung f(a) vorliegt. Die Fehlerdichte, d.h. die mittlere Zahl der Fehler pro Volumeneinheit, sei z. Dann ist

$$N(a) = z[1 - F(a)] = z \int_a^\infty f(a)\,da \tag{7.52}$$

die mittlere Anzahl von Fehlern mit einer Rißgröße größer als a im Einheitsvolumen. Die zu der Rißgröße a zugehörige Festigkeit σ_{Ic} (Festigkeit, wenn Riß senkrecht zur einachsigen Spannung) berechnet sich nach Gl. (7.44). N(a) ist dann auch die Anzahl der Risse im Einheitsvolumen mit einer Festigkeit kleiner als σ_{Ic}. N(a) kann somit auch als N (σ_{Ic}) geschrieben werden, wobei in N(a) die Rißlänge a durch σ_{Ic} nach Gl. (7.44) ersetzt wird.

Es wird jetzt ein kleines Volumenelement ΔV betrachtet. Die mittlere Anzahl der Fehler mit einer Festigkeit kleiner als σ_{Ic} ist

$$\Delta N = N(\sigma_{Ic}) \cdot \Delta V \tag{7.53}$$

Die mittlere Anzahl der Fehler im Volumen ΔV mit einer Festigkeit zwischen σ_{Ic} und $\sigma_{Ic} + d\sigma_{Ic}$ ist

$$d(\Delta N) = \frac{dN}{d\sigma_{Ic}} \cdot d\sigma_{Ic} \cdot \Delta V \tag{7.54}$$

Bei vorgegebenem Spannungszustand σ_1, σ_2, σ_3 ist ein Fehler im Volumenelement ΔV mit der Festigkeit σ_{Ic} aber nur dann kritisch, wenn

$$\sigma_{Ieq} \geq \sigma_{Ic} \tag{7.55}$$

erfüllt ist. Dies ist der Fall, für alle Risse, deren Normale innerhalb eines bestimmten Raumwinkelbereichs liegt. Da jetzt ein allgemein mehrachsiger Spannungszustand betrachtet wird, tritt anstelle des Winkels ϕ_0 bei einachsiger Betrachtung ein Bereich der durch Werte der Winkel ϕ und ψ begrenzt wird. Dieser Bereich entspricht einer Fläche auf der Einheitskugel und wird mit Ω_0 bezeichnet. Der relative Anteil der Risse mit der Festigkeit σ_{Ic}, die zum Versagen führen, ist gegeben durch

$$\frac{\Omega_0(\sigma_1, \sigma_2, \sigma_3, \sigma_{Ic})}{2\pi} \tag{7.56}$$

Dabei ist 2π die Fläche der halben Einheitskugel, die alle möglichen Rißorientierungen enthält. Die mittlere Anzahl der Fehler im Volumenelement ΔV mit einer Festigkeit im Bereich σ_{Ic}, $\sigma_{Ic} + d\sigma_{Ic}$, die bei vorgegebener Belastung zum Versagen führen, ist somit

$$d(\Delta N) = \frac{dN}{d\sigma_{Ic}} \cdot d\sigma_{Ic} \cdot \Delta V \cdot \frac{\Omega_0(\sigma_1, \sigma_2, \sigma_3, \sigma_{Ic})}{2\pi} \tag{7.57}$$

Die Gesamtzahl der Fehler in ΔV, die zum Versagen führen, erhält man durch die Betrachtung aller Fehlergrößen. Sie ergibt sich durch Integration über alle Werte von a bzw. über die zugehörigen Werte von σ_{Ic}:

$$\Delta N = \Delta V \int_0^\infty \frac{dN}{d\sigma_{Ic}} \cdot \frac{\Omega_0(\sigma_1, \sigma_2, \sigma_3, \sigma_{Ic})}{2\pi} \, d\sigma_{Ic} \tag{7.58}$$

Von der mittleren Anzahl der Fehler, die zum Versagen führen, folgt nun der Übergang zur Versagenswahrscheinlichkeit: Die Wahrscheinlichkeit, daß im Volumen ΔV kein Fehler liegt, der zum Versagen führt, ergibt sich aus der Poisson-Verteilung:

$$\Delta P_S = \exp(-\Delta N) \tag{7.59}$$

Werden nun alle Volumenelemente eines Bauteils betrachtet, dann ist die Wahrscheinlichkeit, daß von keinem Volumenelement Versagen ausgeht, d.h. das ganze Bauteil nicht versagt, gegeben durch das Produkt der Wahrscheinlichkeit für Nichtversagen aller Volumenelemente ΔV_i, und somit

$$P_S = \Pi\,(\Delta P_{Si}) = \Pi \exp(-\Delta N_i) = \exp\left[-\sum(\Delta N_i)\right]$$

$$= \exp\left[-\int\int_0^{\infty} \frac{dN}{d\sigma_{Ic}}\,\frac{\Omega_0}{2\pi}\,d\sigma_{Ic}\,dV\right] \tag{7.60}$$

Dabei wurde in der zweiten Zeile die Summe durch das Integral über das Volumen ersetzt.
Die Funktion $N(\sigma_{Ic})$ ist abhängig vom Werkstoff, aber unabhängig von den Belastungsbedingungen. Sie ergibt sich aus der Fehlergrößenverteilung f(a) und der Fehlerdichte z. Analog zu der Ableitung in Kapitel 5.1 folgt aus einem Potenzgesetz für die Fehlergrößenverteilung

$$f\,(a) \sim \frac{1}{a^r} \tag{7.61}$$

die mittlere Anzahl der Fehler im Einheitsvolumen mit einer Festigkeit kleiner als σ_{Ic}

$$N(\sigma_{Ic}) = \left[\frac{\sigma_{Ic}}{\sigma_{I0}}\right]^m \tag{7.62}$$

mit

$$m = 2\,(r-1) \tag{7.63}$$

Für kreisförmige Risse ist z.B.

$$\sigma_{I0} = \frac{2K_{Ic}}{\sqrt{\pi}\,\sqrt{a_0}\;z^{1/m}} \tag{7.64}$$

Mit Gl. 7.62 ergibt sich für die Versagenswahrscheinlichkeit des Bauteils

$$P = 1 - P_S = 1 - \exp\left[-\int_V\int_0^{\infty}\left(\frac{\sigma_{Ic}}{\sigma_{I0}}\right)^{m-1}\frac{m}{\sigma_{I0}}\,\frac{\Omega_0}{2\,\pi}\,d\sigma_{Ic}\,dV\right] \tag{7.65}$$

Die Größe Ω_0 ist eine Funktion der drei Hauptspannungen σ_1, σ_2, σ_3 und der Spannung σ_{Ic}.
Bei der Darstellung nach Gl. (7.65) muß die Abhängigkeit des Winkelbereiches Ω_0 von σ_{Ic} bei vorgegebener Belastung (σ_1, σ_2, σ_3) bekannt sein. Durch eine Umformung des Integrals über σ_{Ic} ergibt sich eine einfachere Darstellung (s. Anhang).

$$P = 1 - \exp\left[-\frac{1}{2\pi}\int_V\int_{\phi=0}^{\frac{\pi}{2}}\int_{\psi=0}^{2\pi} N(\sigma_{Ic} = \sigma_{Ieq})\sin\phi\,d\phi\,d\psi\,dV\right] \tag{7.66}$$

Es wird dabei zunächst die Funktion $N(\sigma_{Ieq})$ über die halbe Einheitskugel integriert und dann über das Volumen des Bauteils.
Die Äquivalentspannung σ_{Ieq} kann als das Produkt der größten Hauptspannung und einer Funktion h dargestellt werden:

$$\sigma_{Ieq} = \sigma_1 \, h(\alpha, \beta, \phi, \psi) \tag{7.67}$$

wobei α und β die Formkoeffizienten nach Gl. (7.1) sind. Die Rißorientierung wird durch die Winkel ϕ und ψ beschrieben. Die spezielle Funktion h hängt vom gewählten lokalen Versagenskriterium ab.

Die örtlich variierende Hauptspannung σ_1 kann als Produkt einer Referenzspannung σ^* (z.B. die größte Hauptspannung im Bauteil) und einer Geometriefunktion geschrieben werden

$$\sigma_1 = \sigma^* \cdot \; g(x, y, z) \tag{7.68}$$

Gleichung (7.66) lautet dann

$$P = 1 - \exp\left[-\frac{1}{2\pi}\left(\frac{\sigma^*}{\sigma_{I0}}\right)^m \int_V g^m \int_0^{2\pi} \int_0^{\pi/2} h^m \sin\phi \, d\phi \, d\psi \, dV\right] \tag{7.69}$$

Im allgemeinen Fall hängen sowohl g als auch h vom Ort ab.
Ist der Mehrachsigkeitsgrad im Bauteil konstant, dann hängt h nicht vom Ort ab und es ist

$$P = 1 - \exp\left[-\frac{1}{2\pi}\left(\frac{\sigma^*}{\sigma_{I0}}\right)^m \int\int h^m \sin\phi \, d\phi \, d\psi \int g^m \, dV\right] \tag{7.70}$$

In der üblichen Weibull-Darstellung ist (wobei jetzt die Wahrscheinlichkeit P durch den Ausdruck $F(\sigma^*)$ ersetzt wird)

$$F = 1 - \exp\left[-\left(\frac{\sigma^*}{\sigma_0}\right)^m\right] \tag{7.71}$$

mit

$$\sigma_0 = \sigma_{I0} \left[\frac{1}{2\pi} \int g^m \int\int h^m \sin\phi \, d\phi \, d\psi \, dV\right]^{-1/m} \tag{7.72}$$

Die Gl. (7.69) und (7.70) enthalten die beiden Werkstoffparameter m und σ_{I0}. Beides sind reine Werkstoffparameter, die unabhängig von der Größe des Bauteils und der Belastungsart sind. Der Parameter m ergibt sich direkt aus Festigkeitsmessungen nach den in Kapitel 5 angegebenen Methoden. σ_{I0} muß aus dem Weibullparameter $\sigma_{0,PR}$ der Versuchsproben nach der Beziehung

$$\sigma_{I0} = \sigma_{0,PR}\left[\frac{1}{2\pi}\int h^m \sin\phi \, d\phi \, d\psi \int g^m \, dV\right]^{1/m} \tag{7.73}$$

berechnet werden, wobei für g(x, y, z) der Spannungsverlauf in der Versuchsprobe eingesetzt wird.

Das Berechnungsschema für die Versagenswahrscheinlichkeit ist in Abb. 7.14 zusammengestellt. Es zeigt, daß folgende Eingangsinformationen erforderlich sind:

- der Spannungszustand im Bauteil,
- ein Rißmodell,
- ein lokales Versagenskriterium,
- die Werkstoffparameter m und σ_{I0}.

Für den homogenen Spannungszustand lassen sich die Ergebnisse solcher Berechnungen in den mehrachsigen Versagensdiagrammen darstellen.

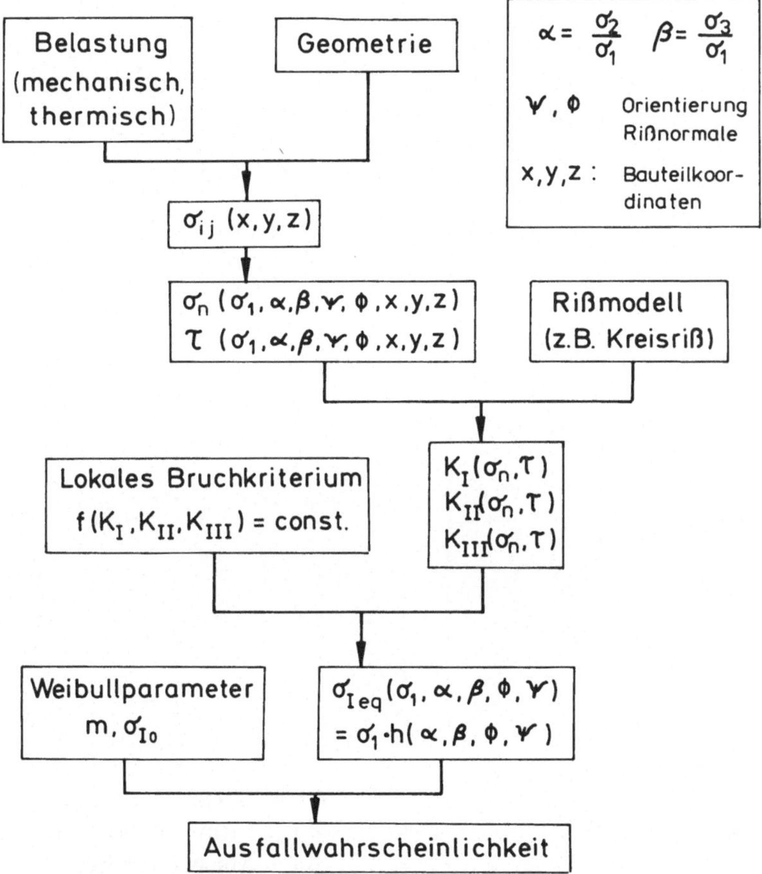

Abb. 7.14. Berechnungsschema für die Ausfallwahrscheinlichkeit von mehrachsig belasteten Bauteilen

Abb. 7.15 und Abb. 7.16 enthalten einige Diagramme für den ebenen Spannungszustand. Diese Ergebnisse zeigen, daß das Mehrachsigkeitskriterium vom gewählten lokalen Versagenskriterium (u, v, α) und vom Weibullparameter m abhängt.

Die beschriebene statistische Analyse wurde hier auf die Fehlerart der Risse angewandt. Mit den in Kapitel 7.3.1 und 7.3.2 beschriebenen Porenmodellen kann die Streuung der Festigkeit nicht beschrieben werden, da bei einer kugelförmigen oder zylinderförmigen Pore im unendlichen Medium die Festigkeit nicht von der Porengröße abhängt. Bei den ellipsoidförmigen Poren wäre eine statistische Analyse mit dem Achsenverhältnis b/a als streuendem Parameter denkbar.

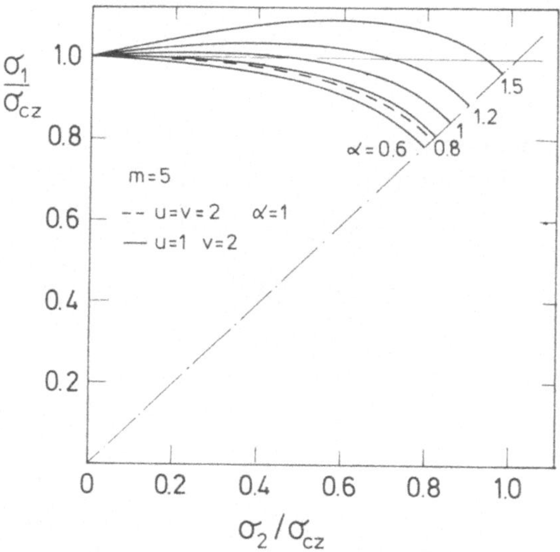

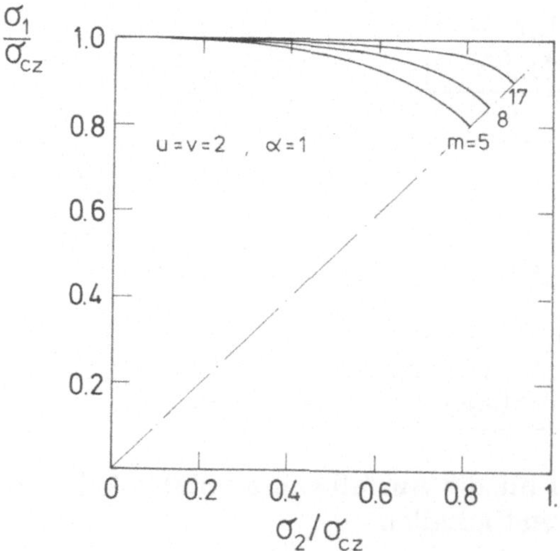

Abb. 7.15. Versagensdiagramm für kreisförmige Risse (Einfluß des lokalen Versagenskriteriums und des Weibullparameters)

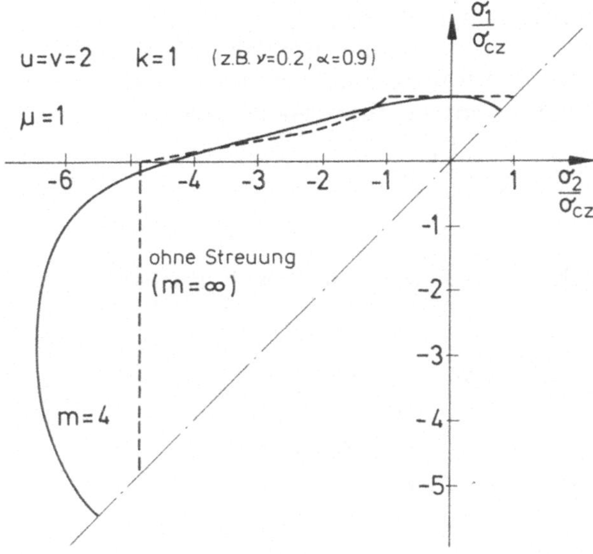

Abb. 7.16. Versagensdiagramm für kreisförmige Risse bei statistischer Betrachtung

7.3.7 Lebensdauer

Die durch unterkritisches Rißwachstum bedingte endliche Lebensdauer von Bauteilen wird ebenso wie die Festigkeit durch den mehrachsigen Spannungszustand beeinflußt. Eine Analyse kann analog zu derjenigen in Kapitel 7.3.6 für die Festigkeit durchgeführt werden. Dabei wird von der Annahme ausgegangen, daß sich die Rißgeschwindigkeit als Funktion der effektiven Spannung in der Form

$$\frac{da}{dt} = A\,\sigma_{Ieq}^{n}\,Y^{n}\,a^{n/2} \tag{7.74}$$

darstellen läßt. Es wird zusätzlich angenommen, daß für einen bestimmten Riß während der Ausbreitung σ_{Ieq} konstant bleibt, d.h. daß sich die Rißorientierung nicht verändert. Dann ergibt sich für die Lebensdauer eines beliebig orientierten Risses

$$t_B = \frac{B\sigma_{Ic}^{n-2}}{\sigma_{Ieq}^{n}} \tag{7.75}$$

Dabei ist σ_{Ic} wie in Kapitel 7.3.6 die kritische Spannung für instabiles Versagen, wenn eine einachsige Belastung senkrecht zum Riß wirken würde.

Die Wahrscheinlichkeit, daß ein Bauteil bei vorgegebener Belastung vor Erreichen der Zeit t_B versagt, ergibt sich aus Gl. (7.65), wobei der Raumwinkelbereich Ω_0 jetzt von den Hauptspannungen σ_1, σ_2, σ_3, der Festigkeit σ_{Ic} und der betrachteten Lebensdauer t_B abhängt. Bei der zu Gl. (7.66) analogen Schreibweise, bei der über den Raumwinkel integriert wird, wird in der Funktion N (σ_{Ic}) die Festigkeit σ_{Ic} entsprechend Gl. (7.75) durch

$$\sigma_{Ic} = \sigma_{Ieq}^{\frac{n}{n-2}} \left(\frac{t_B}{B} \right)^{\frac{1}{n-2}} \tag{7.76}$$

ersetzt. Für die Wahrscheinlichkeit, daß ein Bauteil vor Erreichen der Zeit t_B versagt gilt somit

$$P = 1 - \exp \left[- \frac{1}{2\pi} \left(\frac{t_B}{t_{I0}} \right)^{m^*} \int_V g^{m^*n} \int \int h^{m^*n} \sin\phi \, d\phi \, d\psi \, dV \right] \tag{7.77}$$

mit

$$t_{I0} = \frac{B \sigma_{I0}^{n-2}}{\sigma^{*n}} \tag{7.78}$$

und $m^* = m/(n-2)$.

Wie bereits in Kapitel 5 betont wurde, muß beim Einfluß eines umgebenden Mediums über die Oberfläche integriert werden.

7.4 Experimentelle Methoden

Verschiedene experimentelle Methoden wurden entwickelt, um mehrachsige Spannungszustände zu erzeugen. Die wichtigsten werden in diesem Kapitel beschrieben. In Abb. 7.1 sind für die verschiedenen Versuchsarten die Beanspruchungszustände eingezeichnet.

7.4.1 Der Doppelring-Versuch

Beim Doppelring-Versuch werden kreisscheibenförmige Proben über zwei konzentrisch angeordnete Ringe belastet. Die geometrischen Größen sind in Abb. 7.17 angegeben.

Der innere Ringradius ist r_1, der äußere r_2, der Scheibenradius r_3. Daraus ergeben sich die dimensionslosen Größen

$$a = r_1/r_2 \ , \ b = r_3/r_2 \tag{7.79}$$

Außerdem wird die dimensionslose Koordinate

$$\rho = \frac{r}{r_2} \tag{7.80}$$

eingeführt.

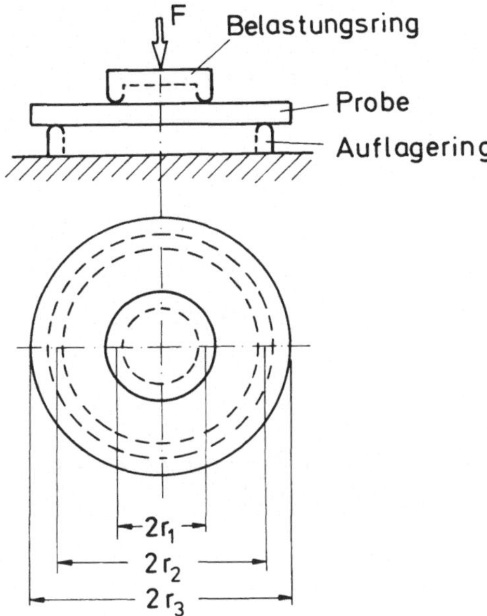

Abb. 7.17 Versuchsanordnung beim Doppelringversuch

Die Spannungsverteilung ist gegeben durch

$$\sigma_i = \frac{3\,F\,z}{2\,\pi\,t^3} \cdot D_i\,(\rho, a, b, \nu) \tag{7.81}$$

Der Index i ist entweder r für die Radialspannung oder t für die Tangentialspannung. F ist die Kraft und t die Scheibendicke. Die Koordinate z in Dickenrichtung hat ihren Nullpunkt in der Plattenmitte.

Für $0 < r < r_1$ ist

$$D_r = D_t = (1-\nu)\,\frac{1-a^2}{b^2} - (1+\nu)\,2\ln a \tag{7.82a}$$

d.h. es liegt ein äquibiaxialer Spannungszustand vor, wobei die Spannungen unabhängig von r sind.

Für $r_1 \leq r \leq r_2$ ist

$$D_r = (1-\nu)\left[\frac{1-a^2}{b^2} + \frac{a^2}{\rho^2} - 1\right] - 2\,(1+\nu)\ln\rho \tag{7.82b}$$

$$D_t = (1-\nu)\left[\frac{1-a^2}{b^2} - \frac{a^2}{\rho^2} + 1\right] - 2\,(1+\nu)\ln\rho \tag{7.82c}$$

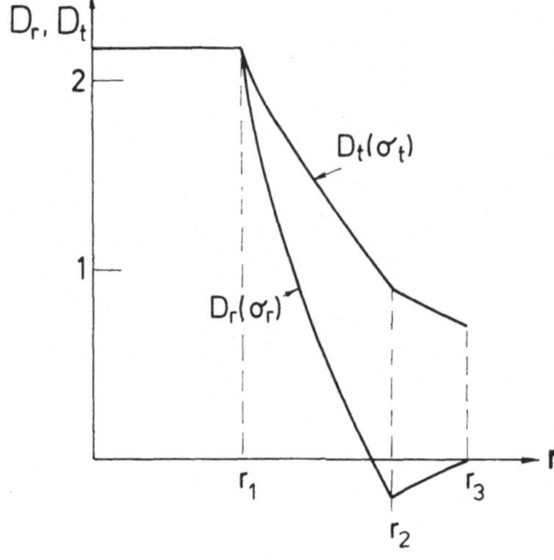

Abb. 7.18 Spannungsverlauf in Doppelringprobe

Für $r_2 \leq r \leq r_3$ ist

$$D_r = (1-\nu)(1-a^2)\left(\frac{1}{b^2} - \frac{1}{\rho^2}\right) \tag{7.82d}$$

$$D_t = (1-\nu)(1-a^2)\left(\frac{1}{b^2} + \frac{1}{\rho^2}\right) \tag{7.82e}$$

Die Spannungsverläufe sind in Abb. 7.18 aufgezeichnet.

Voraussetzung für die Anwendung der Gl. (7.82) ist eine genügend dünne Platte. Außerdem muß beachtet werden, daß Reibungskräfte an den Auflageringen entstehen können. Experimentelle Untersuchungen sowie analytische Berechnungen haben außerdem ergeben, daß im Bereich der kleineren Auflageringe Spannungsüberhöhungen bis zu 20 % auftreten können, ähnlich wie bei den 4–Punkt– Biegeversuchen. (s. Kapitel 4.1.2).

Der Doppelring-Versuch ist für Messungen an Glas in der Norm DIN 1230 beschrieben.

Dreiachsige Spannungszustände können durch Überlagerung eines Außendruckes erzielt werden.

7.4.2 Der Kugel - auf -Ring - Versuch

Diese Versuchsart wurde von Shetty et al.[7.17, 7.18] vorgeschlagen. Dabei wird eine kreisscheibenförmige Probe auf einem Kugellagerring belastet, wobei die Belastung über eine Kugel in der Mitte der Scheibe erfolgt (Abb. 7.19).

Die Dicke der Scheibe ist t, der Radius r_3, der Kugellagerdurchmesser r_2.

Für die Radial- und Tangentialspannung auf der Zugseite wird folgende analytische Näherungslösung angegeben:

$$\sigma_r = \frac{3F(1+\nu)}{4\pi t^2}\left\{2\ln(r_2/r) + \frac{1-\nu}{2(1+\nu)}\left[(r_2/r)^2 - 1\right](r_1/r_3)^2\right\} \qquad (7.83a)$$

$$\sigma_t = \frac{3F(1+\nu)}{4\pi t^2}\left\{2\ln(r_2/r) + \frac{1-\nu}{2(1+\nu)}\left[4 - (r_1/r)^2\right](r_2/r_3)^2\right\} \qquad (7.83b)$$

Beide Gleichungen gelten für $r > r_1$. Die Berechnung erfolgte unter der Voraussetzung, daß die Kraft gleichmäßig auf eine Fläche mit dem Radius r_1 wirkt. Für diese Fläche gilt nach [7.17] näherungsweise

$$r_1 = \frac{t}{3} \qquad (7.84)$$

Der Verlauf der Spannungen ist in Abb. 7.20 aufgezeichnet.

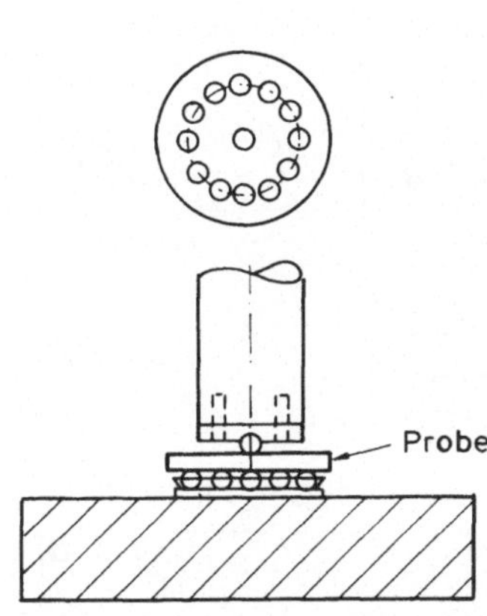

Abb. 7.19 Versuchsanordnung beim Kugel - auf - Ring - Versuch

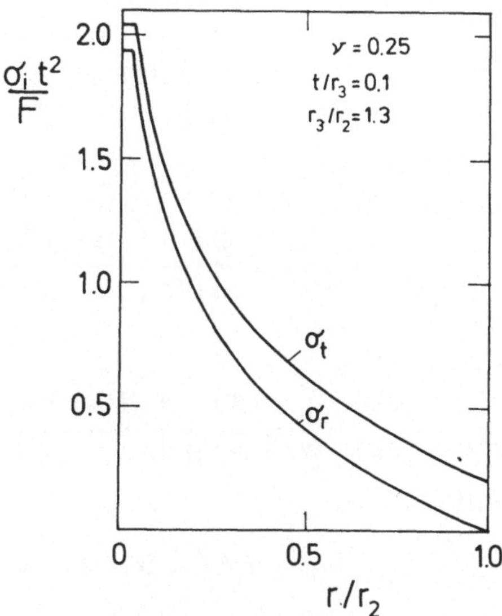

Abb. 7.20 Spannungsverlauf beim Kugel - auf - Ring - Versuch

In der Plattenmitte liegt näherungsweise ein äquibiaxialer Spannungszustand vor. Allerdings bestehen einige Unsicherheiten über die Höhe dieser Spannungen. Die Gleichungen (7.83) ergeben ein Maximum der Spannungen, das allerdings im ausgeschlossenen Bereich $r < r_1$ liegt. Die Spannungen für $r = r_1$ hängen etwas von den geometrischen Größen der Platte ab. In [7.18] wurden Finite-Element-Berechnungen für eine bestimmte Geometrie angegeben, die zu

$$\sigma_{max} = \sigma_{rmax} = \sigma_{tmax} = 1.81 \frac{F}{t^2} \tag{7.85}$$

führten. Für eine allgemeine Anwendung dieser Versuchsart sind weitere FE-Berechnungen notwendig.

7.4.3 Scheiben-Versuch

Beim Scheibenversuch wird eine kreisscheibenförmige Probe, wie in Abb. 7.21 gezeigt, auf der Mantelfläche im Druckversuch belastet. Es stellt sich dabei ein zweiachsiger Spannungszustand ein. Der Scheibenradius ist R, die Scheibendicke t. Die Koordinaten x und y werden auf R bezogen.

$$x^* = \frac{x}{R}, \qquad y^* = \frac{y}{R} \tag{7.86}$$

Für punktförmige Belastung sind die Spannungen σ_x, σ_y und τ_{xy} gegeben durch

$$\sigma_x = -\frac{2F}{\pi t R}\left[\frac{(1-y^*)x^{*2}}{r_1^{*4}} + \frac{(1+y^*)x^{*2}}{r_2^{*4}} - \frac{1}{2}\right] \tag{7.87a}$$

$$\sigma_y = -\frac{2F}{\pi t R}\left[\frac{(1-y^*)^3}{r_1^{*4}} + \frac{(1+y^*)^3}{r_2^{*4}} - \frac{1}{2}\right] \tag{7.87b}$$

$$\tau_{xy} = \frac{2F}{\pi t R}\left[\frac{(1-y^*)^2 x^*}{r_1^{*4}} - \frac{(1+y^*)^2 x^*}{r_2^{*4}}\right] \tag{7.87c}$$

mit

$$r_1^{*2} = (r_1/R)^2 = x^{*2} + (1-y^*)^2 \tag{7.87d}$$

$$r_2^{*2} = (r_2/R)^2 = x^{*2} + (1+y^*)^2 \tag{7.87e}$$

In Abb. 7.22 ist σ_x und σ_y gegen y für $x = 0$ und gegen x für $y = 0$ aufgetragen.

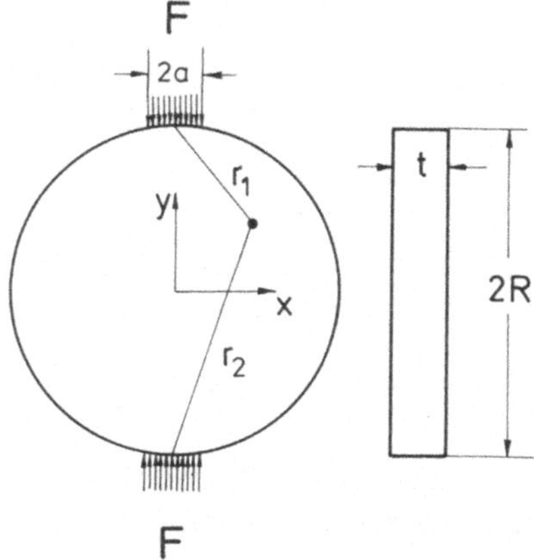

Abb. 7.21 Probe beim Scheiben - Versuch

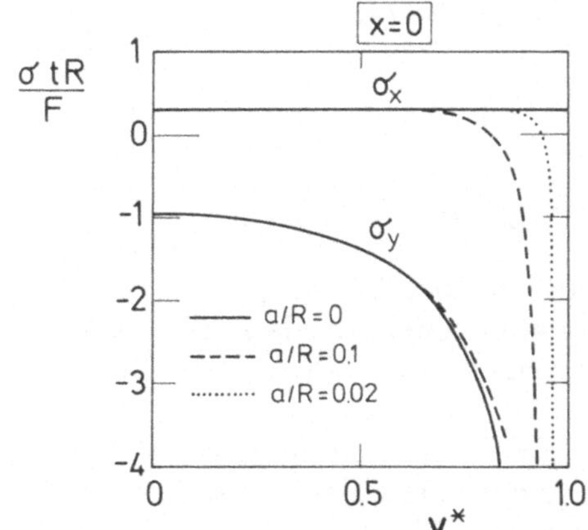

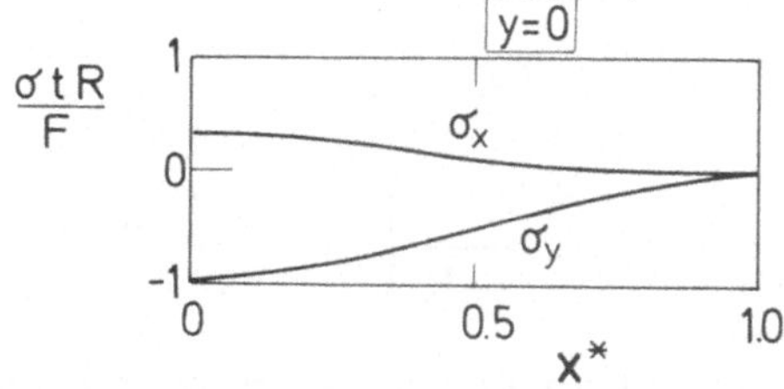

Abb. 7.22 Spannungsverteilung beim Scheiben – Versuch

In der Mitte der Scheibe (x = 0, y = 0) ist

$$\sigma_x = \frac{F}{\pi R t}, \qquad \sigma_y = -\frac{3F}{\pi R t}, \qquad \tau_{xy} = 0 \tag{7.88}$$

Das Verhältnis der beiden Hauptspannungen ist somit 1 zu -3, d.h. es ist $\alpha = -3$.

Entlang der vertikalen Achse (x = 0) ist σ_x unabhängig von y. Da nur eine vertikale Kraft aufgebracht wird, scheint eine Verletzung der Bedingung des Kräftegleichgewichts vorzuliegen, da

$$\int_{-1}^{+1} \sigma_x \, dy^* = \frac{2F}{\pi t}$$

zu einer resultierenden Horizontalkraft führt. Dies hängt mit der Annahme einer punktförmigen Lastaufbringung zusammen. Wird von einer gleich-

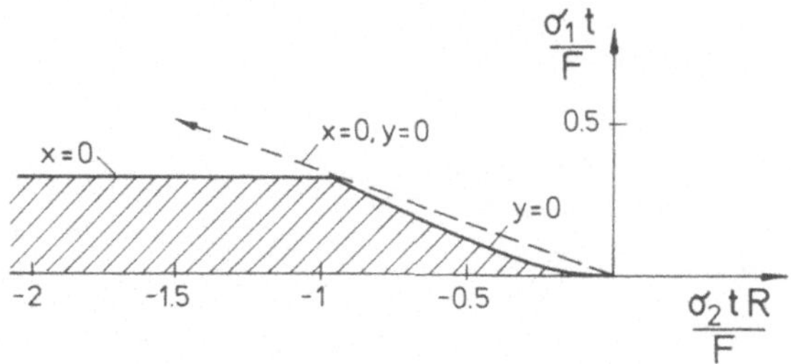

Abb. 7.23 Bereich des Spannungszustandes in Scheibenprobe

mäßig verteilten Kraft über eine Umfangslänge 2a (Abb. 7.22) ausgegangen, dann ergeben sich im Bereich der Krafteinleitung Druckspannungen. Nach Wright [7.19] ist für x = 0.

$$\sigma_x = \frac{F}{\pi t R}\left[1 - \frac{1}{1-y^*} + \frac{1}{2a/R}\sin\frac{2a/R}{1-y^*}\right] \tag{7.89a}$$

$$\sigma_y = \frac{F}{\pi t R}\left[1 - \frac{1}{1-y^*} - \frac{2}{1+y^*} - \frac{1}{2a/R}\sin\frac{2a/R}{1-y^*}\right] \tag{7.89b}$$

Der Verlauf dieser Spannungen ist ebenfalls in Abb. 7.22 eingezeichnet. Sowohl die Höhe der einzelnen Spannungskomponenten als auch das Verhältnis der Hauptspannungen $\alpha = \sigma_2/\sigma_1$ variiert innerhalb der Scheibe.

In Abb. 7.23 ist der Bereich schraffiert, in dem die Spannungszustände in der Scheibe variieren. Versagen ist entlang der vertikalen Achse (x = 0) zu erwarten. Im allgemeinen wird dem Scheibentest der Spannungszustand in der Probenmitte mit $\alpha = -1/3$ zugeordnet. Dies ist sicher nicht allgemein richtig.

7.4.4 Rohr-Versuche

Rohre können unter Innendruck belastet werden. Bei dünnwandigen Rohren stellt sich dabei ein zweiachsiger Spannungszustand ein, wobei das Verhältnis von Längsspannung zu Umfangsspannung gleich 1:2 ist ($\alpha = 0.5$). Eine zusätzliche Variation des Spannungsverhältnisses α ist durch eine überlagerte Zug- bzw. Druckbelastung möglich. In Abb. 7.24 ist eine andere Möglichkeit angegeben, bei der ein Rohr unter Innendruck P_i und Außendruck P_a belastet wird. Die sich einstellenden Spannungen sind abhängig vom Innenradius R_i und vom Außenradius R_a des Rohres sowie vom Innenradius R_0 des führenden Zylinders. Für die Längsspannung gilt

$$\sigma_1 = \frac{P_a(R_0^2 - R_a^2) + P_i R_i^2}{R_a^2 - R_i^2} \tag{7.90a}$$

Die Tangentialspannung auf der Innenseite des Rohres ist

$$\sigma_t = \frac{P_i\,(R_a^{\,2} + R_i^{\,2}) - 2\,P_a\,R_a^{\,2}}{R_a^{\,2} - R_i^{\,2}} \tag{7.90b}$$

Das Verhältnis σ_l / σ_t ist somit

$$a = \frac{\sigma_l}{\sigma_t} = \frac{R_0^{\,2} - R_i^{\,2} + A\,R_i^{\,2}}{A\,(R_a^{\,2} + R_i^{\,2}) - 2\,R_a^{\,2}} \tag{7.91}$$

mit

$$A = P_i / P_a$$

Durch geeignete Wahl von R_0 und P_i / P_a können Spannungszustände in einem großen Bereich von a eingestellt werden, wobei a positive und negative Werte annehmen kann.

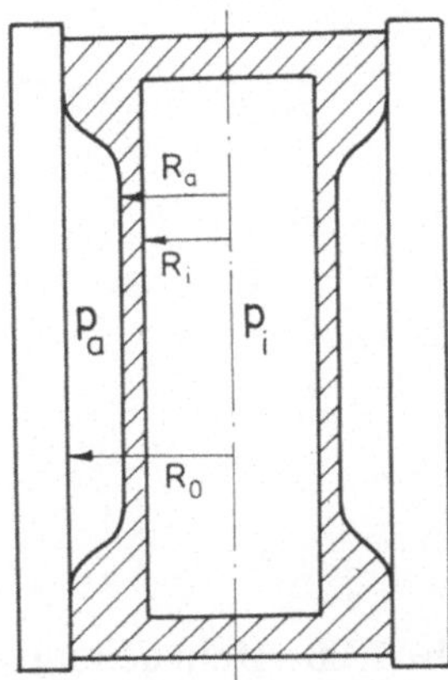

Abb. 7.24. Rohrprobe

7.5 Experimentelle Ergebnisse

In diesem Kapitel werden einige experimentelle Ergebnisse über den Einfluß der mehrachsigen Spannungen zusammengestellt.

Abb. 7.25 zeigt Ergebnisse von Sato et al. [7.28] an Graphit, die mit Hohlzylinderproben erzielt wurden.

In Abb. 7.26 sind Ergebnisse von Ely [7.27] für Titanoxid und Aluminiumsilikat dargestellt, die ebenfalls durch Versuche an Rohrproben gewonnen wurden.

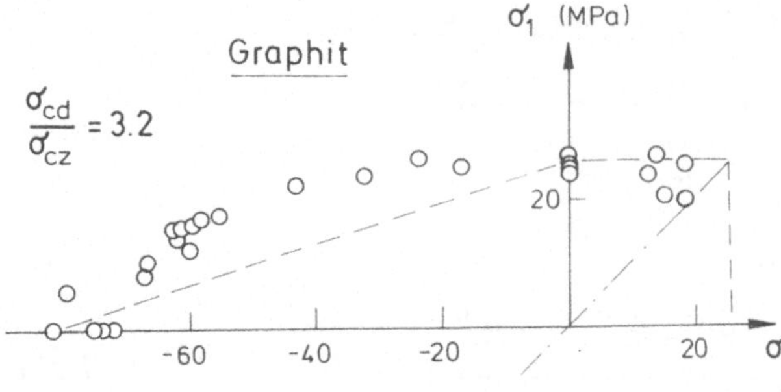

Abb. 7.25 Mehrachsigkeitsdiagramm von Graphit [7.28]

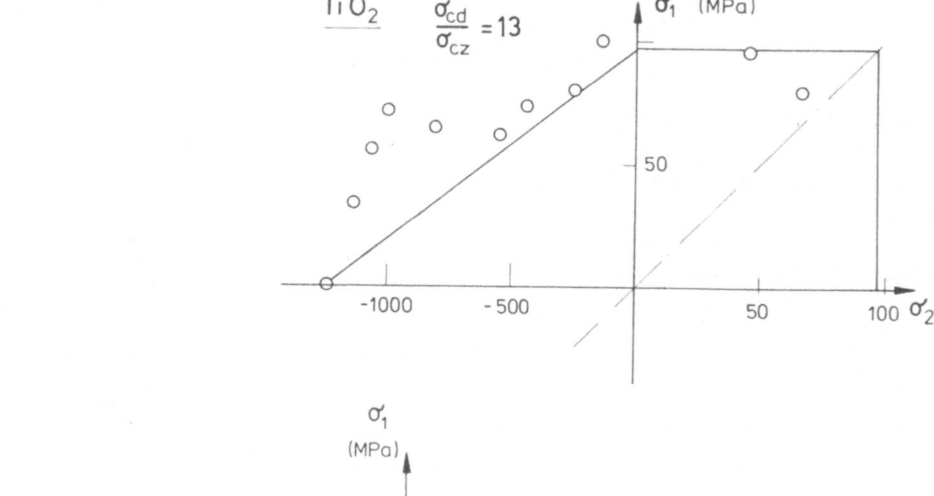

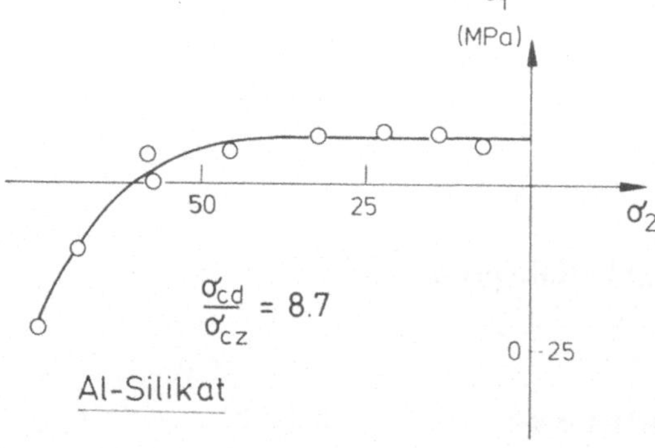

Abb. 7.26 Mehrachsigkeitsdiagramme von Titanoxid und Aluminiumsilikat [7.27]

Ergebnisse an Aluminiumoxid von Adams und Sines [7.24] an Rohren unter Außendruck und axialer Belastung sind in Abb. 7.27 aufgetragen.

Aus diesen Ergebnissen ergibt sich für die verschiedenen Bereiche des zweiachsigen Diagramms:

- Bei äquibiaxialer Zugbelastung wird eine geringere Festigkeit als bei einachsiger Belastung gemessen. Dies ist in Übereinstimmung mit den Voraussagen der statistischen Versagensanalyse.

- Die Mohrsche Hypothese liefert eine sichere Voraussage der Festigkeit im zweiten Quadranten ($\sigma_1 > 0, \sigma_2 < 0$).
- Im dritten Quadranten ($\sigma_1 < 0, \sigma_2 < 0$) ist die Versagensspannung σ_2 in erster Näherung unabhängig von σ_1.
- Das Verhältnis zwischen Druck- und Zugfestigkeit liegt bei den dargestellten Ergebnissen zwischen 3.2 und 18.

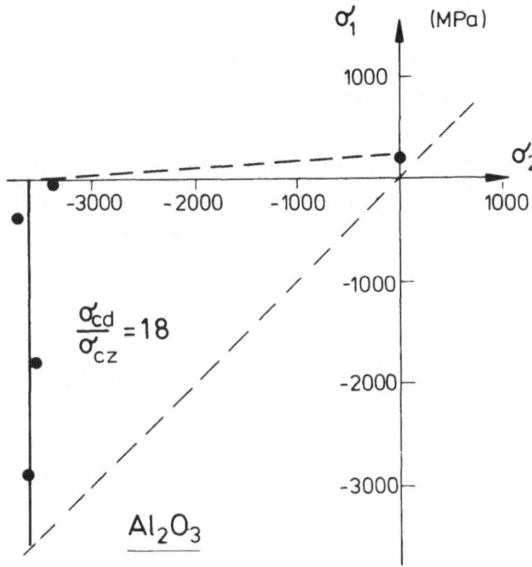

Abb. 7.27 Mehrachsigkeitsdiagramm von Aluminiumoxid [7.24]

Literatur zu Kapitel 7

zu Kapitel 7.2

[7.1] G.D. Sandel, Die Anstrengungsfrage, Bauzeitung 95, 1930, 335 - 338.

[7.2] P. Kuhn, Grundzüge einer allgemeinen Festigkeitshypothese, Institut für Maschinenkonstruktionslehre, Universität Karlsruhe, 1980.

zu Kapitel 7.3.1

[7.3] J. Takagi, M.C. Shaw, Brittle fracture initiation under complex stress states. Trans. ASME. Journal of Engineering for Industry, 105, 1983, 143 - 149.

zu Kapitel 7.3.2

[7.4] M.C. Shaw, J.P. Avery, Tensile fracture loci for brittle material containing spherical voids, Trans. ASME, Journal of Engineering Materials and Technology 108, 1986, 222 - 229.

zu Kapitel 7.3.3

[7.5] B. Paul, L. Mirandy, An improved fracture criterion for three - dimensional stress state, Trans. ASME, Journal of Engineering Materials and Technology 98, 1976, 159 - 163.

zu Kapitel 7.3.4

[7.6] J.J. Petrovic, Mixed - mode fracture of hotpressed Si_3N_4, Journal of the American Ceramic Society 68, 1985, 348 - 355.

[7.7] S.K. Shetty, A.R. Rosenfield, W.H. Duckworth, Mixed - mode fracture in biaxial stress state: application of the diametrical - compression (brasilian disk) test, Engineering Fracture Mechanics 26, 1987, 825 - 840.

[7.8] G. Alpa, On a statistical approach to brittle rupture for multiaxial states of stress, Engineering Fracture Mechanics 19, 1984, 881 - 901.

zu Kapitel 7.3.6

s. [7.8]

[7.9] A.G. Evans, A general approach for the statistical analysis of multi–axial fracture, Journal of the American Ceramic Society 61, 1978, 302 - 308.

[7.10] S.B. Batdorf, H.L. Heinisch, Weakest link theory reformulated for arbitrary fracture criterion, Journal of the American Ceramic Society 61, 1978, 355 - 358.

[7.11] J.P. Gyekenyesi, N.N. Nemeth, Surface flaw reliability analysis of ceramic components with the SCARE finite element postprocessor program, Trans. ASME, Journal of Engineering for Gas Turbines and Powers 109, 1987, 274 - 281.

[7.12] J. Lemon, Statistical approaches to failure for ceramic reliability assesment, Journal of the American Ceramic Society 71, 1988, 106 - 112.

zu Kapitel 7.4.1

[7.13] M.N. Giovan, G. Sines, Strength of a ceramic at high temperatures under biaxial and uniaxial tension, Journal of the American Ceramic Society 64, 1981, 68-73.

[7.14] W. Schmitt, K. Blank, G. Schönbrunn, Eyperimentelle Spannungsanalyse zum Doppelringversuch, Sprechsaal 116, 1983, 397 – 405.

[7.15] H. Fessler, D.C. Fricker, A theoretical analysis of the ring – on – ring loading disc test, Journal of the American Ceramic Society 67, 1984, 582 – 588.

[7.16] U. Soltes, H. Richter, R. Kienzler, The concentric – ring – test and its application for determining the surface strength of ceramics, in High Tech Ceramics, Elsevier Science Publishers, 1987, 149 – 158.

zu Kapitel 7.4.2

[7.17] D.K. Shetty, A.R.Rosenfield, P.Mc Guire, G.K. Bansal, W.H. Duckworth, Biaxial flexure test for ceramics, American Ceramic Society Bulletin 59, 1980, 1193 – 1197.

[7.18] D.K. Shetty, A.R.Rosenfield, P.Mc Guire, G.K. Bansal, W.H. Duckworth, Biaxial fracture studies of a glass ceramic, Journal of the American Ceramic Society 64, 1981, 1 – 4.

zu Kapitel 7.4.3

[7.19] P.J. F. Wright, Comments on an indirect tensile test on concrete cylinders Magazine of Concrete Research 7, 1955, 87 – 96.

[7.20] M.C. Shaw, P.M. Braiden, G.J. De Salvo, The disk test for brittle materials, Trans. ASME, Journal of Basic Engineering and Industry, 1975, 77 – 87.

[7.21] G. Szendi – Horvath, Fracture toughness determination of brittle materials using small to extremely small specimens,Engineering Fracture Mechanics 13, 1980, 955 – 961.

[7.22] H.J. Petroski, R.P.Ojdrovic, The concrete cylinder: stress analysis and failure modes, International Journal of Fracture 34, 1987, 263 – 279.

zu Kapitel 7.4.4

[7.23] L.J. Boutman, S.M. Krishnakuman, P.K. Mallick, Effects of combined stresses on fracture of alumina and graphite, Journal of the American Ceramic Society 53, 1970, 649 – 654.

[7.24] M. Adams, G. Sines, Determination of biaxial compressive strength of a sintered alumina ceramic, Journal of the American Ceramic Society 59, 1976, 300 – 304.

[7.25] M.G. Stout, J.J. Petrovic, Multiaxial loading fracture of Al_2O_3 tubes: I, experiments, Journal of the American Ceramic Society 67, 1984, 14 – 18.

[7.26] K. Ikeda, H. Igaki, Fracture criterion for alumina ceramics subjected to triaxial stresses, Journal of the American Ceramic Society 67, 1984, 538 – 544.

[7.27] R.E. Ely, Strength of titania and aluminum silicate under combined stresses, Journal of the American Ceramic Society 55, 1972, 347-350.

[7.28] S. Sato, H. Awaji, K. Kawamata, A. Kurumada, T. Oku, Fracture criteria of reactor graphite under multiaxial stresses, Nuclear Engineering and Design 103, 1987, 291-300.

Anhang

Ableitung von Gl. (7.66)

Ausgangspunkt ist Gl. (7.60). Die Wahrscheinlichkeit für das Versagen eines Bauteils ist gegeben durch

$$P = 1 - \exp\left[- \int_V \int_0^\infty \frac{dN(\sigma_{Ic})}{d\sigma_{Ic}} \cdot \frac{\Omega_0(\sigma_1, \sigma_2, \sigma_3, \sigma_{Ic})}{2\pi} \, d\sigma_{Ic} \, dV \right] \tag{A 1}$$

Der Raumwinkelbereich Ω_0 umfaßt die Orientierungen der Rißnormalen für die $\sigma_{Ieq} > \sigma_{Ic}$ ist. Es ist daher

$$\Omega_0 = \int_{\sigma_{Ieq} > \sigma_{Ic}} \sin\phi \, d\phi \, d\psi \tag{A 2}$$

$$= \int_{\psi=0}^{\pi/2} \int_{\phi=0}^{2\pi} \theta\langle\sigma_{Ieq} - \sigma_{Ic}\rangle \sin\phi \, d\phi \, d\psi \tag{A 3}$$

In Gl. (A 3) wird über die halbe Einheitskugel integriert. θ ist die Stufenfunktion:

$$\theta\langle\sigma_{Ieq} - \sigma_{Ic}\rangle = \begin{cases} 1 \text{ für } \sigma_{Ieq} - \sigma_{Ic} > 0 \\ 0 \text{ für } \sigma_{Ieq} - \sigma_{Ic} < 0 \end{cases} \tag{A 4}$$

Das Integral in Gl. (A 1) über σ_{Ic} lautet dann

$$I = \int_0^\infty \frac{dN}{d\sigma_{Ic}} \frac{\Omega_0}{2\pi} d\sigma_{Ic} = \int_0^\pi \int_0^{2\pi} \int_0^\infty \frac{dN}{\sigma_{Ic}} \theta\,(\sigma_{Ieq} - \sigma_{Ic}) \sin\phi d\phi d\psi \qquad \text{(A 5)}$$

Partielle Integration des Integrals über σ_{Ic} ergibt

$$I_1 = \int_0^\infty \frac{dN}{d\sigma_{Ic}} \theta\,\langle\sigma_{Ieq} - \sigma_{Ic}\rangle d\sigma_{Ic} = N\,\theta \Big|_0^\infty + \int_0^\infty N\,\delta\,(\sigma_{Ieq} - \sigma_{Ic})\, d\sigma_{Ic}\;, \qquad \text{(A 6)}$$

wobei $\delta(x) = 0$ für $x \neq 0$ und $\int \delta(x)\,dx = 1$. (Es ist $d\theta/d\sigma_{Ic} = \delta\,\langle\sigma_{Ieq}\text{-}\sigma_{Ic}\rangle$).

Für $\sigma_{Ic} = 0$ ist $N = 0$, für $\sigma_{Ic} \rightarrow \infty$ ist $\theta = 0$. Somit ist

$$I_1 = N\,(\sigma_{Ic} = \sigma_{Ieq}) \qquad \text{(A 7)}$$

und

$$I = \int_0^{\pi/2} \int_0^{2\pi} N\,(\sigma_{Ieq}) \sin\phi d\phi d\psi \qquad \text{(A 8)}$$

8. Thermoschockverhalten

8.1 Thermospannungen

Keramische Werkstoffe sind thermoschockempfindlich, d.h. plötzliche Temperaturänderungen können zum Versagen führen. Diese große Thermoschockempfindlichkeit wird durch die Sprödigkeit verursacht. Während bei metallischen Werkstoffen lokale hohe Temperaturspannungen lediglich eine geringe lokale plastische Verformung zur Folge haben, können diese Spannungen bei keramischen Werkstoffen die Ausbreitung von Mikrorissen auslösen. Deshalb müssen Thermospannungen möglichst vermieden oder zumindest durch geeignete konstruktive Gestaltung klein gehalten werden. Außerdem muß bei der Werkstoffauswahl auf die unterschiedliche Thermoschockempfindlichkeit geachtet werden.

Die Berechnung von Thermospannungen ist ein wichtiger Schritt bei der Dimensionierung mit keramischen Werkstoffen. Die Thermospannungen hängen ab von:

- Physikalischen Größen: Wärmeausdehnungskoeffizient α,
  elastische Konstanten E und ν,
  Wärmeleitfähigkeit λ,
  spezifische Wärme C_p,
  Dichte ρ.
- Geometrischen Randbedingungen.
- Thermischen Randbedingungen.

Zunächst werden zwei einfache Beispiele von stationären Thermospannungen betrachtet, d.h. solchen die sich zeitlich nicht ändern.
Im ersten Beispiel wird ein Stab fest eingespannt und die Temperatur von T_0 auf T_1 erhöht. Ohne die Einspannung würde der Stab eine thermische Ausdehnung

$$\varepsilon_{th} = \alpha(T_1 - T_0) \tag{8.1}$$

erfahren. Da die thermische Dehnung behindert ist, treten elastische Dehnungen auf, welche die thermische Dehnung kompensieren:

$$\varepsilon_{el} + \varepsilon_{th} = 0 \tag{8.2}$$

Die elastischen Dehnungen führen zu den thermischen Spannungen

$$\sigma_{th} = E\,\varepsilon_{el} = -E\,\varepsilon_{th} = -E\,\alpha\,(T_1 - T_0) \tag{8.3}$$

Beim zweiten Beispiel wird eine Platte der Dicke d betrachtet, die zunächst die Temperatur T_0 besitzt. Dann wird eine Oberfläche auf die Temperatur T_1 gebracht, während die andere die Temperatur T_0 beibehält.Im stationären Zustand stellt sich eine lineare Temperaturverteilung über die Plattendicke ein. Mit dem in Abb. 8.1 gewählten Koordinatensystem ist

$$T = \frac{T_1 - T_0}{d}\,z + \frac{T_1 + T_0}{2} \tag{8.4}$$

Die thermischen Dehnungen in allen drei Richtungen x, y, z sind

$$\varepsilon_{th} = \alpha\,(T - T_0) = \alpha\left(\frac{T_1 - T_0}{d}\,z + \frac{T_1 - T_0}{2}\right) \tag{8.5}$$

Die sich einstellenden Spannungen sind abhängig von den Einspannbedingungen:

a) Allseitig fest eingespannte Platte.
   Es gilt dann für die elastischen Dehnungen in allen Richtungen

$$\varepsilon_{x,el} = \varepsilon_{y,el} = \varepsilon_{z,el} = -\,\varepsilon_{th} \tag{8.6}$$

   Die Spannungen ergeben sich aus den Beziehungen zwischen den Spannungs- und Dehnungskomponenten bei mehrachsiger Belastung

$$\varepsilon_{x,el} = \frac{1}{E}\,[\sigma_x - \nu(\sigma_y + \sigma_z)] \tag{8.7a}$$

$$\varepsilon_{y,el} = \frac{1}{E}\,[\sigma_y - \nu(\sigma_x + \sigma_z)] \tag{8.7b}$$

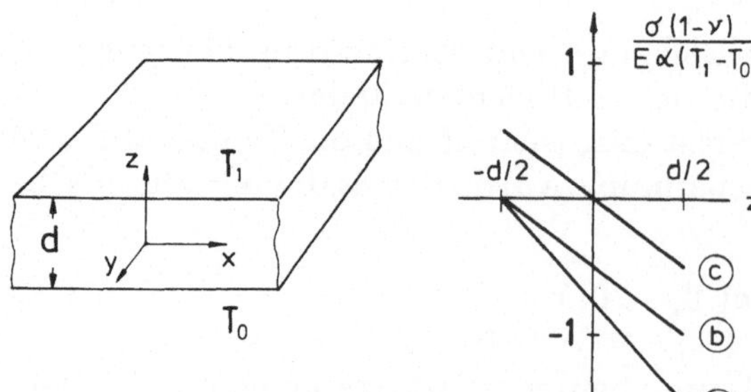

Abb. 8.1 Thermospannungen in Platte mit linearer Temperaturverteilung entsprechend den im Text angegebenen Randbedingungen a), b) und c). Für Kurve a) : $\nu = 0.2$

$$\varepsilon_{z,el} = \frac{1}{E} [\sigma_z - \nu (\sigma_x + \sigma_y)] \tag{8.7c}$$

Die Lösung dieses Gleichungssystems führt zu

$$\sigma_x = \sigma_y = \sigma_z = - \frac{E\,\alpha (T_1 - T_0)}{1 - 2\nu} \left(\frac{z}{d} + \frac{1}{2} \right) \tag{8.8}$$

Die maximale Spannung ergibt sich für $z = d/2$ zu

$$\sigma_{max} = - \frac{E\,\alpha}{1 - 2\nu} (T_1 - T_0) \tag{8.9}$$

b) Freie Ausdehnung in z-Richtung möglich.
Diese Randbedingung bedeutet, daß die Oberflächen keine Normalspannungen besitzen, d.h. es ist $\sigma_z = 0$. Diese Bedingung gilt auch im Innern der Platte. Aus Gl. (8.7) ergibt sich dann

$$\sigma_x = \sigma_y = - \frac{E\,\alpha (T_1 - T_0)}{1 - \nu} \left(\frac{z}{d} + \frac{1}{2} \right) \tag{8.10}$$

Die maximale Spannung ist in diesem Fall für $z = d/2$

$$\sigma_{max} = - \frac{E\,\alpha}{1 - \nu} (T_1 - T_0) \tag{8.11}$$

c) Freie Ausdehnung in x–, y– und z–Richtung, die Platte ist aber am Durchbiegen gehindert. Diese Bedingung bedeutet, daß das Integral der Spannungen σ_x und σ_y über z gleich Null ist. Die neutrale Faser muß sich dann in Plattenmitte befinden und es ergibt sich

$$\sigma_x = \sigma_y = - \frac{E\,\alpha}{1 - \nu} \frac{T_1 - T_0}{d} z \tag{8.12}$$

Die maximale Spannung ist

$$\sigma_{max} = - \frac{E\,\alpha}{1 - \nu} \frac{T_1 - T_0}{2} \tag{8.13}$$

d) Als letztes wird ein nichtstationärer Fall betrachtet. Wird die Platte mit der Temperatur T_0 auf einer Seite auf T_1 abgeschreckt und ist der Wärmeübergang vom Abschreckmedium auf die Platte perfekt, dann nimmt die Oberfläche sofort die Temperatur T_1 an, während die restliche Platte noch die Temperatur T_0 besitzt. Dieser Fall entspricht der Platte, die sich in z-Richtung aber nicht x- und y-Richtung ausdehnen kann und es ist direkt an der Oberfläche

$$\varepsilon_x = - \alpha (T_1 - T_0) = \frac{1}{E} [\sigma_x - \nu\sigma_y] \tag{8.14a}$$

$$\varepsilon_y = -\alpha(T_1 - T_0) = \frac{1}{E}[\sigma_y - \nu\sigma_x] \tag{8.14b}$$

und somit

$$\sigma_x = \sigma_y = -\frac{\alpha E (T_1 - T_0)}{1 - \nu} \tag{8.15}$$

Allgemein erfolgt die Berechnung der Spannungsverteilung bei vorgegebenen thermischen und geometrischen Randbedingungen aus der Aufteilung der Komponenten des Dehnungstensors in einen elastischen, einen thermischen und in einen inelastischen Anteil:

$$\varepsilon_{ij} = \varepsilon_{ij,\,el} + \varepsilon_{ij,\,th} + \varepsilon_{ij,\,in} \tag{8.16}$$

Der inelastische Anteil entspricht bei keramischen Werkstoffen bei hohen Temperaturen der Kriechdehnung. Bei metallischen Werkstoffen kann er auch die plastische Verformung bei Raumtemperatur bedeuten. Die elastischen Dehnungskomponenten hängen mit den Komponenten des Spannungstensors über die Beziehung

$$\varepsilon_{ij,\,el} = \frac{1+\nu}{E}\sigma_{ij} - \frac{\nu}{E}(\sigma_{11} + \sigma_{22} + \sigma_{33})\delta_{ij} \tag{8.17}$$

zusammen. Dabei ist $\delta_{ij} = 1$ für $i = j$ und $\delta_{ij} = 0$ für $i \neq j$.
Die thermischen Dehnungen sind ausgehend von einer Referenztemperatur T_0 gegeben durch

$$\varepsilon_{ij,\,th} = \alpha(T - T_0)\,\delta_{ij} \tag{8.18}$$

Ist T(x,y,z) bekannt, dann liefern die Gl. (8.16), (8.17) und (8.18) zusammen mit den geometrischen Randbedingungen die thermischen Spannungen. Bei nicht zu hohen Temperaturen ist $\varepsilon_{ij,\,in} = 0$. Treten Kriechverformungen auf, muß der Zusammenhang zwischen den Kriechdehnungen, den Spannungen und der Zeit mit berücksichtigt werden (s. Kapitel 9).

Die Temperaturverteilung ergibt sich aus den thermischen Randbedingungen und der Wärmeleitungsgleichung

$$\frac{\lambda}{\rho C_p}\Delta T + \frac{\dot{q}}{\rho C_p} = \frac{\partial T}{\partial t} \tag{8.19}$$

Dabei ist $\dot{q}$ die Wärmemenge, die pro Zeit- und Volumeneinheit im Material erzeugt wird. Diese kann auftreten, wenn ein keramischer Werkstoff mit elektromagnetischen Wellen (z.B. Mikrowellen) oder Neutronen durchstrahlt wird. Δ ist die Laplace-Operator. In kartesischen Koordinaten ist

$$\Delta T = \frac{\partial^2 T}{\partial x^2} + \frac{\partial^2 T}{\partial y^2} + \frac{\partial^2 T}{\partial z^2} \tag{8.20}$$

Folgende thermische Randbedingungen können auftreten:

a) Vorgegebene Oberflächentemperatur T(x,y,z, t)
b) Perfekte Isolation, d.h. kein Wärmefluß durch die Oberfläche. Dies bedeutet, daß an der Oberfläche der Temperaturgradient senkrecht zur Oberfläche verschwindet:

$$\frac{\partial T}{\partial n} = 0 \tag{8.21}$$

c) Vorgegebener Wärmefluß $\dot{Q}$ durch die Oberfläche, wobei $\dot{Q}$ die Wärmemenge ist, die pro Zeiteinheit durch die Flächeneinheit geht.
d) Linearer Wärmeübergang
Der Wärmefluß ist proportional zur Temperaturdifferenz zwischen Umgebungsmedium T_u und Oberflächentemperatur T_r:

$$\dot{Q} = h\,(T_u - T_r) \tag{8.22}$$

h ist die Wärmeübergangszahl. Zwischen dem Wärmefluß durch die Oberfläche und dem Temperaturgradienten an der Oberfläche besteht die Beziehung

$$\dot{Q} = -\lambda \frac{\partial T}{\partial n} \tag{8.23}$$

Somit ist

$$\frac{\partial T}{\partial n} = -\frac{h}{\lambda}(T_u - T_r) \tag{8.24}$$

h hat die Dimension Energie/(Zeit·Fläche·Temp.) oder $Wm^{-2}\,K^{-1}$. Der Wert von h ist abhängig vom Kühlmedium und der Geschwindigkeit des Mediums.
e) Strahlungskühlung
Der Wärmefluß von einem Körper mit der Oberflächentemperatur T_1 zu einem Körper mit der Oberflächentemperatur T_2 ist gegeben durch

$$\dot{Q} = \sigma\,\varepsilon(T_1^4 - T_2^4) \tag{8.25}$$

Dabei ist σ die Stefan-Boltzmann Konstante und ε die effektive Emissivität:

$$\varepsilon = \frac{1}{1/\varepsilon_1 + 1/\varepsilon_2 - 1} \tag{8.26}$$

Die Wärmeleitungsgleichung und die Randbedingungen, insbesondere bei linearem Wärmeübergang, können in dimensionslosen Größen angegeben werden, wobei charakteristische Bauteilabmessungen auftreten. Bei dem Beispiel der in Abb. 8.1 aufgezeichneten Platte ist es sinnvoll, z auf die Plattendicke d zu beziehen:

$$\zeta = \frac{z}{d} \tag{8.27}$$

Die Zeit wird durch den dimensionslosen Parameter

$$\tau = \frac{\lambda}{\rho C_p d^2} t \tag{8.28}$$

beschrieben.

Die Temperatur wird auf eine Referenztemperaturdifferenz bezogen, die sinnvollerweise die Differenz zwischen der Ausgangstemperatur des Bauteils T_0 und der Umgebungstemperatur T_u ist:

$$\theta = \frac{T}{T_0 - T_u} \tag{8.29}$$

Die Wärmeübergangszahl wird in die Biot-Zahl

$$B = \frac{h\,d}{\lambda} \tag{8.30}$$

übergeführt.

Die Wärmeleitungsgleichung lautet dann für den eindimensionalen Fall

$$\frac{\partial^2\theta}{\partial\zeta^2} + \frac{\dot{q}\,d^2}{\lambda(T_0 - T_u)} = \frac{\partial\theta}{\partial\tau} \tag{8.31}$$

und die Randbedingung

$$\left.\frac{\partial\theta}{\partial\zeta}\right|_{\zeta = \frac{1}{2}} = -B \tag{8.32}$$

Für einen runden Stab mit Radius R wird die Koordinate r auf R bezogen:

$$\xi = \frac{r}{R} \tag{8.33}$$

Es ist dann

$$\frac{\partial^2\theta}{\partial\xi^2} + \frac{1}{\rho}\frac{\partial\theta}{\partial\xi} + \frac{\dot{q}\,R^2}{\lambda(T_0 - T_u)} = \frac{\partial\theta}{\partial\tau} \tag{8.34}$$

$$\left.\frac{\partial\theta}{\partial\xi}\right|_{\xi = 1} = -B \tag{8.35}$$

mit

$$B = \frac{hR}{\lambda} \tag{8.36}$$

Die Thermospannungen werden ebenfalls normiert:

$$\sigma^* = \frac{\sigma(1-\nu)}{\alpha E(T_0 - T_u)} \tag{8.37}$$

Bei vorgegebener Geometrie des Bauteils ergibt sich für $\dot{q} = 0$, d. h. keine Volumenheizung, eine eindeutige Abhängigkeit Θ (τ, B, ζ bzw. ξ) und σ^* (τ, B, ζ bzw. ξ) unabhängig von den Absolutwerten der Bauteilgröße, der Temperaturdifferenz, der Wärmeübergangszahl und den physikalischen Größen.

In Abb. 8.2 – 8.4 sind als ein Beispiel Temperatur- und Spannungsverteilungen für einen Stab mit kreisförmigem Querschnitt aufgezeichnet. Der Temperaturverlauf an der Oberfläche hängt stark von der Wärmeübergangszahl bzw. der Biot-Zahl ab. Die Spannungen steigen mit der Zeit zunächst an und fallen nach Erreichen eines Maximums wieder ab. Die Höhe des Maximums und der Zeitpunkt des Auftretens des Maximums hängen von der Biot-Zahl ab.

Wie Abb. 8.5 zeigt, ist der Zusammenhang zwischen der maximalen Spannung σ_{max} und der Biot-Zahl bei kleinen B-Werten annähernd linear und bei gößeren nichtlinear.

Die Berechnungen, die zu den Abb. 8.2 - 8.5 führten, wurden mit konstanten Werten der physikalischen Größen C_p, λ, E, ν , α, ρ vorgenommen. Bei großen Temperaturdifferenzen muß die Temperaturabhängigkeit dieser Größen mit berücksichtigt werden.

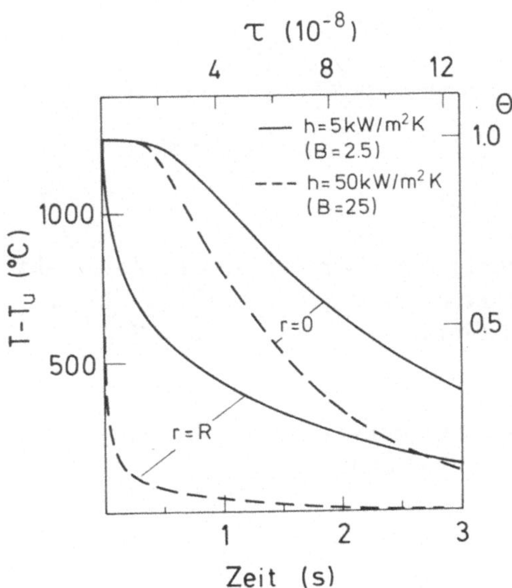

Abb. 8.2 Temperaturverlauf in zylindrischem Stab für zwei verschiedene Wärmeübergangszahlen ($R = 4$ mm, $\lambda = 8$ W/mK, $\rho = 2.5$g/cm^3, $C_p = 1.2 \cdot 10^3$J/kgK)

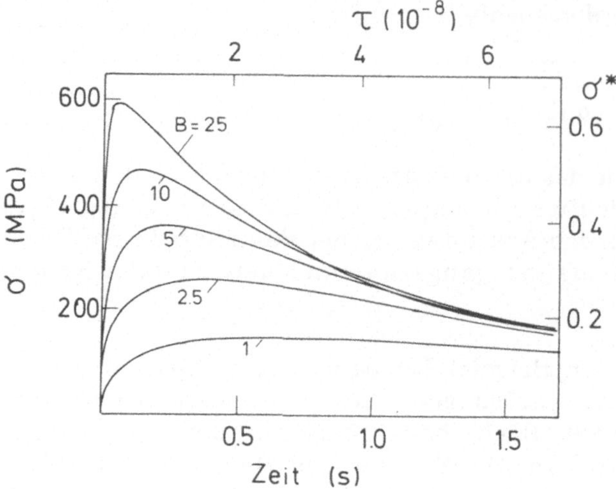

Abb. 8.3 Spannungen in der Oberfläche eines zylindrischen Stabes für unterschiedliche Abkühlbedingungen.

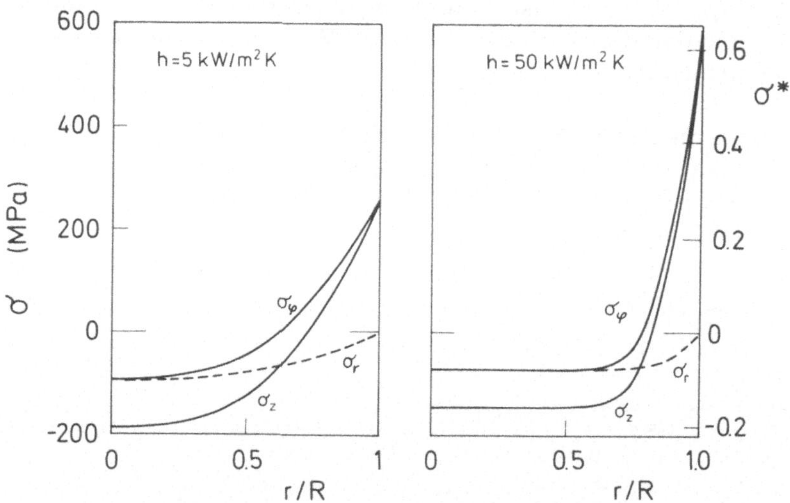

Abb. 8.4 Spannungsverteilung in einem zylindrischen Stab zum Zeitpunkt des Auftretens maximaler Oberflächenspannungen für einen Thermoschock mit unterschiedlichen Abkühlbedingungen (T_0-T_u = 1250 °C).

Eine spezielle Randbedingung ist die einer konstanten Aufheizrate. Dies bedeutet, daß für die Temperatur an der Oberfläche

$$\frac{dT}{dt} = \text{const.}$$

ist.

Für die sich einstellenden maximalen Spannungen gilt

$$\sigma_{max} = - C \frac{\alpha E}{1 - \nu} \frac{\rho C_p}{\lambda} \frac{dT}{dt} \tag{8.38}$$

C ist abhängig von der Geometrie.

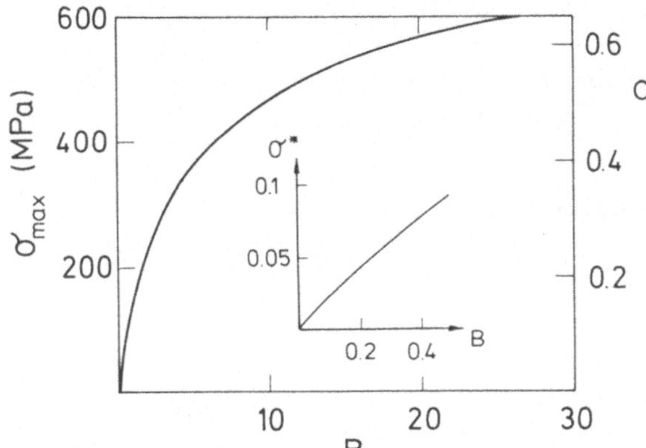

Abb. 8.5 Größte Spannung während des Thermoschocks im zylindrischen Stab in Abhängigkeit von der Biot-Zahl.

8.2 Messungen der Thermoschockempfindlichkeit

Die experimentelle Ermittlung der Thermoschockempfindlichkeit erfolgt nach einer von Hasselmann vorgeschlagenen Methode. Proben - im einfachsten Fall Biegestäbchen - werden von einer Temperatur T_0 auf eine Temperatur T_u abgeschreckt. Nach dem Abschrecken wird die Festigkeit der Proben gemessen. Die Festigkeit in Abhängigkeit von der Temperaturdifferenz $\Delta T = T_0 - T_u$ gibt den in Abb. 8.6 aufgezeichneten Verlauf. Bis zur Temperaturdifferenz ΔT_c ändert sich die Festigkeit nicht. Dann fällt die Festigkeit innerhalb eines engen Bereiches von ΔT stark ab. Bis zu $\Delta T = \Delta T_c'$ bleibt diese reduzierte Festigkeit konstant und fällt dann bei größeren Temperaturdifferenzen weiter ab.

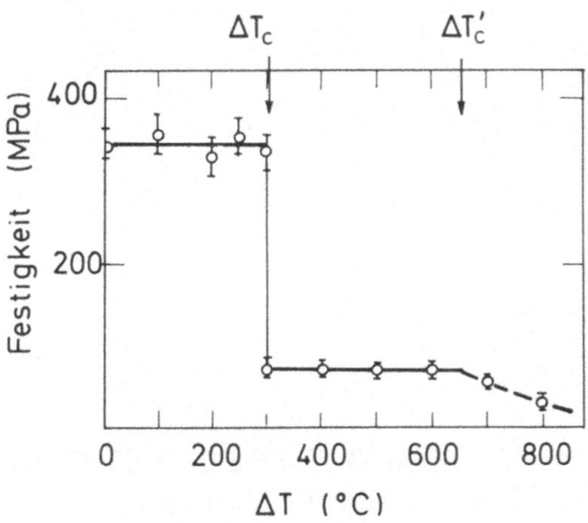

Abb. 8.6 Festigkeit von thermogeschockten Biegeproben aus Al_2O_3 nach Hasselman [8.4].

8.3 Thermoschock aus bruchmechanischer Sicht

Die bruchmechanische Betrachtung des Thermoschockverhaltens geht von der Existenz von Rissen der Länge a_i aus, die sich ausbreiten, wenn die Thermospannung zu einem Spannungsintensitätsfaktor führt, der größer als die Rißzähigkeit K_{Ic} ist. Es wird zunächst ein einzelner Riß betrachtet. Zu einem bestimmten Zeitpunkt t nach Einsetzen des Thermoschocks liegt eine Spannungsverteilung im Bauteil vor, die vom Rand her abnimmt und im Inneren in den Druckbereich übergeht (siehe Abb. 8.4). Aus der Verteilung der Spannung ergibt sich der Spannungsintensitätsfaktor K_I nach Gl. (3.2).

Ein normierter Spannungsintensitätsfaktor ist

$$K_I^* = \frac{K_I(1-\nu)}{E\,\alpha\,(T_0-T_u)\sqrt{d}} \tag{8.39}$$

wobei d eine charakteristische Bauteilgröße ist. Die Normierung mit $1/\sqrt{d}$ folgt aus der Theorie der Gewichtsfunktionen für die Berechnung von K_I.

In Abb. 8.7 sind Verläufe von K_I in Abhängigkeit der normierten Rißlänge für verschiedene Zeiten t aufgezeichnet. Die Berechnungen erfolgten für eine Platte mit Außenriß. Der prinzipielle Verlauf gilt aber auch für andere Bauteil- und Rißkonfigurationen. Zu jedem Zeitpunkt t durchläuft K_I ein Maximum. Alle Kurven besitzen eine Einhüllende. Abb. 8.7 enthällt auch einen Maßstab in Einheiten des normierten Spannungsintensitätsfaktors K_I^*.

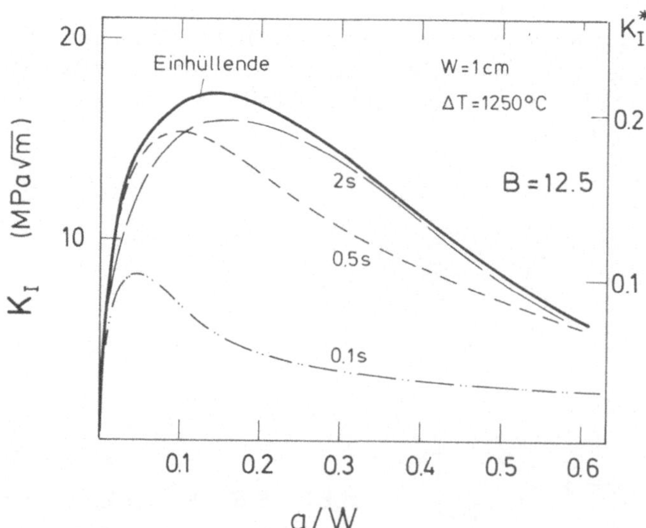

Abb. 8.7 Spannungsintensitätsfaktor für einen Außenriß in einer Platte für verschiedene Zeiten und Einhüllende aller Kurven.

In Abb. 8.8 ist die Einhüllende für zwei verschiedene Temperaturdifferenzen $\Delta T = T_0 - T_u$ aufgetragen, wobei zu beachten ist, daß $K_I \sim \Delta T$ ist. Gleichzeitig ist ein Wert der Rißzähigkeit von $K_{Ic} = 6 \text{ MPa}\sqrt{m}$ eingetragen.

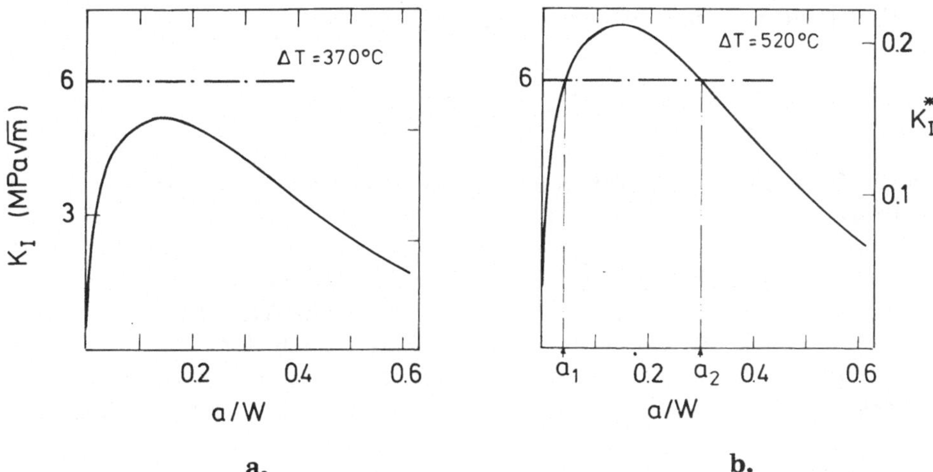

Abb. 8.8 Einhüllende des Spannungsintensitätsfaktors für zwei Temperaturdifferenzen.

In Abb. 8.8a ist der maximale Wert von K_I kleiner als K_{Ic}, d. h. kein Riß ist wachstumsfähig. Ab einer kritischen Temperaturdifferenz ΔT_0 gibt es Risse für die $K_I > K_{Ic}$ erfüllt ist (Abb. 8.8b). Es sind dies Risse, deren Länge zwischen a_1 und a_2 liegt. Diese Risse werden sich alle bis zur Länge a_2 verlängern. Dabei bleibt die Überschußenergie unberücksichtigt, die während der Rißausbreitung vorliegt, wenn $K_I > K_{Ic}$ ist. Die Berücksichtigung dieser Energie kann zu einer etwas größeren Rißlänge als a_2 führen. Risse, die kleiner als a_1 oder größer als a_2 sind, verändern ihre Länge nicht.

In Abb. 8.9 ist die Einhüllende nochmals aufgezeichnet, wobei jetzt die Darstellung mit dem normierten Spannungsintensitätsfaktor K_I^* gewählt wurde. Verschiedene Temperaturdifferenzen ΔT entsprechen in dieser Darstellung verschiedenen K_{Ic}^*-Werten, wegen

$$K_{Ic}^* \sim \frac{K_{Ic}}{\Delta T}$$

Liegt ein Riß der Länge a_i vor, dann ergibt sich dafür eine bestimmte Mindesttemperaturdifferenz ΔT_c, die notwendig ist, um diesen Riß zu verlängern. Liegt diese Temperaturdifferenz vor, dann kommt der Riß bei einer Länge a_{a1} zum Stoppen. Wird eine größere Temperaturdifferenz $\Delta T > \Delta T_c$ aufgebracht, dann verlängert sich der Riß bis zu einer Länge $a_{a2} > a_{a1}$.

Die Festigkeit des Werkstoffs mit der Rißlänge a_i vor der Thermoschockbelastung ist

$$\sigma_c = \frac{K_{Ic}}{\sqrt{a_i}\,Y} \tag{8.40}$$

Die Festigkeit nach dem Thermoschock ist

$$\sigma_{cn} = \frac{K_{Ic}}{\sqrt{a_a}\,Y} \tag{8.41}$$

Aus der Betrachtung der Abb. 8.9 folgt für einen bestimmten Werkstoff mit der Rißzähigkeit K_{Ic}

- Je kleiner die Rißlänge a_i ist, d.h. je größer die Festigkeit σ_c ist, umso größer ist die erforderliche Temperaturdifferenz ΔT_c, die zu einer Abnahme der Festigkeit führt. Die Festigkeit nach dem Thermoschock nimmt mit abnehmender Anfangsrißlänge und damit zunehmender Festigkeit ab, da die Rißstopplänge zunimmt. Dies ist in Abb. 8.10 gezeigt.

- Für $\Delta T > \Delta T_c$ wird eine weitere Abnahme der Festigkeit nach der Thermoschockbeanspruchung vorausgesagt (siehe Abb. 8.10).

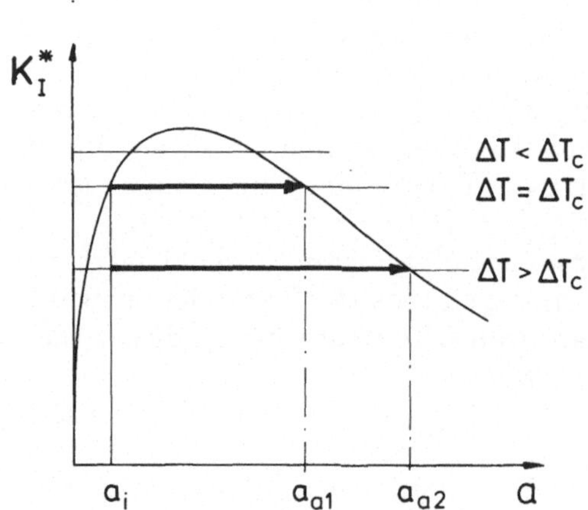

Abb. 8.9 Einhüllende des normierten Spannungsintensitätsfaktors und Verhalten eines Anfangsrisses a_i für verschiedene Temperaturdifferenzen.

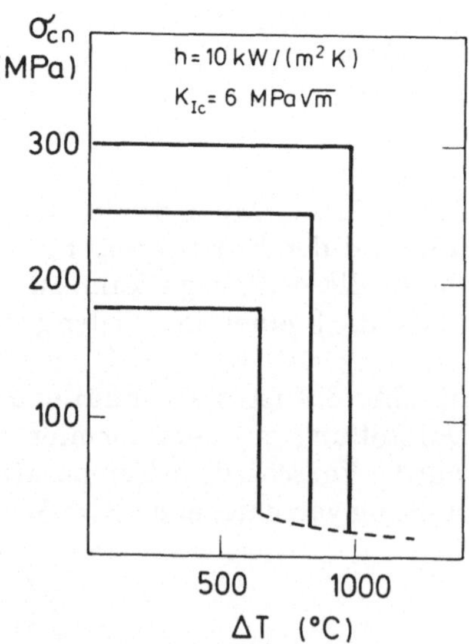

Abb. 8.10 Festigkeit nach Thermoschock für einen Werkstoff mit unterschiedlicher Anfangsrißgröße bzw. Anfangsfestigkeit.

Die erste Schlußfolgerung ist mit der experimentellen Beobachtung in Übereinstimmung. Die zweite Schlußfolgerung ist in Widerspruch zum experimentellen Befund eines Bereichs konstanter Festigkeit nach Überschreiten von ΔT_c. Diese Diskrepanz hängt mit dem gleichzeitigen Wachsen von mehreren Rissen zusammen, die zu einer Wechselwirkung der einzelnen Risse und zu einer insgesamt kürzeren Rißlänge als bei einem Einzelriß führt. Die Behandlung des gleichzeitigen Wachstums von mehreren Rissen wurde in den Pionierarbeiten zum Thermoschock unter sehr vereinfachten Annahmen von Hasselman [8.2, 8.3, 8.4] vorgenommen. Eine detaillierte Analyse auf bruchmechanischer Grundlage wurde von Pompe et al. [8.6] sowie Bahr und Weiss [8.7] basierend auf Arbeiten von Evans und Charles [8.5] durchgeführt.

8.4 Parameter der Thermoschockempfindlichkeit

Wie in Kapitel 8.1 gezeigt wurde, hängen die Thermospannungen von einer Reihe von physikalischen Größen ab. Versagen tritt ein, wenn die Thermospannungen die kritische Spannung σ_c erreichen oder aus bruchmechanischer Sicht, wenn K_I die Rißzähigkeit K_{Ic} erreicht. Die Thermoschockempfindlichkeit eines Werkstoffs hängt daher von den physikalischen Größen und von σ_c bzw. K_{Ic} ab. Abhängig von den Randbedingungen wurden verschiedene Parameter zur Charakterisierung der Thermoschockempfindlichkeit definiert.

Bei unendlich großem Wärmeübergang erreicht die Oberfläche sofort die Temperatur des Umgebungsmediums. Die Thermospannung ist dann nach Gl. (8.15) gegeben. Die kritische Temperaturdifferenz, ab der Versagen zu erwarten ist, wird mit R_s bezeichnet:

$$R_s = \frac{\sigma_c (1 - \nu)}{\alpha E} \tag{8.42}$$

Je kleiner R_s ist, umso größer ist somit die Thermoschockempfindlichkeit. Erfolgt die Abschreckung bei konstanter Wärmeübergangszahl, dann ist die normierte maximale Spannung eine Funktion der Biot-Zahl (s. Abb. 8.5) und damit nach Gl. (8.37)

$$\sigma_{max} = \frac{E \alpha (T_0 - T_u)}{1 - \nu} f(B) \tag{8.43}$$

Die Funktion f(B) hängt von der Geometrie des abgeschreckten Körpers ab. Bei kleinen Biot-Zahlen ist, wie Abb. 8.5 gezeigt hat, der Zusammenhang linear und somit

$$\sigma_{max} = C \frac{E \alpha (T_0 - T_u) B}{1 - \nu} \tag{8.44}$$

oder

$$\sigma_{max} = C \frac{E\alpha (T_0 - T_u) hd}{(1 - \nu)\lambda} \tag{8.45}$$

dabei ist C eine Konstante und d eine charakteristische Bauteilabmessung. Die Thermoschockempfindlichkeit wird dann durch den Werkstoffparameter

$$R_s' = \frac{\lambda \sigma_c (1 - \nu)}{\alpha E} = \lambda R_s \tag{8.46}$$

charakterisiert. Die maximal ertragbare Temperaturdifferenz ist

$$\Delta T_c = A \frac{R_s'}{h} \tag{8.47}$$

wobei A von der Bauteilgeometrie abhängt.

Bei vorgegebener konstanter Aufheizrate an der Oberfläche ergeben sich die Thermospannungen nach Gl. (8.38). Die Empfindlichkeit gegen Versagen wird in diesem Fall durch den Werkstoffparameter

$$R_s'' = \frac{(1 - \nu)\sigma_c \lambda}{\alpha E \rho C_\rho} = \frac{R_s'}{\rho C_\rho} = \frac{R_s \lambda}{\rho C_\rho} \tag{8.48}$$

wiedergegeben.

In Tabelle 8.1 sind für einige Werkstoffe die physikalischen Größen und die Thermoschockkennwerte R_s, R_s' und R_s'' angegeben. Die aufgeführten Werte sind lediglich als grobe Anhaltspunkte für das Thermoschockverhalten der einzelnen Werkstoffe anzusehen, da die einzelnen physikalischen und mechanischen Daten stark schwanken können. Es zeigt sich aber deutlich die relativ gute Thermoschockbeständigkeit von Siliciumnitrid und Siliciumcarbid.

Die Parameter R_s, R_s' , R_s'' charakterisieren jeweils das Einsetzen der Rißverlängerung, d.h. das Auftreten einer Schädigung durch die Thermoschockbelastung. Es gibt aber Fälle, bei denen ein Rißwachstum selbst nicht unbedingt schädlich ist, sofern die anschließende Festigkeit nicht zu stark abfällt oder sofern es durch das Rißwachstum nicht zum Ausbrechen von Teilen kommt. Dies gilt zum Beispiel für Isolierwerkstoffe, die keine großen Kräfte übertragen müssen. Entscheidend für die Werkstoffauswahl ist in solchen Fällen eine möglichst geringe Rißverlängerung beim Thermoschock. Nach Abschnitt 8.3 ist die Rißverlängerung umso geringer je größer der Anfangsriß ist. Außerdem ist die Festigkeit nach dem Thermoschock umso größer je größer der Anfangsriß ist. Dies bedeutet, daß für diese Fälle ein Werkstoff mit möglichst großer Anfangsrißlänge a_i günstige Thermoschockeigenschaften besitzt. Aus Gl. (8.40) ergibt sich

$$a_i = \left(\frac{K_{Ic}}{\sigma_c Y} \right)^2 \tag{8.49}$$

Dies führt zu dem Thermoschockempfindlichkeitsparameter

$$R_s'''' = \frac{K_{Ic}^2}{\sigma_c^2} \tag{8.50}$$

Dieser Parameter wurden von Hasselman erstmals eingeführt (ein R_s''' wird hier nicht behandelt). Werte für R_s'''' sind ebenfalls in Tabelle 8.1 enthalten.

Tabelle 8.1.
Thermoschockparameter einiger Werkstoffe

	Al_2O_3	MgO	ZrO_2	SiC	Si_3N_4: HPSN	Si_3N_4: RBSN	BeO	Al_2TiO_5
α [10^{-6}/K]	8	12	11	4	3.2	2.5	8.0	1.8
E [GPa]	400	270	200	350	300	180	360	30
ν	0.22	0.17	0.25	0.20	0.28	0.23	0.25	0.2
λ [Wm^{-1} K^{-1}]	30	30	2.5	100	35	10	300	2.5
ρ [g/cm^{-3}]	3.9	3.5	6.0	3.2	3.3	2.4	3.0	3.6
C [Jg^{-1} K^{-1}]	1.0	1.0	0.5	1.0	0.7	0.7	1.3	0.7
σ_c [MPa]	300	180	950	360	660	200	180	65
K_{Ic} [MPa $\sqrt{m}$]	4.5	3.0	10.0	4.0	7.0	2.0	4.8	
R_s [K]	73	46	324	206	495	342	47	962
R_s' [KW/m]	2.19	1.38	0.81	20.6	17.3	3.42	14.1	2.41
R_s'' [$Wcm^2g^{-1}K$]	5.6	3.9	2.7	66	75	20	36	9.6
R_s'''' [mm]	0.23	0.28	0.11	0.12	0.11	0.10	0.71	

8.5 Thermoermüdung

Wie in Kapitel 8.3 gezeigt wurde, kann es bei einem einmaligen starken Thermoschock zu einer relativ großen Rißausbreitung kommen, die zu einem vollständigen Versagen oder zu einer großen Verminderung der Festigkeit führt. Bei kleineren, aber wiederholt auftretenden Thermoschocks kann unterkritisches Rißwachstum auftreten. Die Rißverlängerung pro Thermoschock kann dabei relativ klein sein, aber durch die Aufsummierung vieler Thermoschockzyklen entsteht ein allmählicher Abfall der Festigkeit.

Als Beispiel sind in Abb. 8.11 Ergebnisse von heißgepreßtem Siliziumnitrid aufgezeichnet. Proben wurden in einem Luft – Wasser – Gemisch abgeschreckt. Es wurde ein kontinuierlicher Abfall der Festigkeit festgestellt.

Die Schädigung bei der Thermoermüdung kann relativ kompliziert sein. Neben der unterkritischen Rißausbreitung können Oxidationsprozesse, Rißausheilung und Rißabstumpfung durch Kriechvorgänge auftreten. Eine rechnerische Bewertung des Thermoermüdungsverhaltens ist schwierig, da häufig eine Überlagerung dieser Vorgänge auftritt. Eine bruchmechanische Analyse ist möglich, wenn das unterkritische Rißwachstum die dominierende Ursache ist.

Die bruchmechanische Analyse der Thermoermüdung erfolgt in den ersten Schritten in gleicher Weise wie bei der Thermoschockanalyse (s. Abb. 8.12).

Es muß zunächst die Temperaturverteilung in der Probe bzw. im Bauteil in Abhängigkeit von der Zeit berechnet werden. Dazu müssen die physikalischen Größen (Wärmeleitfähigkeit, Dichte, spezifische Wärme) und die thermischen Randbedingungen bekannt sein. Aus den Temperaturver-

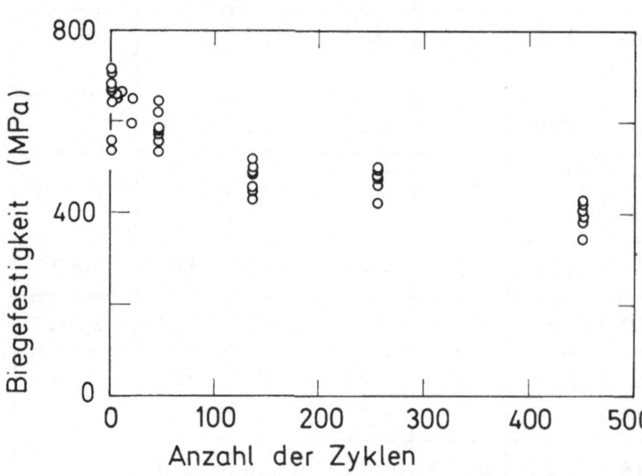

Abb. 8.11 Festigkeitsabfall von heißgepreßtem (Y_2O_3–dotiertem) Siliciumnitrid im Thermoermüdungsexperiment [8.8]

teilungen ergibt sich mit dem Wärmeausdehnungskoeffizienten und den elastischen Konstanten die Spannungsverteilung.

Die Berechnung der Spannungsintensitätsfaktoren erfolgt nach Gl. (3.2)

$$K_I = \sigma \sqrt{a}\, Y \tag{8.51}$$

Die Spannung σ ist dabei ein charakteristischer Wert der Spannungsverteilung (z.B. die Spannung an der Oberfläche). Die Größe Y hängt von der Spannungsverteilung am Ort des Risses ab. Am besten lassen sich die Ausgangsrisse als halbelliptische Oberflächenrisse mit den Halbachsen a und c beschreiben (Abb.8.13). Für die Rißausbreitung von Bedeutung sind die Spannungsintensitätsfaktoren K_{IA} (t) und K_{IB} (t) an den Punkten A und B.

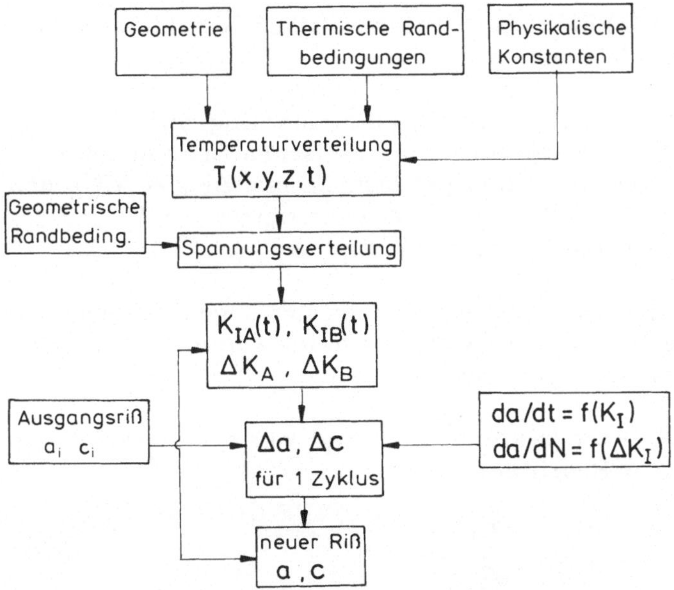

Abb. 8.12 Schema einer Thermoermüdungsrechnung

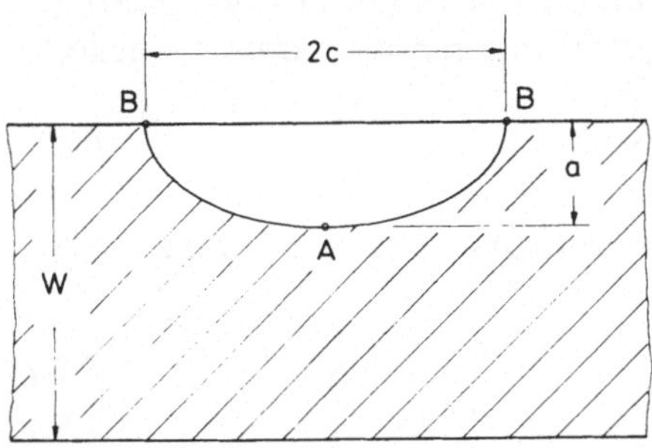

Abb. 8.13 Halbelliptischer Oberflächenriß

Die weitere Analyse kann in zwei Schritten erfolgen. Kann das Rißwachstum bei der Thermoermüdung durch die Gesetzmäßigkeiten des unterkritischen Rißwachstums entsprechend Gl. (3.38)

$$v = A K_I^n \tag{8.52}$$

beschrieben werden, dann sind die Rißverlängerungen gegeben durch

$$\Delta a = \int A K_{IA}^n dt \tag{8.53}$$

$$\Delta c = \int A K_{IB}^n dt \tag{8.54}$$

Dabei werden in Gl. (8.51) die zeitlich veränderlichen K-Faktoren eingesetzt. Die Integration erfolgt über eine Zyklus.

Wird das Rißwachstum durch einen Zusammenhang zwischen der Rißverlängerung pro Lastwechsel und dem zyklischen Spannungsintensitätsfaktor ΔK_I beschrieben, dann ergibt sich Δa und Δc aus ΔK_{IA} und ΔK_{IB} wobei ΔK_I gleich der Differenz des Maximalwertes von K_I und des Minimalwertes (im allgemeinen gleich Null) ist.

Aus den berechneten Rißverlängerungen ergeben sich neue Rißlängen und neue K_I bzw. ΔK_I-Werte. Auf diese Weise kann die kontinuierliche Entwicklung eines Risses berechnet werden.

Die Restfestigkeit nach einer bestimmten Anzahl von Zyklen ergibt sich aus dem sich einstellenden Endriß a_f zu

$$\sigma_{cn} = \frac{K_{Ic}}{\sqrt{a_f}\, Y} \tag{8.55}$$

Die Berechnung von K_A (t) und K_B (t) kann nach folgenden Beziehungen erfolgen. Bei thermischen Problemen können die Spannungsverteilungen gut durch eine Summe von Exponentialverteilungen approximiert werden.:

$$\sigma(x) = \sum A_n \exp(-\beta_n x) \tag{8.56}$$

Für diese Spannungen ergeben sich die Korrekturfunktionen $Y_{A,B}$ zu

$$\ln\left(\frac{Y_{A,B}}{\sqrt{\pi}}\right) = \sum_{\mu,\nu=0}^{N} D_{\mu\nu} (\beta a)^{\nu} \left(\frac{a}{c}\right)^{\mu} \tag{8.57}$$

Die Koeffizienten $D_{\mu\nu}$ sind in Tabelle 8.2 wiedergegeben.

Die angegebene Berechnungsmethode zur Erfassung des Thermoermüdungsvorgangs kann nur dann erfolgreich angewandt werden, wenn die Schädigung allein durch unterkritisches Rißwachstum hervorgerufen wird. Wie bereits erwähnt spielen aber häufig zusätzlich noch Oxidationseffekte eine Rolle.

Tabelle 8.2
Koeffizienten zur Korrekturfunktion Gl. (8.57)

$D_{\nu\mu}$ für Punkt "A"

$\mu =$	0	1	2	3
$\nu = 0$	0.05641	-0.26959	-0.50256	0.27921
1	-0.52476	-0.12548	0.04782	-0.02489
2	0.05148	-0.03346	0.04872	-0.02596
3	-0.00663	0.02824	-0.04496	0.02383

$D_{\nu\mu}$ für Punkt "B"

$\mu =$	0	1	2	3
$\nu = 0$	-0.30678	0.14558	-0.21008	0.02551
1	-0.34928	-0.05316	0.08264	-0.04278
2	0.03096	-0.00051	-0.00582	0.00587
3	-0.00416	0.00938	-0.01402	0.00680

Literatur zu Kapitel 8

[8.1] W.D. Kingery, Factors of affecting thermal shock resistance of ceramic materials, Journal of the American Ceramic Society 38, 1955, 3 – 15.

[8.2] D.P.H. Hasselman, Elastic energy at fracture and surface energy as design criteria for thermal shock, Journal of the American Ceramic Society 46, 1963, 535 – 540.

[8.3] D.P.H. Hasselman, Unified theory of thermal shock fracture initiation and crack propagation in brittle ceramics, Journal of the American Ceramic Society 52, 1969, 600 – 604.

[8.4] D.P. H. Hasselman, Rolle der Bruchzähigkeit bei der Temperaturwechselbeständigkeit feuerfester Erzeugnisse, Berichte der Deutschen Keramischen Gesellschaft 54, 1977, 195 - 201.

[8.5] A.G. Evans, E.A. Charles, Structural integrity in severe thermal environments, Journal of the American Ceramic Society 60, 1977, 22 - 28.

[8.6] W. Pompe, H.A. Bahr, G. Hille, W. Kreher, B. Schultrich, H.J. Weiss, Mechanical properties of brittle materials - modern theories and experimental evidence, Current Topics in Material Science, Vol. 12, 1985, 205 - 483.

[8.7] H.A. Bahr, H.J. Weiss, Heuristic approach to thermal shock damage due to single and multiple crack growth, Theoretical and Applied Fracture Mechanics 6, 1986, 57 - 62.

[8.8] K. Keller, Theoretische und experimentelle Untersuchungen zum Thermoermüdungsverhalten keramischer Werkstoffe, Dissertation, Universität Karlsruhe 1989.

9. Hochtemperaturverhalten

9.1 Kriechverformung

Unter Kriechen versteht man die zeitabhängige Längenänderung eines unter mechanischer Spannung stehenden Bauteils bzw. die Dehnungsänderung eines Volumenelements des betrachteten Materials. Wird ein Stab mit einer Zugspannung σ bei einer genügend hohen Temperatur belastet, dann wird häufig ein zeitlicher Verlauf der Dehnung beobachtet, wie er in Abb. 9.1 dargestellt ist.
Nach einer im Moment der Belastung auftretenden elastischen Dehnung

$$\varepsilon_0 = \varepsilon_{el} = \sigma / E \tag{9.1}$$

nimmt im Bereich I die Kriechgeschwindigkeit $\dot{\varepsilon}_c = d\varepsilon_c/dt$ – ausgehend von einem hohen Wert – monoton ab. Die Kriechgeschwindigkeit erreicht im Bereich II einen konstanten Wert. Kurz vor dem Bruch der Probe wird oft ein beschleunigtes Kriechen registriert (Bereich III). Dieser Bereich wird jedoch nicht in allen Fällen beobachtet und selbst der Bereich II kann in bestimmten Temperatur- und Spannungsbereichen entfallen.
Der Bereich I wird als primärer Kriechbereich, der Bereich II als sekundärer Kriechbereich, der Bereich III als tertiärer Kriechbereich bezeichnet. Entsprechend spricht man von primärem, sekundärem oder auch stationärem und tertiärem Kriechen.

In Abb. 9.1 ist neben dem zeitlichen Verlauf der Kriechdehnung die Kriechgeschwindigkeit als Funktion der Zeit und als Funktion der akkumulierten Kriechdehnung dargestellt.

In Abb. 9.2 ist die Kriechdehnung ε_c in die drei Komponenten
- die primäre Kriechdehnung ε_p
- die sekundäre Kriechdehnung ε_s
- und die tertiäre Kriechdehnung ε_t

aufgeteilt. Hierbei ist es üblich, die sekundäre Komponente direkt mit der Lastaufbringung einsetzen zu lassen, da dies zur rechnerischen Vereinfachung führt. Das tertiäre Kriechen hat nur eine untergeordnete Bedeutung für die konstruktive Auslegung, nicht zuletzt weil das Einsetzen tertiären Kriechens den baldigen Bruch der Struktur zur Folge hat. In den weiteren Betrachtungen soll dieser Kriechanteil nicht berücksichtigt und die Kriechdehnung durch

$$\varepsilon_c = \varepsilon_p + \varepsilon_s \tag{9.2}$$

beschrieben werden.

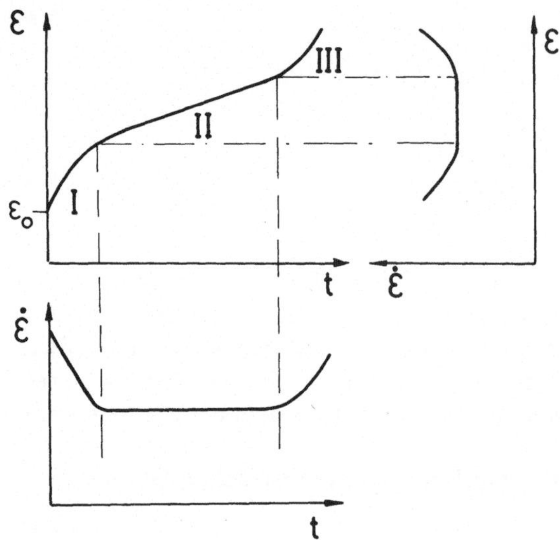

Abb. 9.1 Prinzipieller Verlauf einer Kriechkurve

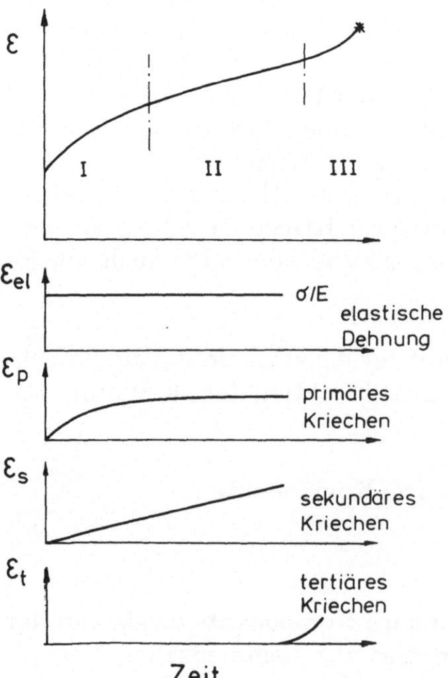

Abb. 9.2 Aufteilung der Kriechdehnung in verschiedene Bereiche

9.1.1 Kriechgesetzmäßigkeiten im Zugversuch

Während bei Metallen umfangreiche Literatur zum Kriechen im Zugversuch vorliegt, sind entsprechende Daten über das Kriechen bei keramischen Werkstoffen nur selten zu finden [9.1-9.3]. Gründe dafür sind u. a. die hohen Anforderungen an die Einspanngestänge zur Krafteinleitung in den Probestab. Wegen der hohen Prüftemperaturen können diese nicht mehr aus Metall gefertigt werden. Außerdem werden die Ergebnisse der spröden Keramikproben stark durch Querkräfte und nur schwer vermeidbare überlagerte Biegebeanspruchungen beeinflußt. Wie in Kapitel 9.1.4 gezeigt wird, lassen sich die Kriechgesetze des Zugversuchs auch aus den einfacher durchzuführenden Biegeversuchen herleiten.

a) Zeitgesetze des Primärkriechens
Mehrere Zeitgesetze wurden für die Beschreibung des Primärkriechens vorgeschlagen:

1) Das Potenzkriechgesetz gibt einen mathematisch sehr einfachen Zusammenhang

$$\varepsilon_p = A\ t^m \tag{9.3}$$

und führt für kleine Zeiten zu einem extrem steilen Anstieg der Dehnung. Im Spezialfall $m = 1/3$ resultiert das bekannte Gesetz von Andrade [9.4]. Mit der Gesetzmäßigkeit (9.3) konnten Arons und Tien [9.2] Ergebnisse an heißgepreßtem Siliciumnitrid mit $0.26 \le m \le 0.50$ gut beschreiben, wie die in Abb. 9.3 dargestellten Kurven zeigen. Messungen von Kossowsky [9.1] ebenfalls an einem heißgepreßten Siliciumnitrid ergaben aber, daß Gl. (9.3) nicht universell anwendbar ist. Wie aus Abb. 9.4 hervorgeht, wächst die primäre Kriechdehnung bei kurzen Zeiten zeitproportional an, während das nach Gl. (9.3) nicht zu erwarten ist.

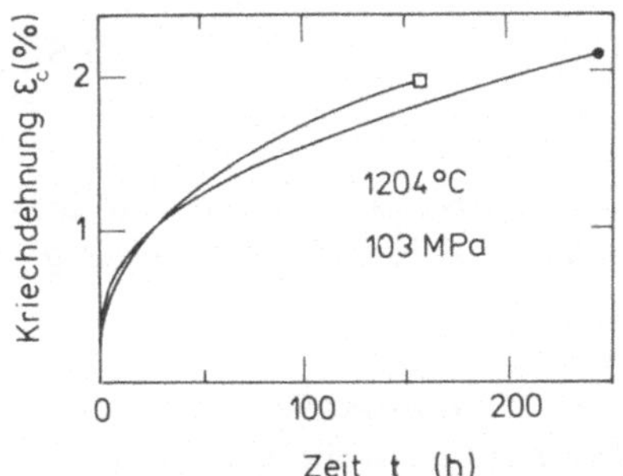

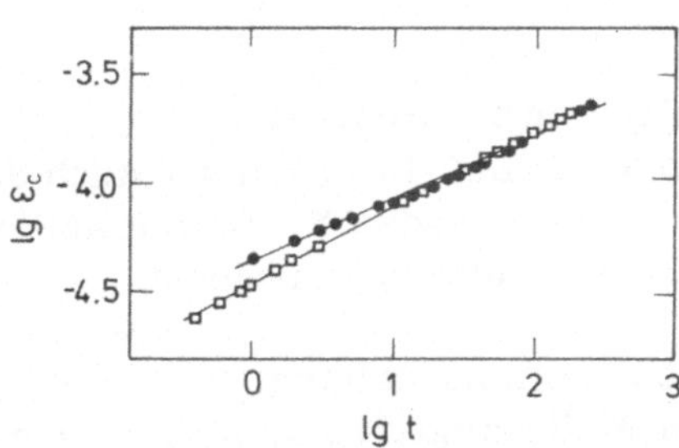

Abb. 9.3 Kriechkurven von zwei Proben aus heißgepreßtem Siliciumnitrid [9.2]

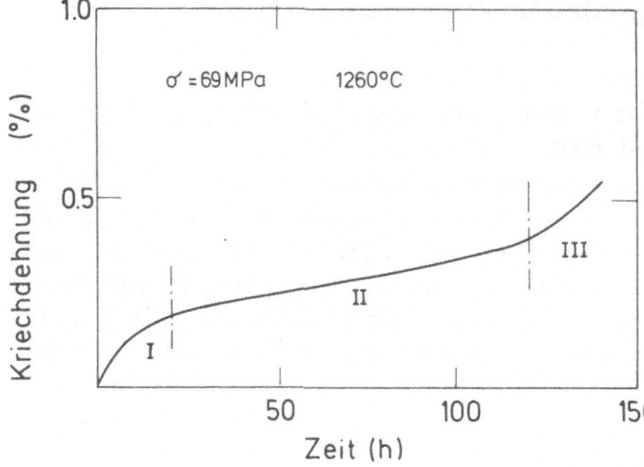

Abb. 9.4 Kriechkurve von heißgepreßtem Siliciumnitrid [9.1]

2) Das logarithmische Kriechgesetz lautet

$$\varepsilon_p = A \ln(1 + t/t_0) \tag{9.4}$$

3) Ein exponentieller Ansatz der Form

$$\varepsilon_p = A\,(1 - e^{-mt}) \tag{9.5}$$

geht auf McVetty [9.5] zurück. Er beschreibt gut den linearen Anstieg sowie das im Sekundärbereich verschwindende Primärkriechen, wie es im Falle von Abb. 9.4 auftritt.

Die mathematische Formulierung des zeitlichen Kriechverlaufs muß demnach dem jeweiligen experimentellen Befund angepaßt werden.

b) Zeitgesetz des sekundären Kriechens
Wegen des linearen Verlaufs der Kriechkurven im sekundären Kriechbereich resultiert hier eine einfache Zeitabhängigkeit:

$$\varepsilon_s = A\,t \tag{9.6}$$

c) Spannungsabhängigkeit
Sowohl das Primärkriechen wie auch das sekundäre Kriechen sind von der Höhe der anliegenden Spannung abhängig, wobei die Kriechgeschwindigkeit mit der Spannung anwächst.

Für die Spannungsabhängigkeiten der Kriechgeschwindigkeiten sind mehrere Formulierungen in Gebrauch. Dabei werden bei Keramiken im Prinzip die gleichen Gesetzmäßigkeiten wie bei Metallen verwendet. Zunächst wird der sekundäre Kriechbereich betrachtet. Die am häufigsten verwendete Abhängigkeit geht auf Norton [9.6] und Bailey [9.7] zurück und ist durch ein

Potenzgesetz gegeben

$$\dot{\varepsilon}_s = D\,\sigma^n \tag{9.7}$$

Als Beispiel sind in Abb. 9.5 an heißgepreßtem Siliciumnitrid gemessene stationäre Kriechgeschwindigkeiten wiedergegeben. Aus dem Bereich niedriger Spannungen ist ein Exponent von n ≃ 2 zu entnehmen. Der Anstieg von n bei höheren Spannungen dürfte mit einer Änderung im Kriechmechanismus zusammenhängen.

Nicht immer ist ein ausgeprägter sekundärer Kriechbereich vorhanden. Vor allem bei hohen Spannungen kann sich der tertiäre Bereich unmittelbar an den primären Bereich anschließen. In anderen Fällen tritt Bruch im primären Kriechbereich durch unterkritisches Rißwachstum auf, bevor es zur Ausbildung des sekundären Kriechens kommt. Häufig wird dann zur Ermittlung der Parameter D und n nach Gl. (9.7) die minimale Kriechgeschwindigkeit verwendet. Wird die bei höheren Spannungen ermittelte minimale Kriechgeschwindigleit zusammen mit den bei niedrigen Spannungen ermittelten sekundären Kriechgeschwindigkeiten in ein Diagramm eingetragen, so kann sich dabei ein zu großer Wert von n ergeben.

Während für die Potenzgesetzformulierung keine physikalische Begründung vorliegt, können Exponentialansätze aus energetischen Überlegungen gefolgert werden. Betrachtet man Kriechprozesse als thermisch aktivierte Vorgänge mit einer vom Elementarprozess zu überwindenden spannungsabhängigen Energieschwelle Q (σ), dann gilt für die Zahl der Elementarprozesse in der Zeiteinheit näherungsweise

$$\nu \sim \exp\left[-\frac{Q(\sigma)}{RT}\right] \tag{9.8}$$

worin R die Gaskonstante und T die absolute Temperatur bedeuten. Die Spannungsabhängigkeit Q (σ) ergibt sich zu

$$Q(\sigma) \simeq Q_0 + \frac{dQ}{d\sigma}\sigma = Q_0 - V\sigma \tag{9.9}$$

mit dem sogenannten Aktivierungsvolumen V. Wird die Kriechgeschwindigkeit proportional zu der Zahl der Elementarschritte pro Zeiteinheit angenommen, dann folgt aus Gl. (9.8) und (9.9)

$$\dot{\varepsilon}_s = C_1 \exp\left[-\frac{Q_0}{RT}\right]\ \exp\left[\frac{V}{RT}\sigma\right] \tag{9.10a}$$

oder

$$\dot{\varepsilon}_s = C \exp(\alpha\sigma) \tag{9.10b}$$

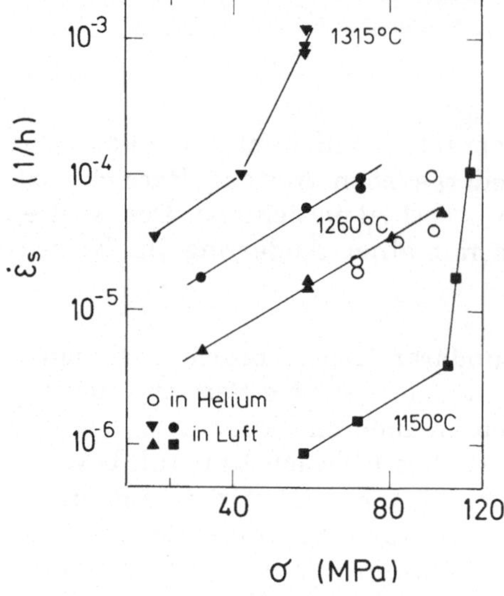

Abb. 9.5 Stationäre Kriechgeschwindigkeit von heißgepreßtem Siliciumnitrid in Abhängigkeit von der Spannung (doppelt - logarithmische Auftragung) [9.1].

Unrealistisch wird durch Gl.(9.10) der Bereich kleiner Spannungen beschrieben, da selbst bei verschwindender Spannung eine endliche Kriechgeschwindigkeit resultiert. Dieser Schwäche trägt ein von Söderberg [9.8] vorgeschlagener Ansatz Rechnung.

$$\dot{\varepsilon}_s = C\,(\exp(\alpha\sigma) - 1) \tag{9.11}$$

Besser theoretisch begründen läßt sich die von Nadai [9.9] vorgeschlagene Beziehung

$$\dot{\varepsilon}_s = C \sinh(\alpha\,\sigma) \tag{9.12}$$

die berücksichtigt, daß thermisch aktivierte Vorgänge in beiden Richtungen ablaufen, d.h. daß bei Zugbeanspruchung auch Elementarschritte auftreten, die zu negativen Dehnungen führen.
Die zunächst für das sekundäre Kriechen aufgestellten Beziehungen zum Spannungseinfluß lassen sich auch auf den primären Kriechbereich anwenden. Dies wird insbesondere für das Nortonsche Kriechgesetz gemacht. Somit folgt z.B. aus den Gln. (9.3) und (9.5).

$$\varepsilon_p = C\ \sigma^n\ t^m \tag{9.13}$$

$$\varepsilon_p = C\ \sigma^n\ (1 - e^{-mt}) \tag{9.14}$$

Der Exponent n kann dabei im primären und sekundären Bereich unterschiedlich sein.

d) Temperaturabhängigkeit

Aus Gl. (9.10a) folgt für die Temperaturabhängigkeit eines thermisch ak-

aktivierten Vorgangs bei konstanter Spannung

$$\dot{\varepsilon}_s = D \exp\left[-\frac{Q}{RT}\right] \tag{9.15}$$

Daraus folgt, daß sich bei einer Auftragung von lg $\dot{\varepsilon}_s$ gegen 1/T eine Gerade mit der Steigung – Q/R ergibt. Die in Abb. 9.6 gezeigten Ergebnisse bestätigen diesen Zusammenhang für heißgepreßtes Siliciumnitrid, wobei sich eine Aktivierungsenergie von Q ≃ 550 – 630 kJ /mol ergibt.

Aus Gl.(9.10a) folgt, daß sich die Temperatur- und Spannungsabhängigkeit nicht separieren läßt. Trotzdem ist innerhalb von nicht zu weiten Grenzen von σ und T ein Ansatz

$$\dot{\varepsilon}_s = C \exp(\alpha\sigma) \exp\left[-\frac{Q_0}{RT}\right] \tag{9.16a}$$

oder

$$\dot{\varepsilon}_s = C \sigma^n \exp\left[-\frac{Q_0}{RT}\right] \tag{9.16b}$$

oder

$$\dot{\varepsilon}_s = C \sinh(\alpha\sigma) \exp\left[-\frac{Q_0}{RT}\right] \tag{9.16c}$$

gerechtfertigt.

Die hier für das sekundäre Kriechen angegebene Temperaturabhängigkeit läßt sich auch auf das primäre Kriechen anwenden.

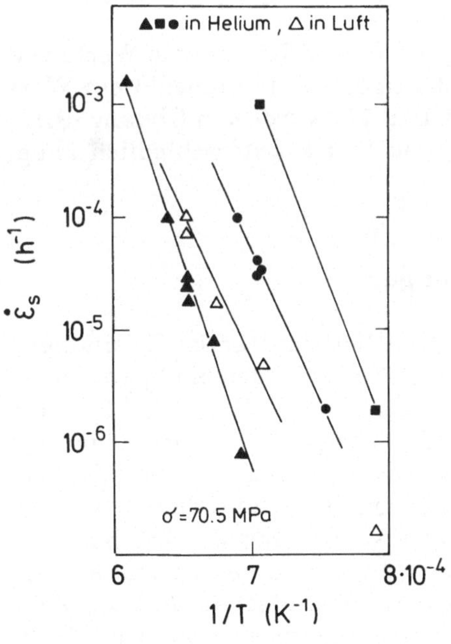

Abb. 9.6 Temperaturabhängigkeit der stationären Kriechgeschwindigkeit von heißgepreßtem Siliciumnitrid [9.1]

Die angegebenen Beziehungen gelten zunächst nur für homogene Belastung. Treten in einem Bauteil Spannungsgradienten auf, dann führen die Kriechverformungen zu Spannungsumlagerungen und damit zu zeitlich veränderlichen Spannungen an jedem Punkt des Bauteils. Insbesondere ist es nicht möglich, die Kriechgesetze direkt aus den Verformungsmessungen beim Biegeversuch zu erhalten. Dazu müssen spezielle Auswerteverfahren angewandt werden, die in Kapitel 9.1.4 behandelt werden.

9.1.2 Abweichendes Kriechverhalten im Druckversuch

Im Druckversuch – der nur selten zur Untersuchung des Kriechverhaltens keramischer Werkstoffe herangezogen wird – ergeben sich prinzipell die gleichen Gesetzmäßigkeiten bezüglich der Zeit, der Spannung und der Temperatur. Keramiken, die eine Glasphase an den Korngrenzen aufweisen zeigen jedoch zusätzlich eine Unsymmetrie des Kriechverhaltens im sekundären Kriechbereich, wobei unter Zugspannungen deutlich höhere Kriechraten auftreten als unter gleich hohen Druckspannungen [9.10]. Unter Berücksichtigung dieses Effekts ist Gl. (9.7) für den stationären Anteil wie folgt zu modifizieren:

$$\dot{\varepsilon}_s = D\,\lambda\,|\sigma|^n \tag{9.17}$$

mit

$$\lambda = \begin{cases} 1 & \text{für } \sigma > 0 \\ -1/\beta^n & \text{für } \sigma < 0 \end{cases}$$

Für den Koeffizienten β wurden für heißgepreßtes Siliciumnitrid Werte von 7 [9.10] und 17 [9.11] und für glasphasehaltiges Aluminiumoxid ein Wert von 5 [9.12] gemessen. Abweichend von Gl. (9.17) wurde von Chuang [9.13] auch der Spannungsexponent n bei Zug und Druck unterschiedlich angenommen.

9.1.3 Kriechen bei variablen Spannungen

Bisher wurden nur Kriechversuche unter zeitlich konstanten Spannungen betrachtet. In der Praxis kommen aber auch zeitlich variable Spannungen vor, die dann instationäres Kriechen zur Folge haben. Hierzu gehören die Probleme der Spannungsrelaxation, d.h. die Verminderung der Spannung bei zeitlich konstant gehaltener Dehnung, sowie die Biegung unter Kriechbedingungen, bei der es zu Spannungsumlagerungen und damit zwangsweise zu zeitlich veränderlichen Spannungen kommt. Zur Beschreibung des Kriechverhaltens bei veränderlichen Spannungen wurden spezielle "Verfestigungsregeln" vorgeschlagen. Die beiden bekanntesten sind die Zeitverfestigungsregel und die Dehnungsverfestigungsregel. Das Wort "Verfestigung" ist hier im Sinne einer Abnahme der Kriechgeschwindigkeit mit der Zeit bzw. der akkumulierten Kriechdehnung zu verstehen.

- Die Zeitverfestigungsregel besagt, daß die momentane Kriechgeschwindigkeit nur von der gesamten Kriechzeit und der momentan anliegenden Spannung abhängt:

$$\dot{\varepsilon}_c = f(\sigma, t) \tag{9.18}$$

- Die Dehnungsverfestigungsregel besagt, daß die momentane Kriechgeschwindigkeit durch die während der zurückliegenden Belastungsgeschichte akkumulierten Kriechdehnungen sowie die aktuelle Spannung bestimmt ist:

$$\dot{\varepsilon}_c = f(\sigma, \varepsilon_c) \tag{9.19}$$

Im sekundären Kriechbereich führen beide Verfestigungsregeln zum gleichen Ergebnis.

Die beiden Verfestigungsregeln sollen anhand eines einfachen Lastwechselbeispiels erläutert werden. Die Änderung der Kriechgeschwindigkeit soll für den in Abb. 9.7 angegebenen Lastwechselfall bestimmt werden. Bis zu einem Zeitpunkt t_1 wirke eine konstante Spannung σ_1, die dann stufenförmig auf σ_2 erhöht wird.

a) Rechnerisches Verfahren:
Die Methode wird zunächst für das primäre Kriechgesetz nach Gl. (9.13) erklärt. Differentiation nach der Zeit ergibt für die primäre Kriechgeschwindigkeit

$$\dot{\varepsilon}_p = C\, m\, \sigma^n\, t^{m-1} \tag{9.20}$$

Diese Beziehung ist bereits die Darstellung der Kriechgeschwindigkeit nach der Zeitverfestigungsregel. Die Beziehung für die Dehnungsverfestigungsregel ergibt sich aus Gl. (9.13) und (9.20) durch Eliminierung der Zeit t:

$$\dot{\varepsilon}_p = m\, C^{1/m}\, \sigma^{n/m}\, \varepsilon_p^{(m-1)/m} \tag{9.21a}$$

$$= C_1\, \sigma^{\nu}\, \varepsilon_p^{-p} \tag{9.21b}$$

mit $\nu = n/m$, $p = (1-m)/m$ und $C_1 = mC^{1/m}$.

Wird ein exponentieller Ansatz nach Gl. (9.14) verwendet, erhält man

$$\dot{\varepsilon}_p = C\, m\, \sigma^n\, e^{-mt} \tag{9.22}$$

für die Zeitverfestigungsregel und

$$\dot{\varepsilon}_p = m(C\,\sigma^n - \varepsilon_p) \tag{9.23}$$

für die Dehnungsverfestigungsregel.

b) Graphisches Verfahren
Neben der direkten Berechnung lassen sich die Kriechgeschwindigkeiten nach einem Belastungwechsel auch rein graphisch bestimmen. Zeitverfestigung bedeutet in der Darstellung nach Abb. 9.7a, daß im Punkte (t_1, σ_1) der Kriechkurve "1" das Stück $t > t_1$ der Kriechkurve "2" angefügt wird (vertikale Verschiebung entlang $t = t_1$). Im Falle der Dehnungsverfestigungshypothese wird dagegen der Teil $\varepsilon > \varepsilon_1$ der Kriechkurve "2" im Punkte (ε_1, σ_1) angestückelt (horizontale Verschiebung entlang der Linie $\varepsilon = \varepsilon_1$).

Experimentelle Ergebnisse an metallischen Werkstoffen haben ergeben, daß wesentlich bessere Übereinstimmungen mit Kriechexperimenten durch die Dehnungsverfestigungsregel gewonnen werden, insbesondere dann, wenn große Spannungsänderungen vorkommen. Es ist zu vermuten, daß bei keramischen Werkstoffen ein ähnliches Verhalten auftritt. Durch die Zeitverfestigungsregel kann es bei unkritischer Anwendung zu unsinnigen Aussagen kommen. Diese Schwäche soll durch ein einfaches Beispiel verdeutlicht werden (Abb.9.7b). Es wird ein Versuch betrachtet, bei dem die Probe auf Temperatur aufgeheizt und danach mit extrem geringer Vorlast - im wesentlichen mit dem Eigengewicht - für die relativ lange Zeit t_1 "beansprucht" wird. Danach werde die Prüfkraft aufgebracht und der Kriechversuch gestartet. Als Konsequenz der Zeitverfestigungsregel würde eine sehr kleine Kriechgeschwindigkeit resultieren.

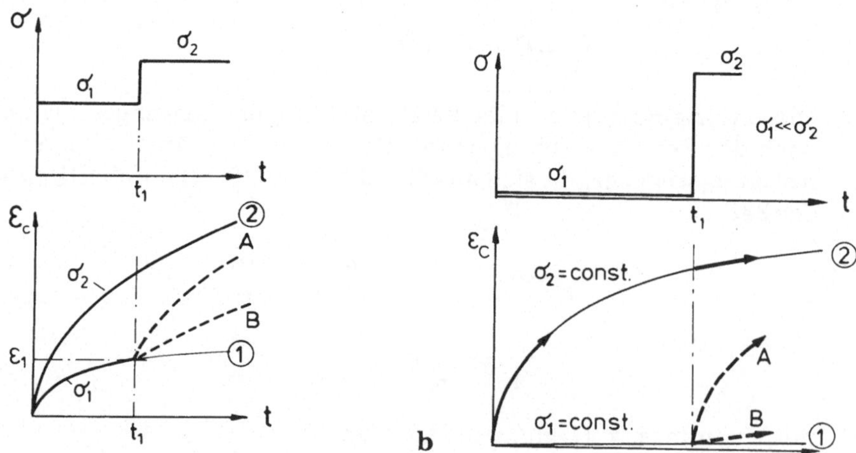

Abb. 9.7 Kriechverhalten bei Lastsprüngen
(A: Dehnungsverfestigungsregel, B: Zeitverfestigungsregel)

Diese wäre identisch mit der geringen Kriechgeschwindigkeit, die sich unter der Hauptlast nach der Zeit t_1 einstellen würde. Im Gegensatz dazu ignoriert die Dehnungsverfestigungsregel die Zeit unter Eigenlast nahezu völlig in Übereinstimmung mit jeder Erwartung und in Übereinstimmung mit dem Experiment. Der Vorteil der Zeitverfestigungsregel ist die einfachere mathematische Handhabung. Sie sollte aber nur dann verwendet werden, wenn geringe Spannungsänderungen zu erwarten sind. In den weiteren Betrachtungen wird nur die Dehnungsverfestigungsregel verwendet.

9.1.4 Kriechen im Biegeversuch

Als besonders wichtiger Belastungsfall, bei dem zeitabhängige Spannungen zu berücksichtigen sind, wird die Biegung unter Kriechbedingungen betrachtet. Wegen der einfachen Kraft- bzw. Momenteinleitung wurden bisher Biegeproben bei spröden Materialien für Kriechuntersuchungen dem Zugstab vorgezogen. Die Vereinfachung in der Versuchsdurchführung muß allerdings mit einer Komplizierung bei der Kriechanalyse erkauft werden. Diese Analyse wird im Folgenden dargestellt.

9.1.4.1 Der Biegestab unter Kriechbedingungen

In Abb. 9.8 ist ein Biegestab in 4 - Punkt -Biegebelastung dargestellt. Seine Höhe ist W und die Dicke B. Im Bereich zwischen den beiden mittleren Krafteinleitungspunkten wirkt ein örtlich konstantes Biegemoment M. Die nach Belastung im Hochtemperaturbereich auftretende Verformungsgeschwindigkeit an einem um den Abstand η von der Mittelachse entfernten Punkt setzt sich aus einem elastischen Anteil $\dot{\sigma} / E$ und einem Kriechanteil $\dot{\varepsilon}_c$ zusammen. Bezeichnet

$$y = 2\eta / W$$

den auf die halbe Probenhöhe bezogenen Mittelfaserabstand, dann folgt aus der Bernoulli-Hypothese (Annahme eines linearen Zusammenhangs zwischen der Gesamtdehnung und y)

$$\dot{\varepsilon}(y) = \frac{\dot{\sigma}(y)}{E} + \dot{\varepsilon}_c(y) = A_1 + A_2 y \tag{9.24}$$

Durch Integration von Gl. (9.24) über den Stabquerschnitt erhält man den ersten Koeffizienten in Gl. (9.24) zu

$$A_1 = \frac{1}{2} \int_{-1}^{1} \dot{\varepsilon}_c \, dy \tag{9.25}$$

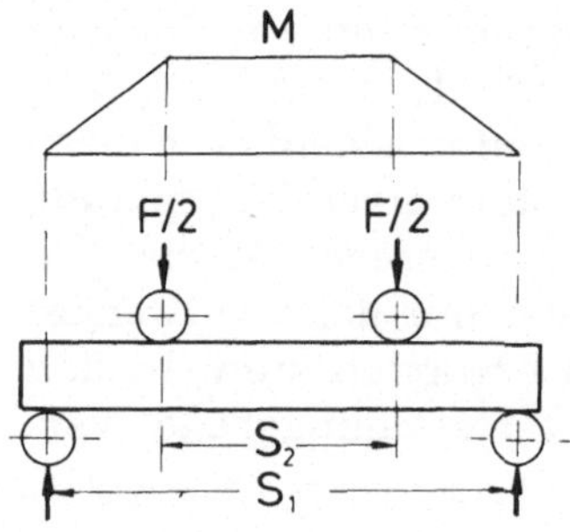

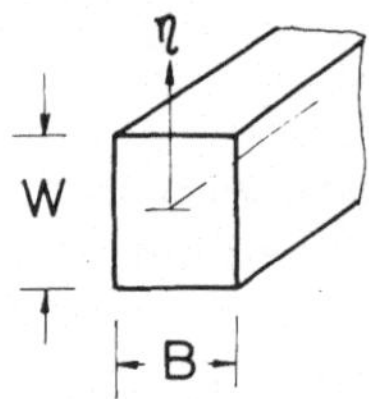

Abb. 9.8 Biegeprobe mit Momentenverteilung

Dabei wurde berücksichtigt, daß die Resultante der Spannungen σ und damit auch von $\dot{\sigma}$ verschwinden muß:

$$\int_{-1}^{1} \dot{\sigma}(y)\,dy = 0 \tag{9.26}$$

Multiplikation der gesamten Gl. (9.24) mit y und erneute Integration liefert den zweiten Koeffizienten

$$A_2 = \frac{3}{2}\int_{-1}^{1} \dot{\varepsilon}_c\, y\,dy + \frac{3}{2}\int_{-1}^{1} \frac{\dot{\sigma}}{E}\, y\,dy \tag{9.27}$$

Unter Verwendung des Biegemoments in der Form

$$M = \frac{1}{4} BW^2 \int_{-1}^{1} \sigma(y)\, y\,dy \tag{9.28}$$

sowie des Widerstandsmoments gegen Biegung

$$W_b = \frac{1}{6} BW^2 \tag{9.29}$$

resultiert für den Koeffizienten A_2

$$A_2 = \frac{3}{2}\int_{-1}^{1} \dot{\varepsilon}_c\, y\,dy + \frac{\dot{M}}{EW_b} \tag{9.30}$$

Einsetzen von A_1 und A_2 in Gl. (9.24) liefert eine Differentialgleichung, die den örtlichen und zeitlichen Spannungs - und Dehnungszustand vollständig beschreibt:

$$\frac{\dot{\sigma}}{E} = -\dot{\varepsilon}_c + \frac{1}{2}\int_{-1}^{1} \dot{\varepsilon}_c \, dy + \frac{3}{2} y \int_{-1}^{1} \dot{\varepsilon}_c \, y \, dy + \frac{\dot{M}}{EW_b} y \tag{9.31}$$

Beliebige Belastungsverläufe sind mit Gl. (9.31) auswertbar. Einige wichtige sind im folgenden genannt.

- Der statische Biegeversuch wird durch $\dot{M} = dM/dt = 0$ beschrieben
- Im zyklischen Biegeversuch liegt ein periodisch veränderliches Biegemoment vor. Bei sinusförmiger Zeitabhängigkeit ist

  $$\dot{M} = \dot{M}_0 \sin(\omega t)$$

- Der dynamische Biegeversuch in der kraftgesteuerten Prüfmaschine ist durch $\dot{M}$ = constant gekennzeichnet. Im weggesteuerten Versuch (Versuch mit konstanter Durchbiegungsgeschwindigkeit) ist A_2 = const.
- Der Spannungsrelaxationsversuch schließlich wird durch $A_2 = 0$ beschrieben.

Bei Materialien mit symmetrischem Kriechgesetz, die im Druckbereich genauso schnell kriechen wie unter betragsmäßig gleicher Zugbeanspruchung, verschwindet das erste Integral in Gl. (9.31).

9.1.4.2 Meßbare Größen im Kriechversuch

Lokale Kriechdehnungen können im Biegekriechversuch nicht direkt gemessen, sondern müssen indirekt erschlossen werden. Aus der Messung resultiert nur eine globale Meßgröße, in die alle - in unterschiedlichen Kriechzuständen befindlichen - "Fasern" des Biegestabes gemittelt eingehen. Um die Ermittlung der lokalen Spannungs-Verformungs-Zustände zu ermöglichen, muß eine Verbindung zu den lokalen Kriechdehnungen hergestellt werden. Wie aus Gl. (9.31) folgt - und auch schon durch Gl. (9.24) einsichtig wird - kann die Gesamtverformung ε_{ges} des Stabs in eine über die Probe konstant verteilte Dehnung ε^+ sowie einen reinen Biegeanteil mit der Randfaserdehnung ε^* zerlegt werden (Abb. 9.9):

$$\varepsilon_{ges} = \varepsilon^+ + \varepsilon^* \tag{9.32}$$

Der Vergleich mit Gl. (9.31) liefert dann

$$\varepsilon^+ = \frac{1}{2}\int_{-1}^{1} \varepsilon_c \, dy \tag{9.33}$$

und

$$\varepsilon^* = \frac{3}{2}\int_{-1}^{1} \varepsilon_c \, y \, dy \tag{9.34}$$

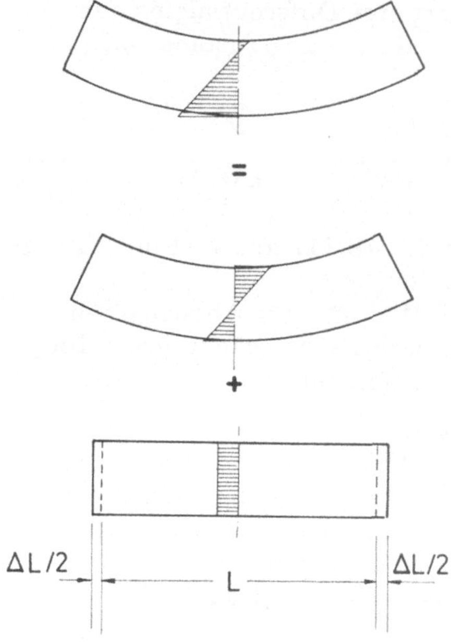

Abb. 9.9 Aufteilung der Dehnungsverteilung in Verlängerung und Biegung

Der reine Biegeanteil ε^* ist während des Kriechversuchs direkt aus der Durchbiegung zu ermitteln. Im Bereich konstanten Biegemoments entspricht die Biegelinie einem Kreisbogen und es ergibt sich aus einfachsten geometrischen Überlegungen mit den Bezeichnungen der Abb. 9.10

$$\varepsilon^* = \frac{4W}{S_2^{\,2}}\,\delta_1 \tag{9.35}$$

Der Anteil ε^+ dagegen ist wegen seiner Kleinheit kaum einer kontinuierlichen Messung während des Kriechversuchs zugänglich. Falls während des Kriechtests kein Bruch der Probe auftritt, kann nach Abkühlung und darauffolgender Entlastung der Wert von ε^+ bei Versuchsende aus Längenmessungen zwischen geeignet angebrachten Markierungen (z. B. Knoop- oder Vickers Härteeindrücken) ermittelt werden. Es gilt dann

$$\varepsilon^+ = \Delta L / L \tag{9.36}$$

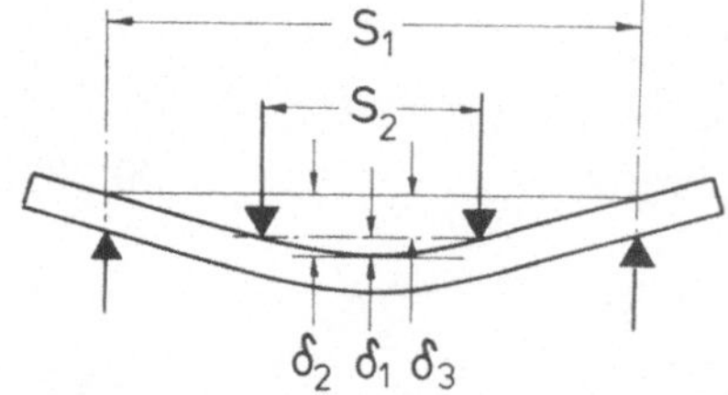

Abb. 9.10 Definition von Verschiebungen beim Biegeversuch

Eine direkte Messung der Durchbiegung im Bereich des konstanten Biegemoments ist mit der in Abb. 9.11 dargestellten Meßvorrichtung möglich [9.14].

Durch drei Keramiktaster wird die relative Verschiebung der Stabmitte gegenüber dem Mittelwert der Verschiebungen direkt unterhalb der inneren Belastungsrollen gemessen (δ_1) und die Randfaserdehnung nach Gl. (9.35) berechnet.

Oft werden auch Durchbiegungen durch Wegmessung an nur einer Stelle (i. d. Regel in der Probenmitte) gegen eine Bezugsebene außerhalb des Hochtemperaturofens bestimmt (Abb. 9.12). Das Meßergebnis beinhaltet dann nicht nur die reine Stabdurchbiegung, sondern es werden auch Rollenabplattungen und Kriechverformungen in der Unterstützungskonstruktion mit erfaßt. Bei der Bewertung der Ergebnisse ist zu beachten, daß - wegen des trapezförmig über die Stablänge verteilten Biegemoments - Kriechanteile in das Resultat eingehen, die zu unterschiedlichen Beanspruchungszuständen gehören. Auch die rechnerische Auswertung der Verschiebungsmessungen ist problematisch. Meist wird eine rein elastische Beziehung angewandt:

$$\varepsilon^* = \frac{12W}{2S_1^{\,2} + 2S_1S_2 - S_2^{\,2}}\,\delta_2 \tag{9.37}$$

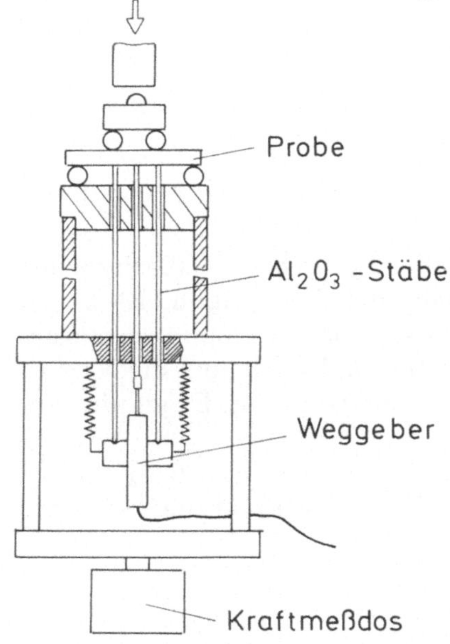

Abb. 9.11 Messung der Durchbiegung im Bereich des konstanten Biegemoments

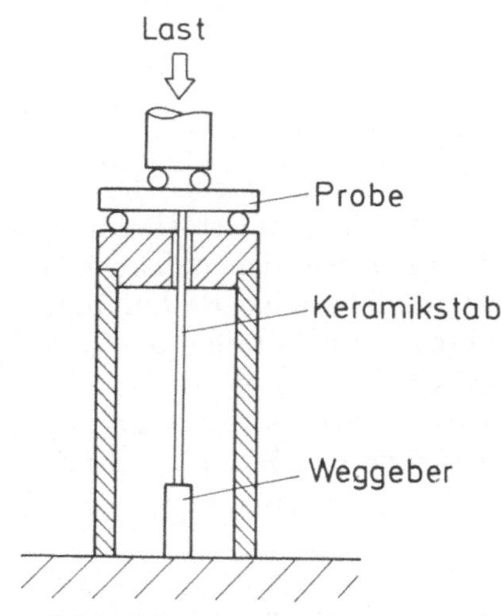

Abb. 9.12 Durchbiegungsmessung in Probenmitte

Dieses Vorgehen ist sehr einfach und sicher dann hinreichend genau, wenn die Kriechverformung klein relativ zu den elastischen Verformungen ist. Bei dominierendem Kriechanteil müssen Formeln hergeleitet werden, die den kompletten zeitlichen Kriechzustand bei trapezförmiger Biegemomentverteilung erfassen.
Völlig ohne Tastvorrichtung arbeitet die Methode der Kriech-Compliance. Sie basiert auf der Messung der Relativverschiebungen der inneren Lastangriffspunkte gegenüber den beiden äußeren. Zur mathematischen Behandlung wird ein konstitutives Gesetz der Form

$$\varepsilon(t, \sigma) = \sigma^n \; J(t) \tag{9.38}$$

verwendet [9.15, 9.16], das nur die Kriechverformungen beschreibt und dazu die Zeitverfestigungsregel benutzt. Durch Messung der Verschiebung δ_3 in Abb. 9.10 resultiert die Randfaserdehnung

$$\varepsilon^* = \frac{2W(n+2)}{(S_1 - S_2)\,(S_1 + S_2(n+1))}\,\delta_3 \tag{9.39}$$

Diese Methode hat wesentliche Schwächen. Im Falle $n \neq 1$ kann das Spannungs-Dehnungs-Verhalten im Biegekriechversuch nicht durch Gl. (9.38) beschrieben werden, da die elastischen Dehnungsanteile völlig ignoriert werden. Es muß genauer heißen

$$\varepsilon(t, \sigma) = \frac{\sigma}{E} + \sigma^n \; J(t) \tag{9.40}$$

Erst bei großen Kriechverformungen können die elastischen Dehnungen vernachlässigt werden und es folgt asymptotisch

$$\varepsilon(t, \sigma) \rightarrow \sigma^n \; J(t) \tag{9.41}$$

Die Genauigkeit der Methode wird somit erst bei großen Kriechverformungen bzw. im stationären Kriechzustand zufriedenstellend. Es bleibt noch zu erwähnen, daß auch bei der Methode der Kriech-Compliance störende zeitabhängige Rollenabplattungen auftreten und nicht nur die Verformungen im Bereich des konstanten Biegemoments in das Ergebnis eingehen.
Wegen der geschilderten Nachteile der auf der Messung von δ_2 und δ_3 berechneten Methoden zur Ermittlung der Randfaserdehnung, wird die Ermittlung von δ_1 nach Abb. 9.11 empfohlen.

9.1.4.3 Auswertung von Biegekriechversuchen

Die Bestimmung der Parameter des lokalen Kriechgesetzes aus der Messung der globalen Randfaserkriechdehnung soll an einem Beispiel demonstriert werden [9.12].

An einer Aluminiumoxidkeramik mit 2.7 % SiO_2-Anteil wurden bei 1100°C Messungen der zeitabhängigen Randfaserkriechdehnung mittels der in Abb. 9.11 dargestellten Meßvorrichtung durchgeführt. Einige der erhaltenen Kriechkurven sind in Abb. 9.13 wiedergegeben. Während reines Aluminiumoxid bei dieser Temperatur noch keinerlei meßbares Kriechen zeigt, entsteht durch den zusätzlichen Glasanteil eine viskose Korngrenzenglasphase, die ein Gleiten der Körner gegeneinander ermöglicht. Um dem ausgeprägten Primärkriechen Rechnung zu tragen wird hier eine Formulierung des lokalen Kriechgesetzes entsprechend Gl. (9.21) verwendet. Für das stationäre Kriechen eignet sich ein einfaches Norton-Gesetz, bei dem jedoch ein Unsymmetriefaktor β berücksichtigt wird. Wie in Kapitel 9.1.7 gezeigt wird, ergibt sich für das betrachtete Al_2O_3 ein Wert von $\beta = 5$. Das lokale Gesetz lautet dann

$$\dot{\varepsilon}_c = C_1 \sigma^{\nu} \varepsilon_p^{-p} + \lambda D \sigma^n \tag{9.42}$$

mit $$\lambda = \begin{cases} 1 & \text{für Zug} \\ -1/5^n & \text{für Druck} \end{cases}$$

Die Bestimmung der Parameter C_1, p, ν, D, n kann auf verschiedene Weise erfolgen:

- Iteratives Verfahren: Mit gewählten Startwerten der Kriechparameter wird $\dot{\varepsilon}_c$ nach Gl. (9.42) berechnet und durch Integration von Gl. (9.31) die lokale Spannung und Kriechdehnung, sowie nach Integration über den Stabquerschnitt entsprechend Gl. (9.34) die Randfaserdehnung ε^* errechnet. Die resultierenden Kriechkurven werden mit den experimentellen verglichen und die Parameter solange systematisch variiert, bis die berechnete Kurvenschar bestmögliche Übereinstimmung mit dem Satz experimenteller Kurven aufweist.

- Eine einfachere Vorgehensweise wird durch ein asymptotisches Verfahren nahegelegt. Es beruht darauf, daß die Gln. (9.31, 9.32, 9.34, 9.42) sowohl für sehr kurze Zeiten, bei denen noch die lineare Spannungsverteilung vorliegt, als auch für sehr lange Zeiten - bei denen sich ein stationärer Zustand mit $\dot{\sigma}=0$ an jedem Ort einstellt - analytisch integriert werden können.
  Als Kurzeitlösung erhält man für $t \rightarrow 0$, wo das Primärkriechen dominiert [9.14]

$$\varepsilon^* = \frac{3(1+p)}{\nu + 2(1+p)} \left[(1+p) C_1 \left(\frac{M}{W_b} \right)^{\nu} t \right]^{1/(1+p)} \tag{9.43}$$

und für den stationären Zustand

$$\dot{\varepsilon}_s^* = \frac{1}{2} D \left(\frac{2n+1}{6n} \frac{M}{W_b} \right)^n \left[1 + \beta^{-n/(1+n)} \right]^{n+1} \tag{9.44}$$

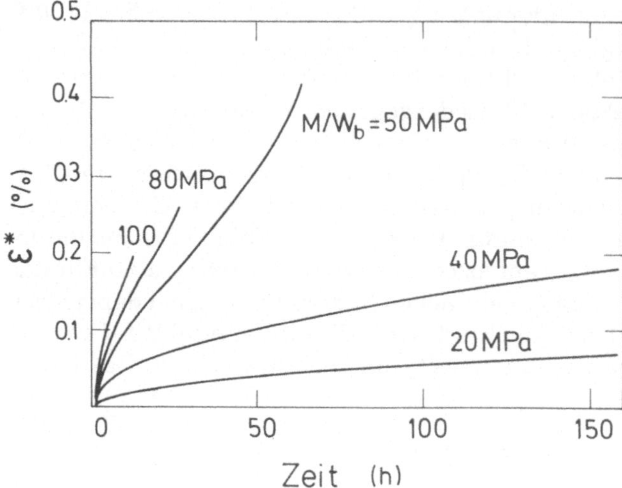

Abb. 9.13 Kriechkurven von glasphasehaltigem Al_2O_3 bei 1100°C

Der weiteren Auswertung liegt das asymptotische Verfahren zugrunde. In Abb. 9.14 sind die Kriechdehnungen aus Abb. 9.13 in doppelt-logarithmischer Auftragung wiedergegeben. Wie aus Gl. (9.43) zu erkennen ist, kann aus den bei kurzen Zeiten erhaltenen, nahezu linearen Kurvenverläufen mit der Steigung $1/(1+p)$ der Exponent $p \simeq 2.1$ gewonnen werden.

Eine Auftragung der Randfaserkriechdehnung bei einem festen Zeitpunkt – bei dem die Linearität der Kurvenschar hinreichend erfüllt ist (hier z. B. bei 0.1h) – gegen die Anfangsrandfaserspannung M/W_b ergibt in doppelt logarithmischer Darstellung den Exponenten $\nu/(1+p)$ als Steigung der Ausgleichsgeraden (Abb. 9.15). Damit ist ν bekannt und auch C_1 ist aus der Lage der Geraden zu ermitteln.

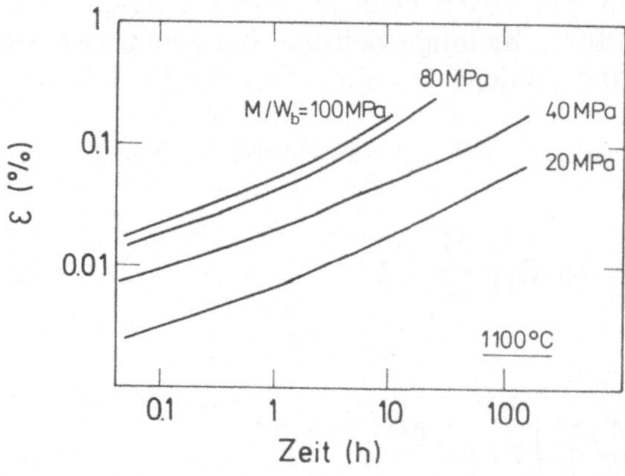

Abb. 9.14 Kriechkurven aus Abb. 9.13 in doppelt-logarithmischer Darstellung

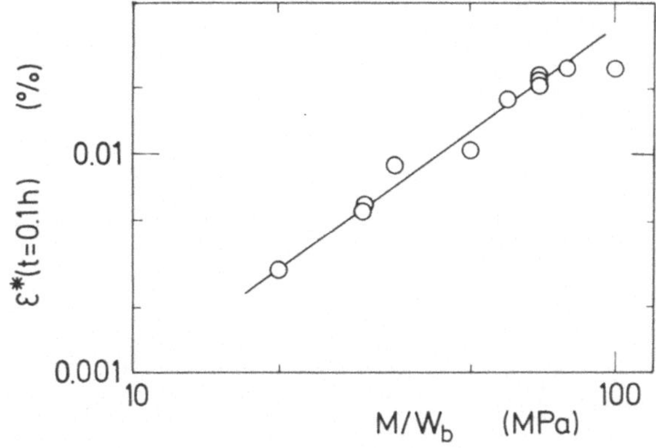

Abb. 9.15 Kriechdehnung nach 0.1 h als Funktion der Biegespannung

In Abb. 9.16 sind die stationären Randfaserdehnungsgeschwindigkeiten gegen die Anfangsrandfaserspannung aufgetragen. Aus der Steigung der Ausgleichsgeraden ergibt sich entsprechend Gl. (9.44) der Nortonexponent n. Außerdem liefert Gl. (9.44) auch den Koeffizienten D aus der Lage der Geraden bei Kenntnis von β. Insgesamt liefert die Auswertung den Datensatz

Primärkriechen: $\nu = 4.9$, $p = 2.1$, $C_1 = 1.3 \cdot 10^{-22}$ [MPa,h]

Aus ν und p ergibt sich nach Gl. (9.21) $m = 0.32$, $n = 1.58$, $C = 6.2 \cdot 10^{-7}$ [MPa,h]

Sekundärkriechen: $n = 2.25$, $D = 1.4 \cdot 10^{-8}$ [MPa,h]

Mit diesen Werten kann zur Kontrolle bzw. zur Bewertung des gewählten Kriechgesetz-Typs die zeitabhängige Randfaserdehnung ε* mit den Gln. (9.31, 9.34) numerisch berechnet und mit den Messungen verglichen werden. Das Ergebnis dieser Rechnung ist in Abb. 9.17 dargestellt. Berücksichtigt man die bei Kriechuntersuchungen auftretenden großen Streuungen, so erkennt man eine gute Übereinstimmung.

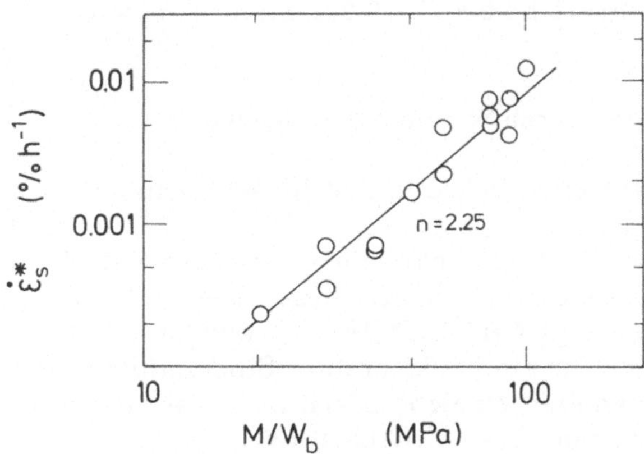

Abb. 9.16 Stationäre Kriechgeschwindigkeiten in Abhängigkeit von der Anfangsrandfaserspannung

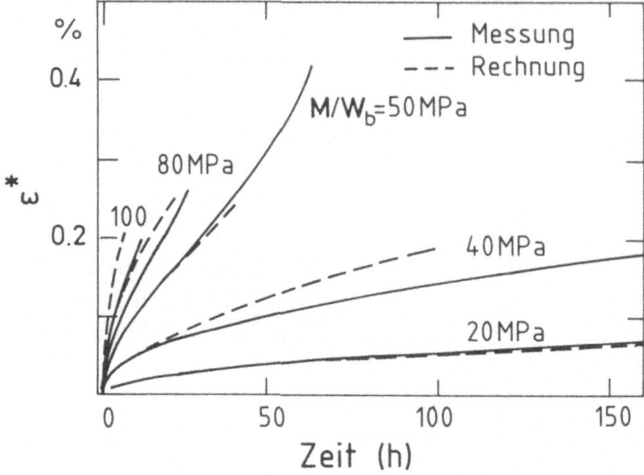

Abb. 9.17 Vergleich der gemessenen Kriechkurven nach Abb. 9.13 mit berechneten Abhängigkeiten

Die bisher beschriebene Auswertung bezog sich auf das primäre Kriechgesetz nach Gl. (9.13) bzw. (9.22). Entsprechende Auswerteprozeduren können auch für das Kriechgesetz nach Gl. (9.14) bzw. (9.23) entwickelt werden. Zur Beschreibung des Kriechverhaltens von heißgepreßtem Siliciumnitrid mit 2.5% MgO wurde von Fett et. al. [9.14] eine Kombination beider Gesetzmäßigkeiten verwendet, bei der einerseits eine anfangs hohe Kriechgeschwindigkeit – wie es Gl. (9.22) beschreibt – und andererseits ein guter Übergang in den sekundären Kriechbereich – wie es Gl. (9.23) beschreibt – ermöglicht wird. In Form der Dehnungsverfestigungsregel lautet dieses Kriechgesetz

$$\dot{\varepsilon}_p = C_1 \sigma^{n_1} \varepsilon_p^{-p} (C_2 \sigma^{n_2} - \varepsilon_p) \tag{9.45}$$

Für kleine Kriechdehnungen entspricht dies Gl. (9.22) mit $n_1 + n_2 = \nu$.

9.1.4.4 Nichtlineare Kriechkurve durch Spannungsumlagerung

Oft wird alleine aus der Existenz einer gekrümmten Biegekriechkurve auf das Auftreten von primärem Kriechen geschlossen. Dieser Schluß muß allerdings nicht zwingend sein. Tritt nur sekundäres Kriechen auf, dann nimmt während der Spannungsumlagerung in der Biegeprobe die Dehnung nichtlinear mit der Zeit zu. Dies zeigt Abb. 9.18 für ein sekundäres Kriechgesetz nach Gl. (9.17) mit Daten für ein heißgepreßtes Siliciumnitrid. Die Kurvenkrümmung ist klar erkennbar, erreicht jedoch nicht das beim Auftreten von Primärkriechen gefundene Ausmaß (Abb. 9.13).

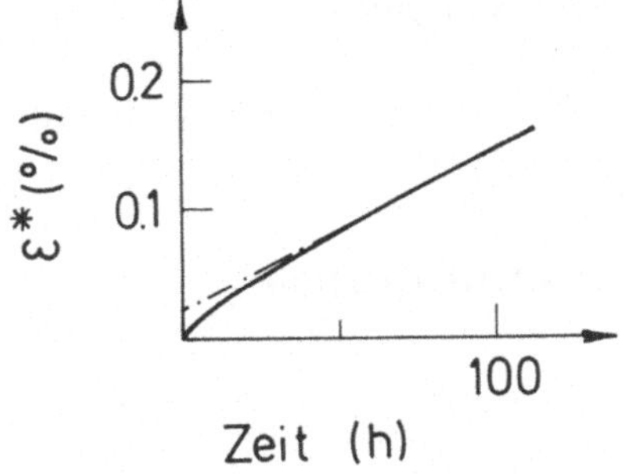

Abb. 9.18 Berechnete Biegekriechkurve unter Annahme rein sekundären Kriechens

9.1.4.5 Spannungsverteilung im Biegestab

Ist aus Kriechversuchen die Kriechgesetzmäßigkeit und der zugehörige Datensatz bekannt, können die Spannungsverteilungen in der Biegeprobe als Funktion der Zeit berechnet werden. Auch hier soll das durch Gl. (9.42) beschriebene Kriechgesetz mit den an glasphasehaltigem Al_2O_3 gefundenen Parametern verwendet werden.

- Stationäre Spannungsverteilung:

Die sich für große Zeiten stationär einstellende Spannungsverteilung $\sigma_\infty(y)$ wird vom sekundären Kriechanteil bestimmt. Einsetzen des zweiten Terms der Gl. (9.42) in Gl. (9.31) liefert mit der Bedingung $\dot{\delta}=0$

$$\lambda\sigma_\infty^n = \frac{1}{2}\int_{-1}^{1} \lambda\,\sigma_\infty^n\,dy + \frac{3}{2}y\int_{-1}^{1} \lambda\,\sigma_\infty^n\;y\,dy \tag{9.46}$$

wobei die Potenz σ^n als

$$\sigma^n = |\sigma|^n\,\mathrm{sgn}(\sigma)$$

zu verstehen ist. Aus Gl. (9.46) resultiert [9.17, 9.18]

$$\sigma_\infty = \frac{M}{W}\,\frac{2n+1}{3n}\left[\frac{1+\kappa}{2}\right]^{(n+1)/n} (y-y_0)^{1/n}. \begin{cases} 1/\beta & \text{für } y-y_0>0 \\ -1 & \text{für } y-y_0<0 \end{cases} \tag{9.47}$$

mit

$$\kappa = \beta^{n/(n+1)}$$

Hierin bedeutet y_0 die Koordinate des Spannungsnulldurchgangs:

$$y_0 = \frac{1-\kappa}{1+\kappa} \tag{9.48}$$

Für die Randfaserspannung im Zugbereich erhält man mit y = 1

$$\sigma_\infty(1) = \frac{2n+1}{6n} \frac{M}{W_b} \left[1 + \beta^{-n/(1+n)} \right] \tag{9.49}$$

Die stationäre Spannungsverteilung ist in Abb. 9.19 dargestellt.

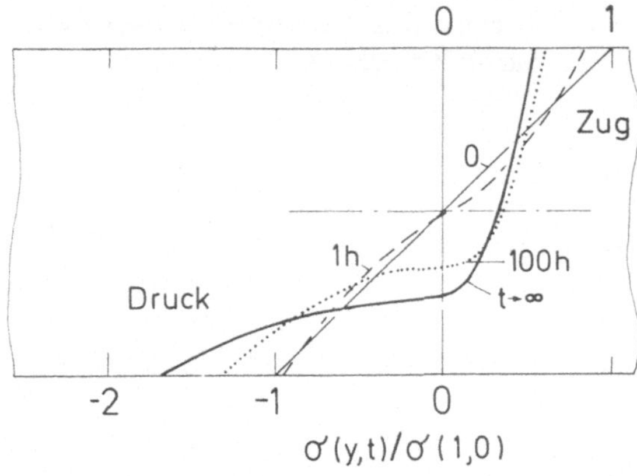

Abb. 9.19 Zeitabhängige Spannungsverteilung im Biegestab für β = 5.1

Im Falle eines symmetrischen Norton- Gesetzes folgt wegen β = 1

$$\sigma_\infty = \frac{2n+1}{3n} |y|^{1/n} \frac{M}{W_b} \operatorname{sgn}(y) \tag{9.50}$$

- Zeitabhängige Spannungen

Die zeitliche Entwicklung der ortsabhängigen Spannungen wird - ausgehend von der linearen, elastischen Spannungsverteilung - durch numerische Integration der Differentialgleichung (9.31) mit $\dot{M} = 0$ erhalten. Kurz nach dem Belasten dominiert das primäre Kriechen. Als Folge relaxieren zuerst die Randfaserspannungen sowohl im Zug- als auch im Druckbereich. Mit wachsendem sekundären Kriechanteil wird die Spannung zunehmend unsymmetrisch. Die Relaxation im Zugbereich nimmt weiter zu, im Druckbereich bauen sich dagegen die Druckspannungen zu Beträgen auf, die die Ausgangsspannungen deutlich übersteigen. Die neutrale Faser verschiebt sich dabei in den Bereich negativer y-Werte.

9.1.4.6 Messung der Unsymmetrie im Kriechverhalten

Das unterschiedliche Kriechen im Zug- und Druckbereich kann am übersichtlichsten in reinen Zug- bzw. Druckkriechversuchen bestimmt werden. Wegen der schwierigen Krafteinleitung und der aufwendigeren Wegmessung wurden auch hier einfachere Biegeverfahren entwickelt.

a) Stationäre Kriechgeschwindigkeiten trapezförmiger Stäbe

Eine von Finnie [9.19] vorgeschlagene Methode zur experimentellen Ermittlung der Unsymmetrie des sekundären Kriechens besteht im Vergleich der stationären Kriechgeschwindigkeiten von Biegeproben mit trapezförmigem Querschnitt. Dabei wird einmal der Kriechversuch so durchgeführt, daß die Schmalseite der Biegeprobe in der Zugzone liegt (Fall 1) und in einem zweiten Versuch (bzw. in einem weiteren Versuch mit der gleichen Probe) in die Druckzone gelegt wird (Fall 2). Abbildung 9.20 illustriert die beiden Stablagen. Bezeichnet $\dot{\varepsilon}_1{}^*$ die stationäre Randfaserkriechgeschwindigkeit im Fall 1 und $\dot{\varepsilon}_2{}^*$ die entsprechende Größe im Fall 2, dann ist der Quotient beider Geschwindigkeiten ein direktes Maß für die Unsymmetrie. Zur numerischen Versuchsauswertung werden von Talty und Dirks [9.20] Kurven zur Verfügung gestellt.

b) Probenverlängerung

Eine direkte Folge des unsymmetrischen Kriechverhaltens ist wegen Gl. (9.32) eine Probenverlängerung. Diese kann im Falle nicht gebrochener Proben zwischen zwei Markierungen (z.B. Knoop-Eindrücke auf der Probenrückseite) ermittelt werden. Wird Gl. (9.17) in die Gln. (9.33) und (9.34) eingesetzt, dann folgt im stationären Zustand der Zusammenhang zwischen β und $\Omega = d\varepsilon^+/d\varepsilon^*$ zu

$$\beta = \left(\frac{1-\Omega}{1+\Omega}\right)^{n+1} \tag{9.51}$$

Wird somit die Probenverlängerung ε^+ gegen den Biegeanteil der Randfaserdehnung aufgetragen, dann muß sich nach einem Übergang ein linearer Bereich ergeben aus dessen Steigung β nach Gl. (9.51) berechnet werden kann. In Abb. 9.21 ist dieser Sachverhalt für heißgepreßtes Siliciumnitrid bei 1200°C dargestellt.

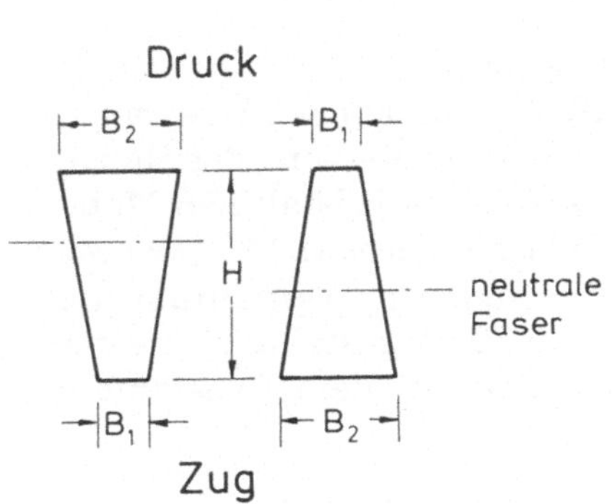

Abb. 9.20 Biegeproben mit Trapezquerschnitt zur Bestimmung der Unsymmetrie des sekundären Kriechens

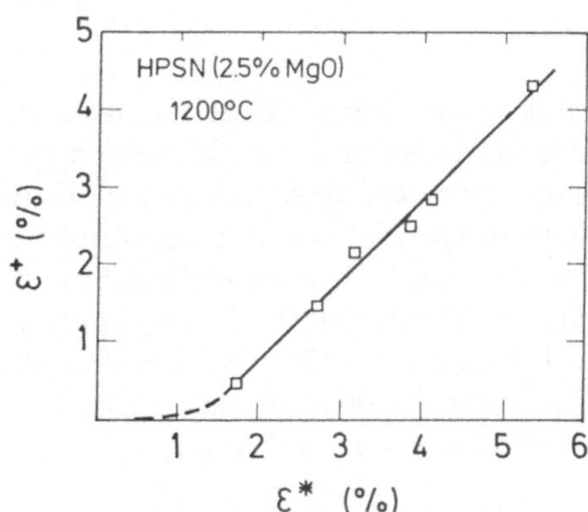

Abb.9.21 Abhängigkeit der Probenverlängerung von der Biegekriechdehnung für heißgepreßtes Siliciumnitrid [9.14]

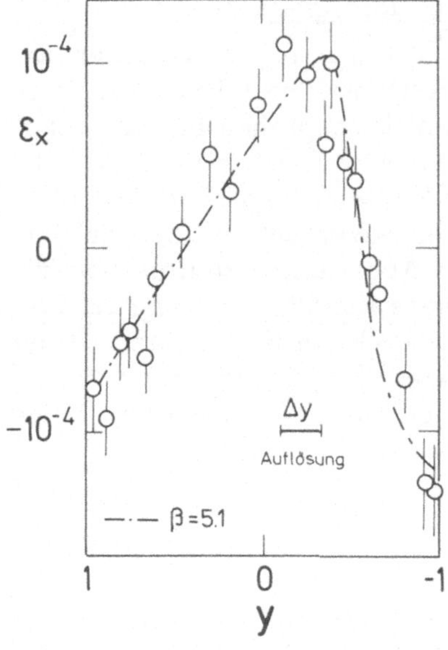

Abb. 9.22 Elastische Dehnungen in einer Kriechprobe mit eingefrorenem Eigenspannungszustand nach Abkühlung und Entlastung [9.11]

c)Eigenspannungsmessungen

Durch das unsymmetrische Kriechen stellt sich die durch Gl. (9.47) beschriebene stationäre Spannungsverteilung ein. Kühlt man eine bis in den stationären Bereich verformte Probe unter Last ab und entlastet im kalten Zustand, dann wird von der zuvor "eingefrorenen" stationären Spannungsverteilung die linear verteilte elastische Spannungsverteilung $\sigma = yM/W_b$ subtrahiert. Die Differenzspannungen

$$\sigma_{eig} = \sigma_{\infty} - \frac{M}{W_b} y \tag{9.52}$$

bleiben im Stab als Eigenspannungsverteilung erhalten.
Durch Messung dieser Eigenspannungsverteilung kann auf den Unsymmetriefaktor geschlossen werden. Eine der Methoden zur Messung der Eigenspannungen ist die Bestimmung der Gitterabstände im kristallinen Material mittels Neutronendiffraktometrie. Von Pintschovius et al. [9.11] wurde das in Abschnitt 9.1.5 angesprochene glasphasenhaltige Aluminiumoxid untersucht. Als Resultat ergab sich die in Abb. 9.22 dargestellte elastische Dehnungsverteilung. Die beste Übereinstimmung mit dem Experiment wurde für $\beta = 5.1$ gefunden.

9.2 Versagen im Kriechbereich

Im Bereich hoher Temperaturen gibt es verschiedene Versagensmechanismen, die alleine oder in Kombination auftreten können. Die in Kapitel 9.1

behandelte Kriechverformung kann bereits zu einer Versagensgrenze führen, wenn durch zu große Gesamtverformung die Funktion einer Komponente beeinträchtigt wird.

Der Bruch bei hohen Temperaturen kann durch unterkritische Rißausbreitung, ausgehend von vorhandenen Fehlern, verursacht werden. Im Anwendungsbereich der linear-elastischen Bruchmechanik erfolgt die Beschreibung mit den in Kapitel 3.5 angegebenen Gesetzmäßigkeiten. Bei größeren Kriechverformungen im Bereich der Rißspitze wird das C*-Integral anstelle des Spannungsintensitätsfaktors verwendet (s. Kapitel 9.2.2). Der eigentliche Kriechbruch, der durch die Bildung und die Zusammenlagerung von Poren erfolgt und mit relativ großen Kriechdehnungen verknüpft ist, wird in Kapitel 9.2.1 beschrieben.

Eine dritte Versagensart ist die Oxidation, für die es lediglich erste Ansätze einer quantitativen Lebensdauervorhersage gibt [9.21].

Die verschiedenen Versagensmechanismen bei Hochtemperaturbeanspruchung sind in Abb. 9.23 in ihrem zeitlichen Verlauf (a→b→c) nach Davidge [9.22] schematisch dargestellt.

- Im Fall I geht das Versagen von einem vor der Belastung vorhandenen Riß aus. Aufgrund von Kriechverformungen vor der Rißspitze wird sich der Riß etwas ausrunden und sich dann verlängern.
- Bei Fall II bilden sich an der Rißspitze Poren, die sich mit dem Ausgangsriß vereinigen.
- Beim Fall III geht das Versagen nicht von einem vorhandenen Riß aus, sondern es entstehen Poren, die sich zu Rissen zusammenlagern.
- Der Fall IV betrifft das Versagen durch Oxidation. Es bildet sich eine Oxidschicht, in der Risse entstehen, die dann in den Werkstoff wachsen. Auch hier geht das Versagen nicht von den im Werkstoff vorhandenen Anfangsfehlern aus.

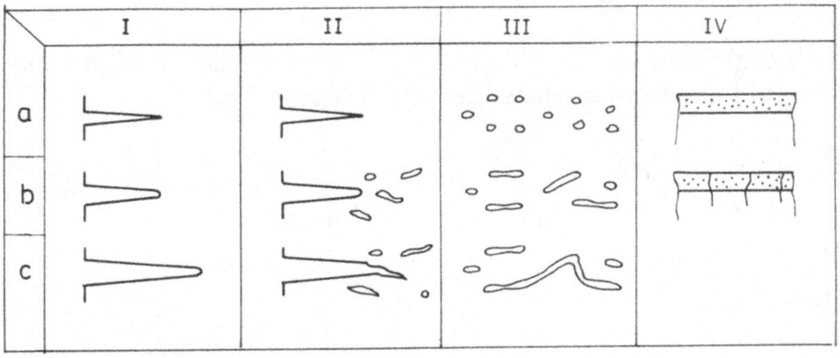

	I	II	III	IV
a				
b				
c				

Abb. 9.23 Versagensmechanismen bei Hochtemperaturbeanspruchung nach Davidge [9.22]

9.2.1 Kriechbruch

Neben dem in Kapitel 3.5 behandelten unterkritischen Rißwachstum tritt bei hohen Temperaturen ein weiteres die Lebensdauer begrenzendes Versagen auf, das als Kriechbruch bezeichnet wird, da es direkt mit der Kriechverformung zusammenhängt. Der Kriechbruch ist die Folge einer zunehmenden inneren Schädigung und geht mit der Bildung und Vergrößerung von Poren einher. Der experimentelle Befund des Versagens unter Kriechen wird bei Metallen durch die Monkman-Grant Beziehung beschrieben. Sie besagt, daß das Produkt aus minimaler Kriechgeschwindigkeit und der Lebensdauer eine Konstante ist:

$$\dot{\varepsilon}_{c,min}\, t_B = C_{MG} = \text{const.} \tag{9.53}$$

Eine theoretische Deutung dieser Beziehung kann nach dem Schädigungskonzept von Kachanov [9.23] gegeben werden. Definiert man als Schädigung D einen Verlust am tragenden Querschnitt A durch Bildung von Rissen oder Poren im Innern einer Probe und bezeichnet A_0 den ungeschädigten Ausgangsquerschnitt, dann folgt

$$D = 1 - \frac{A}{A_0} = 1 - \frac{\sigma_0}{\sigma} \tag{9.54}$$

Die Querschnittsverminderung ist mit einem Anstieg der wahren (auf den noch tragenden Nettoquerschnitt bezogenen) Spannung σ gegenüber der Ausgangsspannung σ_0 verbunden. Das Schädigungskonzept besagt, daß die zeitliche Zunahme der Schädigung eine Funktion der wahren Spannung ist

$$\frac{dD}{dt} = f(\sigma) \;, \tag{9.55}$$

wofür oft eine Potenzdarstellung

$$\frac{dD}{dt} = C_1\, \sigma^{\mu} \tag{9.56}$$

angesetzt wird. Integration dieser Beziehung führt mit der Anfangsbedingung $D(0) = 0$ und der Versagensbedingung $D(t_B) = 1$ zu

$$\int_0^1 (1-D)^{\mu}\, dD = C_1\, \sigma_0^{\mu} \int_0^{t_B} dt = C_1\, \sigma_0^{\mu}\, t_B \,, \tag{9.57}$$

woraus schließlich

$$\sigma_0^{\mu}\, t_B = \frac{1}{C_1\,(\mu+1)} \tag{9.58}$$

folgt.

Betrachtet man das Nortonsche Kriechgesetz (Gl. 9.7), das die stationären (und damit minimalen) Kriechgeschwindigkeiten beschreibt, dann ist leicht zu erkennen, daß für $\mu = n$ die Monkman-Grant Beziehung Gl. (9.53) folgt. Da der Kriechexponent n - Gl. (9.7) - wesentlich kleiner als der Rißwachstumsexponent n - Gl. (3.38) - ist, ergibt sich beim Kriechbruch eine wesentlich geringere Spannungsabhängigkeit der Lebensdauer als beim Bruch durch unterkritische Rißausbreitung (s. Kapitel 9.2.3).

9.2.2 Kriechrißwachstum

Neben der überwiegend durch Porenbildung bedingten Kriechschädigung ist auch ein Wachstum vorhandener oder während des Kriechversuchs z. B. durch Zusammenlagerung von Poren gebildeter Risse zu berücksichtigen, das mit bruchmechanischen Methoden betrachtet werden kann.

War im Bereich des mit den Mitteln der linear-elastischen Bruchmechanik beschreibbaren unterkritischen Rißwachstums der Spannungsintensitätsfaktor K_I die Beanspruchungsgröße am Riß, so sind es im Bereich ausgeprägten Kriechens die Kriechrißwachstumsparameter C_h^* für das primäre Kriechen und C^* für das sekundäre Kriechen. Die grundsätzlichen Eigenschaften sollen im folgenden anhand des C^*-Integrals kurz dargestellt werden.

Das C^*-Integral ist – wie auch das von den Metallen her bekannte J-Integral, das das elastisch/plastische Verhalten eines Risses charakterisiert – ein wegunabhängiges Linienintegral, das die Spannungsverhältnisse vor der Rißspitze im stationären Zustand beschreibt. Für das in Abb. 9.24 angegebene Koordinatensystem ist es gegeben durch

$$C^* = \int_\Gamma \left[\dot{W}\, dy - T_i \frac{\partial \dot{u}_i}{\partial x} ds \right] \tag{9.59}$$

wobei

$$\dot{W} = \int_0^{\dot{\varepsilon}_{ij}} \sigma_{ij}\, d\dot{\varepsilon}_{ij} \tag{9.60}$$

die Verformungs-Leistungsdichte ist. T_i ist der durch

$$T_i = \sigma_{ij} \cdot n_j \tag{9.61}$$

mit dem nach außen gerichteten Normalenvektor n_j definierte Spannungsvektor. Der Vektor der Verschiebungsgeschwindigkeit ist mit $\dot{u}_i$ bezeichnet. σ_{ij} sind die Komponenten des Spannungstensors und $\dot{\varepsilon}_{ij}$ die Komponenten des Tensors der Verzerrungsgeschwindigkeiten.

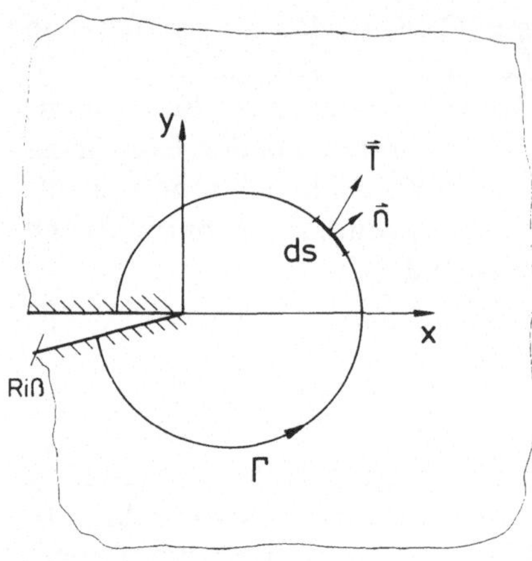

Abb. 9.24 Integrationsweg im Bereich der Rißspitze

Das Integral erstreckt sich, wie in Abb. 9.24 dargestellt ist, ausgehend von der unteren Rißflanke entgegen dem Uhrzeigersinn entlang der Kurve Γ um die Rißspitze bis zur oberen Rißflanke. Kann das sekundäre Kriechverhalten durch ein Norton-Gesetz der Form

$$\dot{\varepsilon}_s = D\,\sigma^n$$

beschrieben werden, dann ergibt sich für die Spannungen vor der Rißspitze im Falle langer Zeiten das Hutchinson-Rice-Rosenfield-Feld (HRR-Feld)

$$\left.\begin{aligned} \sigma_{ij} &\sim (C^*/r)^{1/(1+n)} \\ \varepsilon_{ij} &\sim (C^*/r)^{n/(1+n)} \end{aligned}\right\} \quad \text{für } t \gg t_1 \tag{9.62}$$

und für kurze Zeiten, bei denen die Kriechzone noch relativ klein gegenüber der Rißlänge a ist

$$\sigma_{ij} \sim \left(\frac{K_I^2}{rt}\right)^{1/(1+n)} \quad \text{für } t \ll t \tag{9.63}$$

Die charakteristische Zeit t_1 ist nach Riedel [9.24] durch

$$t_1 = K_I^2 (1-\nu^2)/[E\,(n+1)\,C^*] \tag{9.64}$$

gegeben. Abbildung 9.25 zeigt dieses Verhalten schematisch. Ist $t \ll t_1$, kann die linear-elastische Bruchmechanik angewandt werden, für $t \gg t_1$ ist die Beschreibung mit dem C*-Konzept möglich. Die Kriechrißwachstumsgeschwindigkeit ist dann durch

$$\frac{da}{dt} = f\,(C^*) \tag{9.65}$$

gegeben.

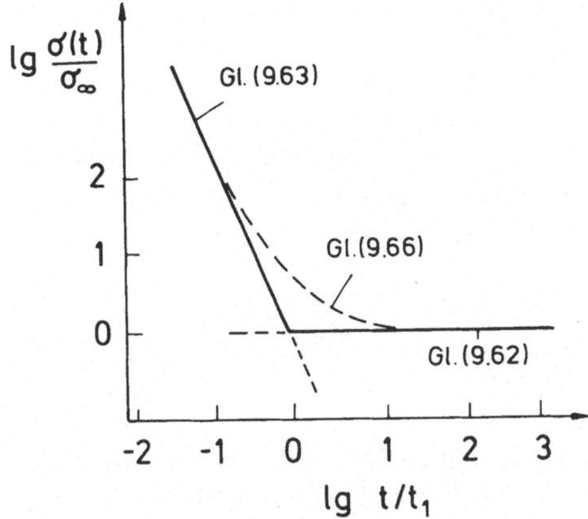

Abb. 9.25 Zur Interpolationsformel von Riedel

Im mittleren Zeitbereich $t \simeq t_1$ wird von Riedel [9.24] eine Interpolationsgröße C (t) angegeben, die sich aus

$$C(t) = (1 + \frac{t_1}{t})\ C^* \tag{9.66}$$

errechnet und den gesamten Zeitbereich erfaßt.

Kennt man die Größe des Risses a in einer Kriech-Bruchmechanikprobe, dann läßt sich C* nach mehreren Methoden ermitteln. Aus der Rißöffnungsverschiebungsgeschwindigkeit dV/dt von Kompakt-Proben (s. Abb. 9.26a) ergibt sich

$$C^* = \frac{dV}{dt}\ \frac{F}{B}\ f_1(\frac{a}{W}, n) \tag{9.67}$$

wobei f_1 eine in [9.25] tabellierte Funktion darstellt. Da die Lasteinleitung an Keramik-CT-Proben schwierig ist, ist eine Auswertung des Biegeversuchs mit einer rißbehafteten Probe vorzuziehen (Abb. 9.26b).

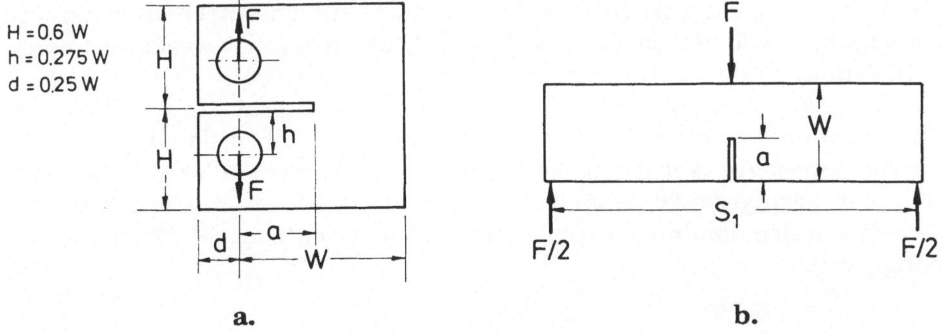

Abb. 9.26 Kompakt- und Biegeprobe für Rißausbreitungsmessungen

In diesem Falle kann bei bekanntem a eine Berechnung von C* gemäß

$$C^* = a\,D\,\sigma^{n+1}\,f_2\,(\frac{a}{W}, n) \tag{9.68}$$

erfolgen. Hierin sind D,n wieder die Paramter des Nortonschen Kriechgesetzes, die in zusätzlichen Versuchen zu ermitteln sind. Unabhängig von der Kenntnis des Kriechparameters D ist eine Auswertung nach

$$C^* = \Delta\,\frac{FS_1}{B}\;f_3(\frac{a}{W}, n) \tag{9.69}$$

die eine Messung der Verschiebungsgeschwindigkeiten Δ der Kraftangriffspunkte erfordert. Die Funktionen f_2 und f_3 sind ebenfalls aus [9.25] zu entnehmen. Beim Auftreten ausgeprägten primären Kriechens ist für die bruchmechanische Betrachtung ein weiteres Linienintegral C_h* von Riedel [9.24] eingeführt worden. Für dessen Bedeutung und Eigenschaften sei auf die Originalliteratur verwiesen.

Die Methoden zur Voraussage der Lebensdauer von keramischen Werkstoffen unter Benutzung des C*- oder des C_h*-Integrals sind noch in einem Entwicklungsstadium. Es müssen dazu insbesondere noch Methoden zur Behandlung von zweidimensionalen Rissen entwickelt werden.

9.2.3 Versagenskarten

Die Versagensgrenzen im Hochtemperaturbereich können in Versagenskarten dargestellt werden.

Dazu wird zunächst ein experimentelles Ergebnis von Grathwohl [9.26] an einem heißgepreßten Siliciumnitrid bei 1200°C betrachtet. In Abb. 9.27a ist die an Biegeversuchen gemessene Bruchzeit in Abhängigkeit von der elastisch berechneten Randfaserspannung aufgetragen. Neben den experimentellen Ergebnissen sind Lebensdauervoraussagen für die unterkritische Rißausbreitung eingezeichnet, wobei ein Rißwachstumsexponent von $n = 10$ verwendet wurde (durchgezogene Linie). Diese Kurve ist wegen der Spannungsumlagerung nicht linear.

Für Spannungen unter 175 MPa ist die gemessene Lebensdauer kleiner als die vorausgesagte. Außerdem ist die $\lg\sigma - \lg t_B$ – Kurve steiler, d.h. es ergibt sich eine geringere Abhängigkeit der Lebensdauer von der Spannung. In diesem Bereich dominiert der Kriechbruch, für den nach Gl. (9.58) die Abhängigkeit

$$t_B \sim \sigma^{-\mu} \tag{9.70}$$

zu erwarten ist. Aus dem Verlauf der Kurve ergibt sich $\mu \approx 2$.

Die Bruchdehnung ist in Abb. 9.27b gegen die Spannung aufgetragen. Für σ > 175 MPa treten kleine Bruchdehnungen auf, d.h. hier bestimmt das unterkritische Rißwachstum die Lebensdauer. Für σ < 175 MPa tritt Kriechbruch auf, bevor das unterkritische Rißwachstum sich bemerkbar macht. Der Kriechbruch ist mit einer größeren Bruchdehnung verbunden als der Bruch, der durch unterkritisches Rißwachstum hervorgerufen wird.

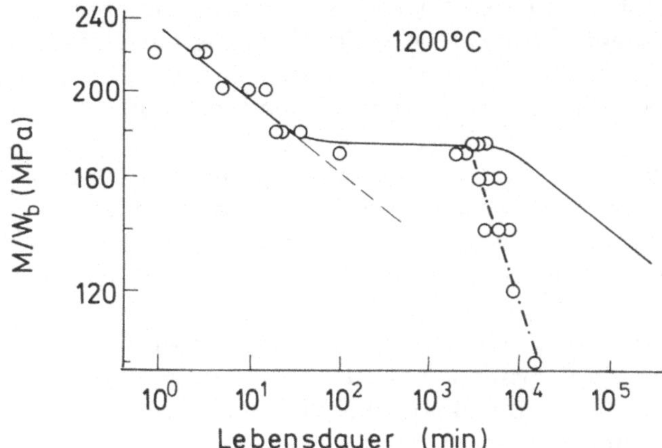

a

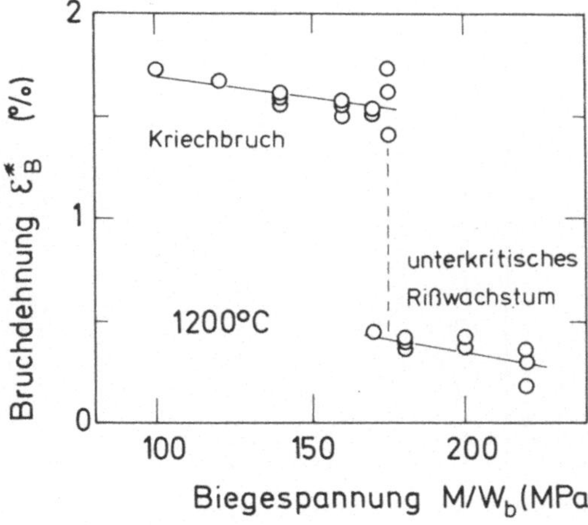

b

Abb. 9.27 Lebensdauer und Bruchdehnung in Abhängigkeit von der elastisch berechneten Randfaserspannung im Biegeversuch für heißgepreßtes Siliciumnitrid [9.26]

Als zweites Beispiel für den Einfluß der Spannung auf die Bruchzeit sind in Abb. 9.28 Ergebnisse an Al_2O_3 mit Glasphase dargestellt. Die durchgezogene Linie beschreibt die Abhängigkeit der Lebensdauer von der bei Versuchsbeginn vorliegenden Randfaserspannung für das Versagen durch unterkritisches Rißwachstum. Die Kurvenanpassung im Bereich höherer Belastungen und damit kurzer Lebensdauern liefert einen Rißwachstumskomponenten $n=12$. Die Krümmung der Kurve ist eine direkte Folge der Spannungsumverteilung aufgrund des Kriechens. Die experimentell beobachteten Lebensdauern sind bei kleinen Spannungen deutlich kürzer und lassen auf Kriechbruchversagen schließen. Aus der Steigung der Geraden ergibt sich nach Gl. (9.70) $\mu=3.0$. Dies ist in relativ guter Übereinstimmung mit dem Nortonexponenten von 2.25 für diesen Werkstoff.

Die Spannung beim Übergang vom Kriechbruch zum Rißbruch ist temperaturabhängig. In Versagenskarten kann dies dargestellt werden. In Abb. 9.29a ist schematisch die Spannung gegen die Bruchzeit für verschiedene Temperaturen sowie die Grenze Kriechbruch – Rißbruch aufgezeichnet.

Abbildung 9.29b enthält eine entsprechende Darstellung, wobei die Spannung gegen die Temperatur für verschiedene Bruchzeiten aufgetragen ist. Im Bereich I tritt Versagen durch unterkritisches Rißwachstum auf. Der Bereich II umfaßt den Kriechbruch. Der Bereich I wird im σ-T-Diagramm nach oben durch die Kurve für instabilen Bruch abgegrenzt. Nach unten erfolgt die Abgrenzung durch eine Grenzkurve gegenüber dem Bereich, in dem auch nach langen Zeiten kein Versagen auftritt.

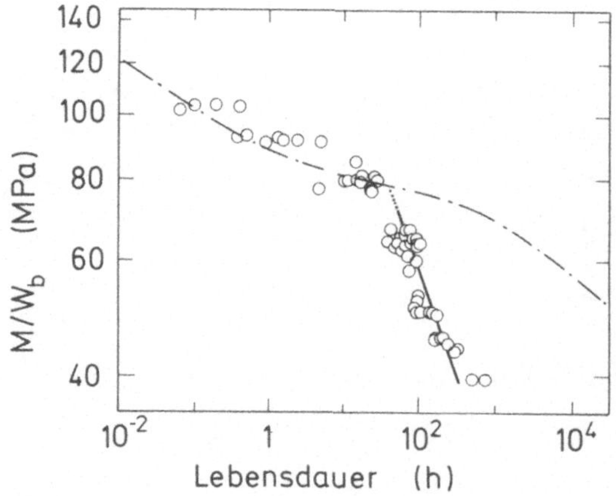

Abb. 9.28 Lebensdauer in Abhängigkeit von der elastisch berechneten Randfaserspannung im Biegeversuch für Aluminiumoxid [9.27]

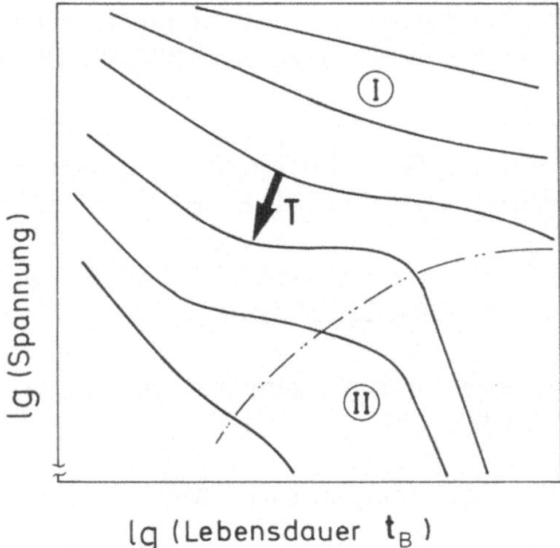

a

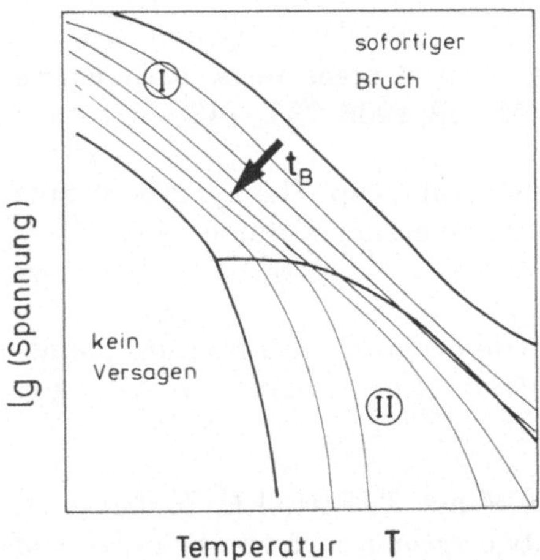

b

Abb. 9.29 Versagenskarten (schematisch),
I: Unterkritisches Rißwachstum, II: Kriechbruch

Literatur zu Kapitel 9

[9.1] R. Kossowsky, D.G. Miller, E.S. Diaz, Tensile and creep strength of hot-pressed Si_3N_4, Journal of Materials Science 10, 1975, 983-997

[9.2] R.M. Arons, J.K. Tien, Creep and strain recovery in hot-pressed silicon nitride, Journal of Materials Science 15, 1980, 2046 - 2058

[9.3] W. Gebhard, Die Ermittlung der Warmfestigkeit keramischer Werkstoffe, DFVLR-Mitteilungen 81-03, 1981, Köln

[9.4] E.N. Andrade, The viscous flow in metals and allied phenomena, Proceedings of the Royal Society A 84 (1910), London

[9.5] P.G. McVetty, Working stresses for high temperature service, Mechanical Engineering 56, 1934, 149

[9.6] F.H. Norton, Creep of steel at high temperatures, McGraw Hill, 1929, New York

[9.7] R.W. Bailey, Creep of steel under simple and compound stresses, and the use of high initial temperature in steam power plants, Transactions of the World Power Conference, Bd. 3, 1089, Tokyo 1929

[9.8] C.R. Söderberg, The interpretation of creep tests for machine design, Transactions of the ASME 58, 1936, 733 - 743

[9.9] A. Nadai, The influence of time upon creep. The hyperbolic sine creep law, in: S. Timoshenko Anniversary Volume, New York; McMillan Co, 1938

[9.10] F.F. Lange, High temperature deformation and fracture phenomena of polyphase Si_3N_4 materials, in: Progress in Nitrogen Ceramics, 1983, 467 - 490

[9.11] L. Pintschovius, E. Gering, D. Munz, T. Fett, J.L. Soubeyroux, Determination of non-symmetric secondary creep behaviour of ceramics by residual stress measurement using neutron diffractometry, Journal of Materials Science Letters, 1989

[9.12] T. Fett, K. Keller, M. Mißbach, D. Munz, Creep parameters of alumina containing a glass phase determined in bending creep tests, Journal of the American Ceramic Society, 1989

[9.13] T.J. Chuang, Estimation of power-law creep parameters from bend test data, Journal of Materials Science 21, 1986, 156 - 175

[9.14] T. Fett, K. Keller, D. Munz, An analysis of the creep of hot-pressed silicon nitride in bending, Journal of Materials Science 23, 1988, 467 - 474

[9.15] W. Flügge, Viscoelasticity, Blaisdell Publishing Co., Waltham, Mass., 1967

[9.16] G.W. Hollenberg, G.R. Terwilliger, R.S. Gordon, Calculation of stresses and strains in four-point bending creep tests, Journal of the American Ceramic Society 54, 1971, 196 - 199

[9.17] H. Cohrt, G. Grathwohl, F. Thümmler, Non-stationary stress distribution in a ceramic bending beam during constant load creep, Res Mechanica 10, 1984, 55 - 71

[9.18] T. Fett, Stress distribution in a bending beam for cyclic loading under creep conditions, Res Mechanica 18, 1986, 95 - 115

[9.19] I. Finnie, Method of predicting creep in tension and compression from bending tests, Journal of the American Ceramic Society 49, 1966, 218 - 220

[9.20] P.K. Talty, R.A. Dirks, Determination of tensile and compressive creep behaviour of ceramic materials from bend tests, Journal of Materials Science 13, 1978, 580 - 586

[9.21] T. Soma, Y. Ishida, M. Matsui, I. Oda, Ceramic component design for assuring long-term durability, Advanced Ceramic Materials 2, 1987, 809 - 812

[9.22] R.W. Davidge, Perspectives for engineering ceramics in heat engines, Vortragsmanuskript der Konferenz über "High temperature alloys for gas turbines and other applications 1986", 6.-9. Oktober, Liege, Belgien, 1986

[9.23] L.M. Kachanov, The Theory of Creep, Wetherby, Boston, 1960

[9.24] H. Riedel, Fracture at High Temperatures, Springer Verlag, Berlin, 1987

[9.25] V. Kumar, M.D. German, C.F. Shih, An Engineering Approach for Elastic-Plastic Fracture Analysis, Electric Power Research Institute Report NP-1931, Palo Alto, 1981

[9.26] G. Grathwohl, Regimes of creep and slow crack growth in high-temperature rupture of hot-pressed silicon nitride, in: Deformation of Ceramics II, Plenum Publishing Corporation, 1984, 573 - 586

[9.27] M. Mißbach, unveröffentlichte Ergebnisse

10. Verbindungstechnik

Keramische Bauteile müssen häufig mit metallischen Bauteilen verbunden werden. Dazu bestehen verschiedene Möglichkeiten, wobei zwischen mechanischen Fügeverfahren, die zu Form- oder Kraftschluß führen, und stoffschlüssigen Fügeverfahren unterschieden wird. Zu den ersteren gehören Einschrumpfen, Eingießen sowie das Klemmen, Kitten und Stecken. Zu den stoffschlüssigen Verfahren zählen Löten, Schweißen, Einsintern und Kleben.

Vor allem aufgrund der unterschiedlichen Wärmeausdehnung von Keramik und Metall, aber auch aufgrund der unterschiedlichen elastischen Konstanten können während der Herstellung einer Verbindung und bei mechanischer und thermischer Belastung hohe Spannungen in der Keramik auftreten. Bei der Werkstoffauswahl und bei der geometrischen Gestaltung muß darauf geachtet werden, daß nach Möglichkeit nur Druckspannungen auftreten bzw. unvermeidbare Zugeigenspannungen möglichst gering gehalten werden.
In diesem Kapitel werden einige Gesichtspunkte für die Gestaltung und die Werkstoffauswahl angegeben.

10.1 Löten

Beim Löten entstehen während des Abkühlens aufgrund der unterschiedlichen thermischen Ausdehnung von Keramik, Metall und Lot Eigenspannungen. Die Höhe dieser Eigenspannungen ist abhängig von den thermischen Ausdehnungskoeffizienten, den elastischen Konstanten und von der Geometrie der Lötverbindung. Besonders zu beachten sind die Spannungsverteilungen am Rand der Verbindung.

Zunächst sollen diese Randeffekte ausgeschlossen werden. Dazu wird eine unendlich ausgedehnte Platte betrachtet (Abb. 10.1). Zur Bezeichnung von Keramik, Lot und Platte werden die Indizes $i=1, 2, 3$ eingeführt. Die jeweilige Schichtdicke ist h_i. Es wird angenommen, daß während des Abkühlens bis zu einer Temperatur T_1 freie Ausdehnung von Keramik und Metall

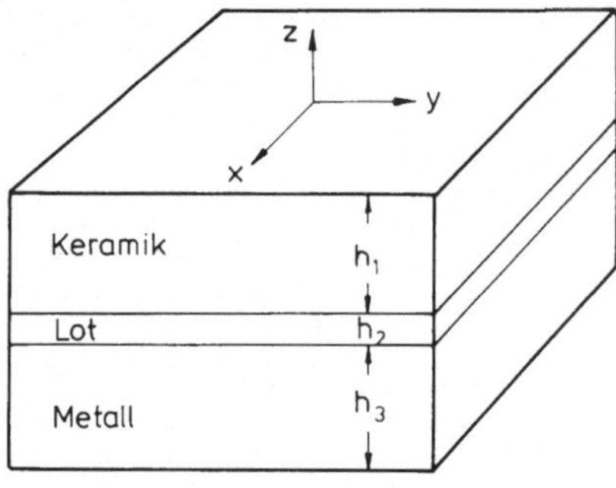

Abb. 10.1 Lötverbund Keramik - Metall

möglich ist. Für $T < T_1$ wird ein fester Plattenverbund angenommen und rein elastisches Verhalten vorausgesetzt. Die thermische Dehnung bei der Temperatur T_0 ist nach Abkühlung von der Temperatur T_1

$$\varepsilon_{th,i} = \alpha_i \, (T_0 - T_1) \tag{10.1}$$

Wird der Plattenverbund an der Durchbiegung gehindert, dann ist die Gesamtdehnung aller drei Komponenten in x- und y-Richtung identisch, d.h.

$$\varepsilon_{el,i} + \varepsilon_{th,i} = C \tag{10.2}$$

Wegen des zweiachsigen Spannungszustandes ist der Zusammenhang zwischen ε_{el} und der Spannung σ_x bzw. σ_y:

$$\sigma_i = \frac{E_i}{1-\nu_i}\,\varepsilon_{el,i} = \frac{E_i}{1-\nu_i}\,[C - \varepsilon_{th,i}] \tag{10.3}$$

Die Konstante C ergibt sich aus der Forderung, daß die resultierende Kraft in x- bzw. y-Richtung verschwindet:

$$\sum_{i=1}^{3} h_i \sigma_i = 0 \tag{10.4}$$

Daraus ergibt sich

$$\sigma_i = -(T_1 - T_0)\,\frac{E_i}{1-\nu_i}\left[\frac{\sum E_i a_i h_i/(1-\nu_i)}{\sum E_i h_i/(1-\nu_i)} - a_i\right] \tag{10.5}$$

In Abb. 10.2 sind für die in Tabelle 10.1 angegebenen Werkstoffe die Spannungen in Keramik und Metall für einen Verbund mit h_1 = 4 mm, h_2 = 0.2 mm, h_3 = 4 mm aufgetragen. Der Effekt der unterschiedlichen Querkontraktionszahlen wurde dabei vernachlässigt und ein einheitlicher Wert von ν = 0.3 angenommen. Die Höhe der Spannungen hängt entscheidend von der gewählten Keramik/Metall-Kombination ab. Für austenitische Stähle und Aluminiumlegierungen ergeben sich Druckeigenspannungen in der Keramik und Zugeigenspannungen im Metall. Die geringsten Spannungen treten im ZrO_2 auf, dessen Wärmeausdehnungskoeffizient Stahl und Aluminium am nächsten kommt. Die Kombination ZrO_2/Wolfram führt dagegen zu Zugeigenspannungen im ZrO_2.

Die Werte in Tabelle 10.1 sind Anhaltswerte. Entscheidend für eine genaue Berechnung der Löteigenspannungen ist eine gute Kenntnis der Werkstoffeigenschaften, insbesondere der Wärmeausdehnungskoeffizienten. Ferritische Stähle haben Wärmeausdehnungskoeffizienten, die denen von ZrO_2-Keramiken sehr nahe kommen. Deshalb ist es hier möglich, nahezu spannungsfreie Lötverbindungen zu erzeugen. Entscheidend für die Höhe der Eigenspannungen bei vorgegebener Werkstoffpaarung ist die Loterstarrungstemperatur, die möglichst niedrig sein soll.

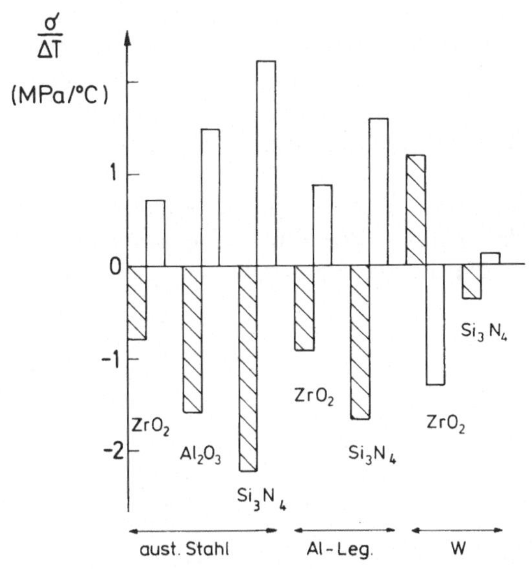

Abb. 10.2 Spannungen in Keramik (schraffiert) und Metall für biegebehinderten Plattenverbund

Tabelle 10.1

Werkstoff	E GPa	α 10^{-6}°C^{-1}
aust. Stahl	210	16
Al-Legierung	70	23
Wolfram	410	4.5
ZrO_2	200	11
Al_2O_3	380	8
Si_3N_4	300	3.2
Ag-Lot	72	20.6

In Abb. 10.3 sind für die Kombination austenitischer Stahl/ZrO_2 die Spannungen gegen die Dicke der Keramikschicht aufgetragen. Die Druckspannung in der Keramik nimmt mit zunehmender Schichtdicke ab. Der Einfluß der Lötschichtdicke auf die Spannung in der Keramik und im Metall ist gering. Die Spannungen in der Lötschicht hängen entscheidend von den Wärmeausdehnungskoeffizienten von Lot, Keramik und Metall ab.

Kann sich der Plattenverbund frei ausdehnen, dann tritt eine Verbiegung – ähnlich wie beim Bimetall – auf, die zu einer Spannungsumlagerung führt. Die Berechnung der Spannungen erfolgt unter der Annahme einer linearen Dehnungsverteilung in Dickenrichtung (z-Koordinate in Abb. 10.1) und der Forderung, daß die resultierende Spannung in x- und y-Richtung und die resultierenden Momente verschwinden.

In Abb. 10.4 ist die Spannungsverteilung für einen Verbund austenitischer Stahl/ZrO_2 aufgezeichnet. Aufgrund der Plattenbiegung treten nun Zugeigenspannungen an der Oberfläche der Keramikplatte auf, während sich an der Oberfläche der Metallplatte Druckeigenspannungen ausbilden.

In Abb. 10.5 ist der Einfluß der Dicke der Keramikplatte wiederum am Beispiel austenitischer Stahl/ZrO_2 dargestellt. Für dünne Keramikplatten ergeben sich nur Druckeigenspannungen in der Keramik. Die Druckspan-

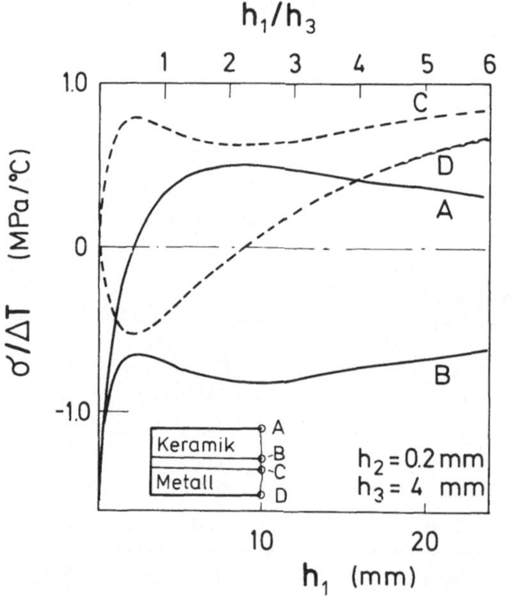

Abb. 10.3 Einfluß der Dicke der Keramikplatte auf Spannungen in der biegebehinderten Platte

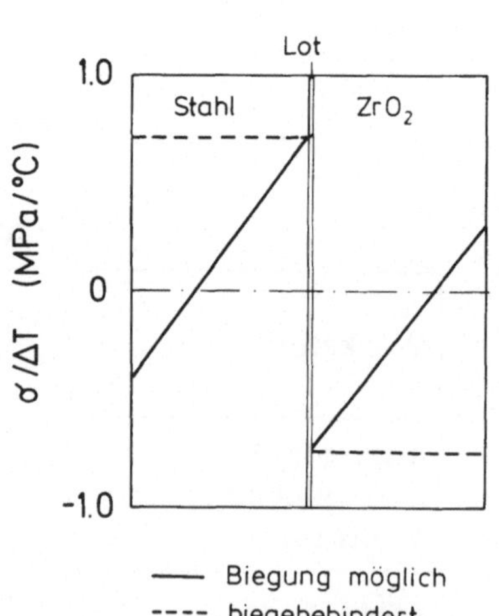

Abb. 10.4 Spannungsverteilung in Keramik- Metall - Lötverbund

nungen an der Oberfläche nehmen mit zunehmender Dicke der Keramik ab und gehen in Zugspannungen über. Bei sehr großen Keramikdicken nehmen die Zugspannungen wieder ab.
Werden zwei identische Platten der Dicke h_k verlötet, dann sind die Spannungen in der Keramik gering. Die Spannungen in der Lotschicht berechnen sich aus

$$\sigma_{Lot} = \frac{E_L}{1-\nu_L} \frac{-(\alpha_K - \alpha_L)(T_1 - T_0)}{1 + \frac{E_L/(1-\nu_L)}{E_K/(1-\nu_K)} \frac{h_L}{2h_K}} \tag{10.6}$$

Für eine dünne Lotschicht im Vergleich zur Keramikdicke ist

$$\sigma_{Lot} = -(\alpha_K - \alpha_L) E_L (T_1 - T_0)/(1 - \nu_L) \tag{10.7}$$

wobei die Indizes Lot bzw. Keramik bedeuten.

Am Rande der Keramik/Metall-Verbindung liegt ein mehrachsiger Spannungszustand vor. Die Berechnung des Spannungszustandes kann entweder mit analytischen Methoden unter bestimmten Annahmen (Plattentheorie) oder näherungsweise mit der Methode der finiten Elemente erfolgen.

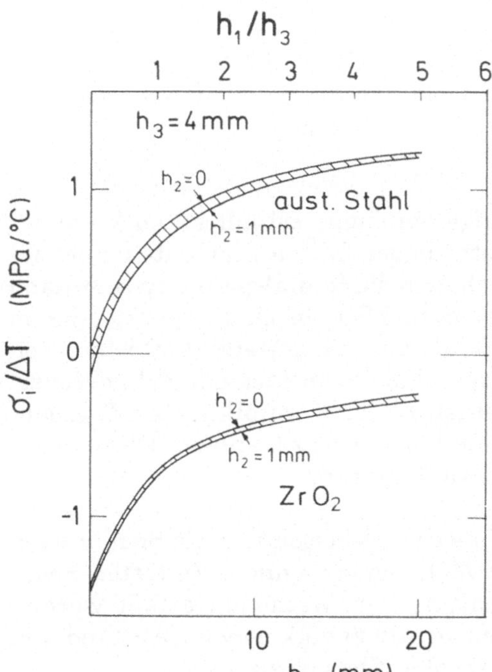

Abb. 10.5 Einfluß der Dicke der Keramikplatte auf die Spannungen in biegefähigem Verbund ZrO_2/austenitischer Stahl

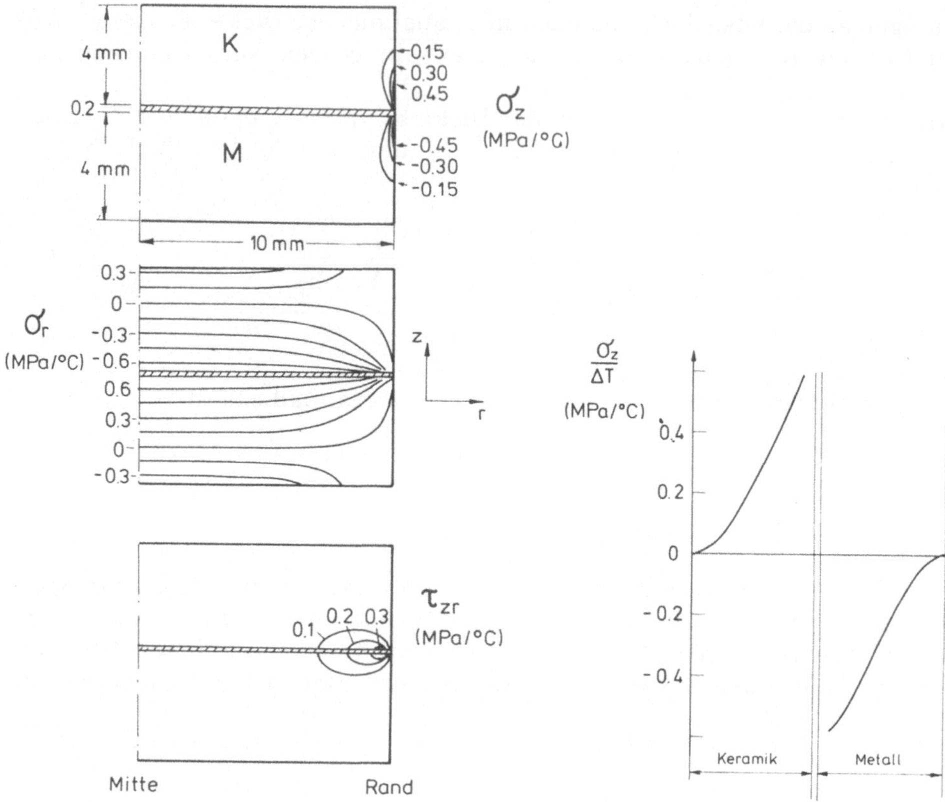

Abb.10.6 Linien gleicher Spannungen im zylindrischen Verbund ZrO_2/ austenitischer Stahl

Abb. 10.7 Verlauf von σ_z am Rand des zylindrischen Verbunds

In Abb. 10.6 sind Spannungsverteilungen in einem zylindrischen Verbundkörper aufgezeichnet, die mit der Methode der finiten Elemente berechnet wurden. Aus diesen Bildern ergibt sich, daß die Radialspannung zum Rand hin abfällt, während Axialspannungen σ_z und Schubspannungen τ_{zv}, die im Mittenbereich Null sind, am Übergang Keramik/Lot/Metall auftreten. Von Bedeutung ist der Verlauf der Längsspannung σ_z entlang der Zylinderoberfläche, der in Abb. 10.7 aufgezeichnet ist. In der Keramik treten Zugspannungen auf, die bei Annäherung an die Lötschicht zunehmen. Diese Spannungen können zum Versagen der Keramik führen.

In unmittelbarer Nähe des Werkstoffübergangs lassen sich die Spannungen nicht mehr genau genug mit der FE-Methode berechnen. Es treten Spannungssingularitäten auf, die mit analytischen Methoden erfaßt werden können. Der Verlauf der Spannungen in Abhängigkeit vom Abstand von der Oberfläche am Übergang Keramik/Lot ergibt sich zu

$$\sigma_{ij} \sim \frac{1}{r^{\lambda}} \qquad (10.8)$$

Der Exponent λ hängt von den elastischen Konstanten der Komponenten und von den in Abb. 10.8 angegebenen Winkeln δ_1 und δ_2 ab. In Abb. 10.8 ist λ in Abhängigkeit von δ_1 für verschiedene δ_2 aufgetragen. Für bestimmte Winkelkombinationen von δ_1 und δ_2 verschwindet die Singularität.

Durch plastische Verformung des Lots und des Metalls verringern sich die Spannungen gegenüber den elastisch berechneten. Für den biegebehinderten Plattenverbund folgt unter der Annahme ideal plastischen Verhaltens mit den Fließgrenzen R_{P2} und R_{P3} für Lot und Metall für die Spannung in der Keramik

$$\sigma = -R_{P2}\frac{h_2}{h_1} - R_{P3}\frac{h_3}{h_1} \qquad (10.9)$$

Die Spannungen in den einzelnen Komponenten sind unabhängig von der Temperaturdifferenz T_1 - T_0 sofern im Metall und im Lot die Fließgrenze überschritten ist. Die Spannungen sind außerdem unabhängig von den Wärmeausdehnungskoeffizienten und den elastischen Konstanten. Diese bestimmen allerdings die notwendige Temperaturdifferenz, um den plastischen Zustand zu erreichen.
Aus Gl. (10.9) geht hervor, daß die Streckgrenze der Lotschicht die Spannung in der Keramik nur wenig beeinflußt, da die Lotschicht dünn ist. Dies gilt allerdings nur außerhalb des Randbereichs. Die Spannungen im Randbereich, die für das Versagen von entscheidender Bedeutung sind, werden durch die plastischen Eigenschaften des Lotes stark beeinflußt, da durch die plastische Verformung am Rand die elastisch berechneten Spannungen abgebaut werden. Deshalb können die Randspannungen durch eine weiche Zwischenschicht reduziert werden.
Auch durch eine Unterkühlung können die Eigenspannungen vermindert werden. Wird der biegebehinderte Plattenverbund von Raumtemperatur T_0 auf T_u abgekühlt, dann ändert sich bei der Abkühlung die Spannungsver-

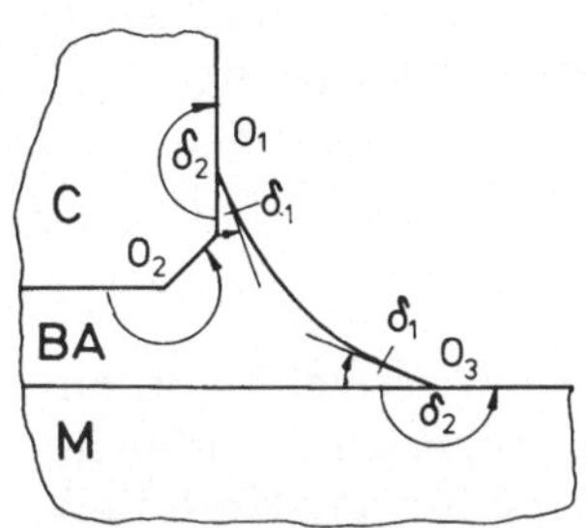

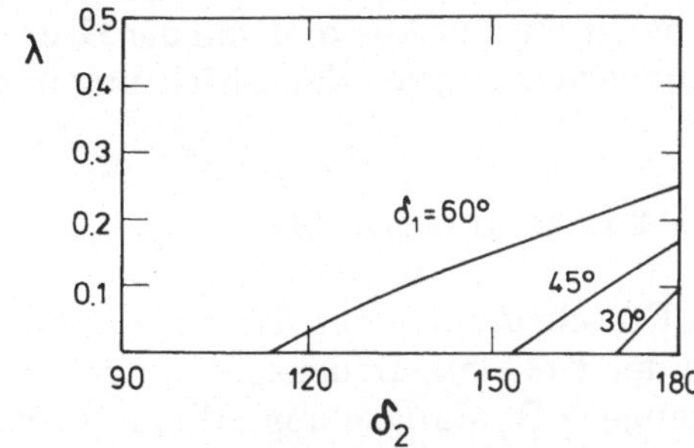

Abb. 10.8 Singularitätsexponent λ in Abhängigkeit der Winkel δ_1 und δ_2

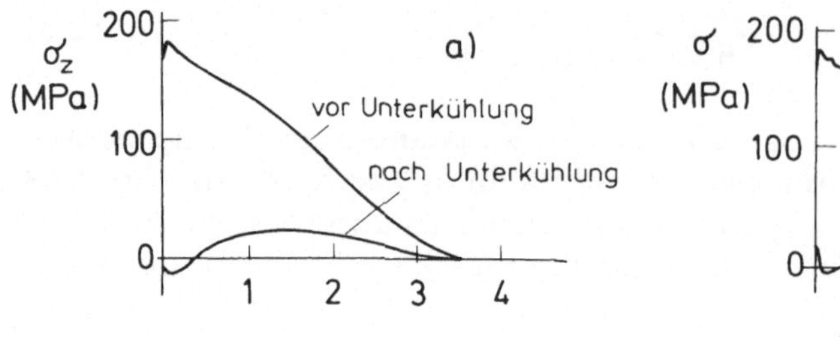

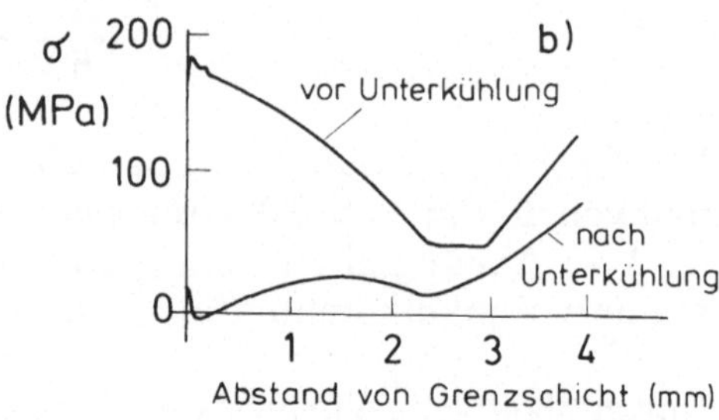

a) Axialspannung

b) Maximale Hauptspannung

Abb. 10.9 Einfluß einer Unterkühlung auf Eigenspannungen am Rand eines zylindrischen Verbundes

teilung nicht. Wird anschließend wieder auf T_0 erwärmt, dann erfolgt in den 3 Komponenten eine elastische Verformung, die die Spannungen verringert. Die auftretende Spannungsdifferenz gegenüber der Spannung ohne Abkühlen berechnet sich nach Gl. (10.5), wobei T_1 - T_0 durch T_1 - T_u ersetzt wird.

Auch die Randspannungen werden durch eine Unterkühlung erheblich reduziert. Dies soll an einem Beispiel gezeigt werden. Für einen Lötverbund Si_3N_4/Ag Al Ti/CK 45 wurden zunächst die Eigenspannungen nach dem Abkühlen auf Raumtemperatur berechnet. Dabei wurde ein rotationssymmetrischer Verbundkörper mit einem Radius von 10mm und $h_K = 4$mm, $h_L = 0.2$mm, $h_M = 4$mm betrachtet. Für die elastisch-plastische finite Elementrechnung wurde eine temperaturabhängige Fließgrenze des Stahls und des Lotes angenommen.

Abbildung 10.9a zeigt den Verlauf der Spannung σ_z entlang der Mantelfläche in der Keramik vor der Unterkühlung und nach der Unterkühlung auf -100°C und Wierderwärmen auf Raumtemperatur. Es tritt eine deutliche Reduzierung der Randspannung auf.

Abbildung 10.9b zeigt den Verlauf der maximalen Hauptspannung. Diese steigt bei größerem Abstand von der Grenzschicht an, wobei sich die Hauptspannungsrichtung von der z-Richtung in die Umfangsrichtung dreht.

10.2 Einschrumpfen

Durch Einschrumpfen der Keramik in ein Metallteil kann erreicht werden, daß in der Keramik Druckspannungen auftreten. Beispiele sind Umformwerkzeuge (z.B. Matrize aus Siliciumnitrid im Stahlring für das Heißfließpressen) und Ventilführungen. Beim Einschrumpfen kann entweder das Metallteil aufgeheizt oder das Keramikteil abgekühlt werden. Die

Schrumpfspannungen lassen sich aus der Geometrie des Keramik- und Metallteils sowie den Wärmeausdehnungskoeffizienten und den elastischen Konstanten berechnen.

In Abb. 10.10 sind Spannungsverteilungen in einem Schrumpfungsverbund von ZrO_2 in austenitischem Stahl aufgezeichnet.

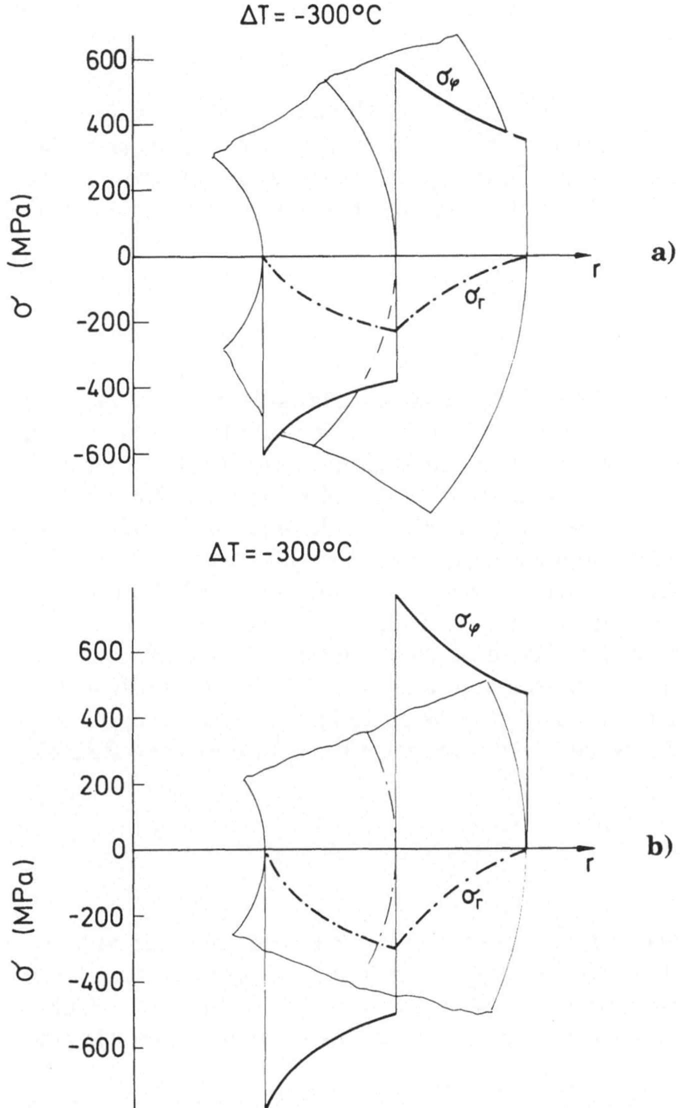

Abb. 10.10 Spannungen in einem eingeschrumpften Rohr:
a) Kurzes Rohr (ebener Spannungszustand)
b) Langes Rohr

In der Keramik sind sowohl die Tangential- als auch die Radialspannungen negativ. Die Höhe der Spannungen hängt wie bei den Lötverbindungen von den Wärmeausdehnungskoeffizienten und den elastischen Konstanten sowie vom Schrumpfmaß ab. Die Schrumpfspannungen müssen so eingestellt werden, daß bei einer mechanischen und thermischen Belastung noch ein Zusammenhalt besteht.

10.3 Einsintern

Das Einsintern kann als ein Spezialfall des Einschrumpfens angesehen werden. Wie beim Einschrumpfen entstehen aufgrund des größeren Wärmeausdehnungskoeffizienten des Sintermetalls Druckspannungen in der Keramik. Geeignet für das Einsintern sind vor allem rotationssymmetrische Teile.

10.4 Eingießen

Ein Beispiel für das Eingießen sind Auslaßkanalauskleidungen von Kolbenmotoren. Wegen der auftretenden Temperaturgradienten kann es während des Eingießens zu unzulässig hohen Spannungen kommen. Deshalb sind Materialien mit geringer Thermoschockempfindlichkeit für das Eingießen besonders geeignet. Dies sind (s. Kapitel 8) Materialien mit hoher Festigkeit, geringer Wärmeausdehnung, geringem Elastizitätsmodul und hoher Wärmeleitfähigkeit. Durch Vorwärmen der Keramik können die Thermospannungen reduziert werden. Durch das Abkühlen des Metalls nach dem Erstarren wird die Keramik global unter Druck gesetzt. Die Spannungen in der Keramik lassen sich aus den physikalischen Konstanten von Metall und Keramik berechnen. Wichtig ist eine gute konstruktive Gestaltung der Keramik, wobei wiederum rotationssymmetrische Bauteile günstig sind.

10.5 Kleben

Klebeverbindungen werden im allgemeinen bei Raumtemperatur mit aushärtenden Klebstoffen hergestellt. Dadurch treten im Gegensatz zum Löten keine großen Eigenspannungen auf. Wegen des guten Verbundes zwischen Keramik und Metall bilden sich aber bei Temperaturänderungen Thermospannungen aus.

10.6 Klemmen

Klemmen stellt eine einfache Verbindungstechnik dar, bei der bei Raumtemperatur keine Thermospannungen auftreten. Ein Beispiel ist die Halterung von keramischen Wendeschneidplatten. Es muß dabei darauf geachtet werden, daß nach Möglichkeit das gesamte Keramikteil unter Druck steht. Außerdem müssen punkt- oder linienförmige Auflagen vermieden werden.

Literatur zu Kapitel 10

[10.1] M.G. Nicholas, D.A. Mortimer, Ceramic/metal joining for structural applications, Materials Science and Technology 1, 1985, 657-666.

[10.2] Fügetechnik keramischer Bauteile, in: Technische Keramik, Vulkan-Verlag Essen, 1988, S. 136-178.

[10.3] Fügen von Keramik, Glas und Metall, Fortschrittsberichte der Deutschen Keramischen Gesellschaft Band 1, 1985, Heft 2.

[10.4] O. Iancu, Berechnung von thermischen Eigenspannungsfeldern in Keramik /Metall Verbunden, Dissertation Universität Karlsruhe, 1989.

11. Bewertung von zerstörungsfrei festgestellten Fehlern

Um zu erreichen, daß Komponenten mit großen Fehlern und somit niedriger Festigkeit nicht zum Einsatz kommen, stehen prinzipiell zwei Qualitätssicherungsverfahren zur Verfügung. Das erste, das Überlastverfahren, wurde in Kapitel 6 behandelt.

Komplizierte Betriebsbelastungen, die sich aus mehrachsigen mechanischen und thermischen Spannungen zusammensetzen können, lassen sich häufig nicht auf einfache Weise in einem Überlastversuch genau genug simulieren. Deshalb wurde ein zweites Verfahren entwickelt, das auf einer Kombination von zerstörungsfreier Bauteilprüfung und bruchmechanischer Fehlerbewertung basiert. Solche Fehler können Risse, Poren oder Fremdeinschlüsse sein.

Das Ziel ist eine Bewertung der Gefährlichkeit von Fehlern, die im Rahmen einer Qualitätskontrolle zerstörungsfrei in einem keramischen Bauteil entdeckt worden sind. Es muß entschieden werden, ob dieses fehlerbehaftete Bauteil eingesetzt werden kann, oder ob es zurückgewiesen werden muß.

11.1 Vorgehensweise bei der Qualitätssicherung

Das hier betrachtete Qualitätssicherungsverfahren wird in folgenden Schritten durchgeführt:

- Mit einer oder mehreren Methoden der zerstörungsfreien Werkstoffprüfung wird das Bauteil auf Fehler untersucht. Hierbei wird zum einen angestrebt, alle Fehler oberhalb einer vorgegebenen Fehlergröße zu entdecken und zum anderen diese Fehler bezüglich ihrer Größe, ihrer Form, ihrer Lage und ihrer Art zu charakterisieren.
- Diese Fehlerdaten werden in eine einer bruchmechanischen Beschreibung zugängliche Form gebracht.
- Basierend auf diesen Daten und bruchmechanischen Kenngrößen läßt sich mit Hilfe von bruchmechanischen Versagensmodellen die zu erwar-

tende Festigkeit des Bauteils berechnen. Durch einen Vergleich der berechneten Versagensspannung mit der erwarteten maximalen Belastung kann über die Zulässigkeit der Fehler im Bauteil entschieden werden.

Die Fehlerbewertung ist mit den folgenden Unsicherheiten verbunden:

- Ein Teil der Fehler wird nicht festgetellt.
- Manche Fehler werden falsch charakterisiert.
- Die Fehler werden durch die bruchmechanischen Modelle nicht genau genug beschrieben.
- Der Rißwiderstand ist nicht genau bekannt.
- Die äußeren Belastungen oder die Eigenspannungen im Bauteil sind nicht hinreichend genau bekannt.

Als Folge dieser Unsicherheiten kann es zu folgenden Fehlbewertungen kommen:

- Ein gefährlicher Fehler wird übersehen oder als ungefährlich eingestuft. Dies wird als falsche Akzeptanz bezeichnet.
- Ein ungefährlicher Fehler wird als gefährlich eingestuft. Dies bezeichnet man als falsche Zurückweisung.

11.2 Zerstörungsfreie Prüfung

Zur zerstörungsfreien Bauteilprüfung werden die unterschiedlichsten Methoden eingesetzt, von denen hier nur die wichtigsten angegeben werden.

11.2.1 Das Farbeindringverfahren

Die besonders für Oberflächenrisse geeignete Methode umfaßt drei Schritte:

- Das zu untersuchende Teil wird in fluoreszierender Flüssigkeit getränkt,
- nach Trocknung und vorsichtiger Reinigung der Oberfläche bleibt fluoreszierendes Material in den Oberflächendefekten zurück, und
- mit einer Ultraviolettlampe wird dieses Medium zum Leuchten angeregt.

Die Methode wird bei dichten Keramiken erfolgreich zur Lokalisierung und Klassifizierung eines Defekts angewandt. Ein besonderer Vorteil ist in den geringen Anforderungen an das Bauteil zu sehen, da auch beliebig gekrümmte Oberflächen untersucht werden können. Nachteilig ist die Unsicherheit der Fehlerausdehnung in der Tiefenrichtung. Die kleinsten feststellbaren Fehler liegen bei etwa 250 µm [11.1].

11.2.2 Die Röntgenprüfung

Die konventionelle Röntgenprüfung ist weit verbreitet, für alle Materialien geeignet, und ein kostengünstiges Verfahren zur Auffindung innerer Fehler. Bei der konventionellen Röntgenprüfung wird das zu untersuchende Bauteil auf einen röntgenempfindlichen Film gelegt und den Strahlen einer Röntgenröhre ausgesetzt. Im Bauteil erfolgt eine teilweise Absorption der Strahlung. Stellen geringer Dichte wie z.B. Poren zeigen weniger Absorption und damit einen dunklen Fleck auf dem belichteten Film. Einschlüsse aus Materialien hoher Ordnungszahl führen dagegen zu erhöhter Absorption und folglich zu einem hellen Fleck auf dem Film. Keramiken wie Al_2O_3, Si_3N_4 und SiC können wegen ihres niedrigen Atomgewichts und damit geringer Strahlungsschwächung in einem großen Dickenbereich untersucht werden. Durch Änderung der Orientierung des Teils gegenüber dem Röntgenstahl können neben Aussagen über die Defektgröße auch Angaben über deren Lage gemacht werden.

Kleine Fehler unter 100 µm kann das Auge auf einem Röntgenfilm ohne Vergrößerung nicht mehr erkennen. Das liegt neben der geringen Fehlergröße auch an dem verringerten Kontrast aufgrund der in der Probe erzeugten Streustrahlung. Durch den Einsatz von Mikrofokus-Röntgenröhren [11.2 - 11.4] kann eine Probe in Direktvergrößerung auf dem Röntgenfilm scharf abgebildet werden (Abb. 11.1). Hierbei wird eine Probe mit Röntgenstrahlen, die von einer nahezu punktförmigen Quelle ausgesendet werden, durchleuchtet. Bei den verwendeten Apparaturen beträgt der Brennfleckdurchmesser ca. 15 µm. Hinter der Probe ist entweder ein Film oder ein Bildverstärker angeordnet, der die im Material nicht absorbierte Reststrahlung auffängt. Aussagen über die Qualität der Röntgenprüfung ermöglicht der Vergleich von zerstörungsfrei ermittelten Fehlstellen mit den fraktrographisch bestimmten – d.h. nach dem Bruch der Probe auf der Bruchfläche ausgemessenen – Fehlern.

Für Si_3N_4 und SiC wurden für Poren eine Auflösungsgrenze von 3% der Dicke des Bautails angegeben [11.3]. Für Eiseneinschlüsse liegt die Grenze bei 0.7%, für WC-Partikel bei 0.5%. In Abb. 11.2 sind Ergebnisse einer Untersuchung an zwei verschiedenen Siliciumnitrid-Werkstoffen über die Fehlerentdeckungswahrscheinlichkeit aufgezeichnet [11.5]. Dabei wurden Proben mit einem Querschnitt von 4.5 x 3.5 mm mit natürlichen und künstlichen, bei der Herstellung eingebrachten, Fehlern (Poren und Einschlüsse) mit der Mikrofokus-Röntgenmethode untersucht. Auf den Bruchflächen der anschließend gebrochenen Proben wurde dann der den Bruch auslösende Fehler im Rasterelektronenmikroskop festgestellt. So war es möglich, die relative Anzahl der röntgenografisch festgestellten bruchauslösenden Fehler zu ermitteln. Ab etwa einer Größe von 300 µm konnten alle bruchauslösenden Fehler entdeckt werden. Dies entspricht einem Fehler- zu Dickenverhältnis von etwa 10%. Es wurden aber auch wesentlich kleinere Fehler festgestellt, die aber nicht immer das Versagen auslösten.

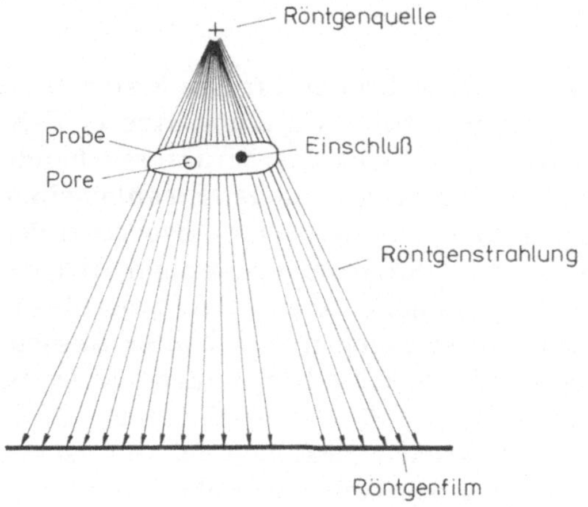

Abb. 11.1 Fehlerfeststellung mit der Röntgenprüfung

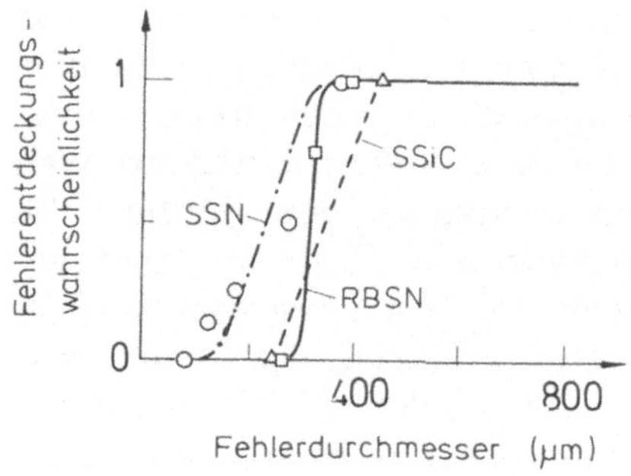

Abb. 11.2 Fehlerentdeckungswahrscheinlichkeit in Abhängigkeit von der Fehlergröße für Siliciumnitrid (SSN, RBSN) und Siliciumcarbid (SSiC) [11.5]

11.2.3 Ultraschall-Verfahren

Technisch relativ einfach ist das Impuls-Echo-Verfahren. Hochfrequente Ultraschallimpulse werden von einem Ultraschallgeber in das zu untersuchende Material abgestrahlt. Die am anderen Ende der Prüfstrecke ankommende Ultraschallenergie wird von einem zweiten Wandler empfangen, oder es wird die am Bauteilende reflektierte Stahlung gemessen. Ein Fehler im Material äußert sich dann im zusätzlichen Auftreten eines an der Grenzfläche des Fehlerbezirkes reflektierten Impulses, der vor dem am Ende reflektierten Impuls eintrifft und sichtbar gemacht werden kann.

Das Echoimpulsverfahren hat den großen Vorteil einfacher Handhabung und präziser Fehlerortung. Eine flächenhafte Abbildung des Fehlergebietes im Material erreicht man dann, wenn bei stetig geändertem Einstrahlwinkel nacheinander das ganze Fehlergebiet abgetastet wird. Die Aussagekraft bezüglich der Fehlergröße ist jedoch gering.

11.2.4 Ultraschallmikroskop

Die Weiterentwicklung der Ultraschallmethoden führte in den letzten Jahren zur Konstruktion des Ultraschallmikroskops, des SLAM (Scanning Laser Acustic Microscope) [11.6, 11.7]. Bei dem in Abb. 11.3 dargestellten Gerät werden die Proben in Durchschallung untersucht. Ein Ultraschallgeber – meist ein piezoelektrischer Schwingungserzeuger – sendet kontinuierliche 100 MHz Schallwellen von der Probenrückseite unter ca. 10° in die Keramik. Zur Ankopplung dient Wasser. Die Schallwellen verursachen zeitlich und räumlich periodische Auslenkungen der Oberfläche. Diese Auslenkungen werden durch vorhandene Fehler moduliert. Ein Dauer-Laserstrahl tastet die Oberfläche ab, wobei ein Teil des Strahles durch die Oberflächenwelligkeit abgelenkt und auf einen Photodetektor gegeben wird. Das registrierte Signal wird auf einem Fernsehschirm dargestellt. Die Helligkeitsmodulation des Bildes erfolgt durch die Ausgangsspannung des Photodetektors. Damit natürliche Oberflächenwelligkeiten und Rauhigkeiten keinen störenden Einfluß haben, erfordert die Untersuchung sehr hohe Oberflächengüten. Um auch nicht polierte Oberflächen untersuchen zu können, wird eine einseitig mit einer Goldschicht versehene Kunststoffolie mit Wasser an die zu untersuchende Fläche angekoppelt. Diese "neue Oberfläche" zeigt die gleichen Auslenkungen wie die Originalfläche.

Die Fehlerentdeckungswahrscheinlichkeit dieses Verfahrens für Poren liegt für Si_3N_4 und SiC bei 100 µm [11.6]. Allgemein gilt, daß Fehler, die nahe an der Oberfläche liegen, besser gefunden und angezeigt werden, als Fehler nahe der Rückseite.

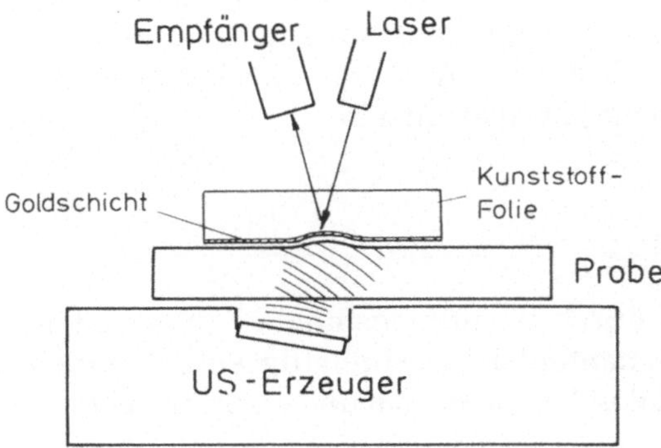

Abb. 11.3 Versuchsanordung bei SLAM

11.3 Bruchmechanische Fehlermodelle

Die Anwendbarkeit der linear-elastischen Bruchmechanik setzt das Vorhandensein von scharfen Rissen voraus. Viele Fehler in keramischen Werkstoffen, wie Poren oder Einschlüsse, erfüllen diese Voraussetzungen jedoch nicht unmittelbar. Trotzdem wird versucht, diese Fehler bruchmechanisch zu beschreiben. Dies hat zwei Gründe. Zum einen ist ein scharfer Riß immer gefährlicher als eine Pore oder ein Einschluß mit abgerundeten Begrenzungen. Eine bruchmechanische Betrachtung sollte deshalb stets zu einer konservativen Fehlerbewertung führen. Zum anderen bilden sich ausgehend von kritischen, meist dreidimensionalen Fehlern scharfe Anrisse aus. Diese Fehler/Riß-Kombinationen führen zu speziellen, bruchmechanisch beschreibbaren Konfigurationen.

Bezüglich der Lage der Fehler wird folgendermaßen unterschieden:

- Oberflächenfehler:
  Wegen der Kleinheit der Fehler im Vergleich zu den Proben- bzw. Bauteilabmessungen kann i.a. angenommen werden, daß sich die Fehler in einem halbunendlichen Raum befinden. Dies bedeutet, daß keine Rückwandkorrektur bei der Berechnung der Spannungsintensitätsfaktoren angewendet werden muß.

- Innenliegende Fehler im unendlichen Raum:
  Bei genügender Entfernung der Fehler von der Oberfläche ist diese Voraussetzung für Volumenfehler erfüllt.

- Innliegende Fehler in Oberflächennähe:
  Für diese Fehlerart ist die Korrekturfunktion Y nach Gl. (3.2) zusätzlich vom Abstand des Fehlers von der Probenoberfläche abhängig.

Die Y-Werte werden in den meisten Fällen für eine homogene Zugbelastung angegeben. Sind die zu beschreibenden Fehler klein gegenüber den Bauteilabmessungen, so können diese Korrekturfunktionen näherungsweise auch für die Biegebelastung verwendet werden, da unter dieser Voraussetzung die Spannungen im Bereich der Fehler nahezu konstant sind. Für beliebige Spannungsverteilungen läßt sich die Korrekturfunktion nach der bruchmechanischen Gewichtsfunktionsmethode [11.8] ermitteln.

11.3.1 Zweidimensionale Fehler

Häufig werden Fehler in Bauteilen durch zweidimensionale Fehlermodelle angenähert. Dabei werden Oberflächenfehler als Halbellipsen und innenliegende Fehler als Vollellipsen mit den Halbachsen a und c beschrieben.

In diesem Abschnitt sind verschiedene K-Lösungen für diese Fehlermodelle zusammengestellt.

Oberflächenriß:
Die genauesten und umfassendsten Angaben über die Korrekturfunktion Y für diese Rißkonfiguration wurden von Newman und Raju [11. 9] gemacht. Sie entwickelten eine allgemeine Beziehung für Zug- und Biegebeanspruchung. Die formelmäßige Beschreibung ist durch Gln. (3.29 – 3.31) gegeben.

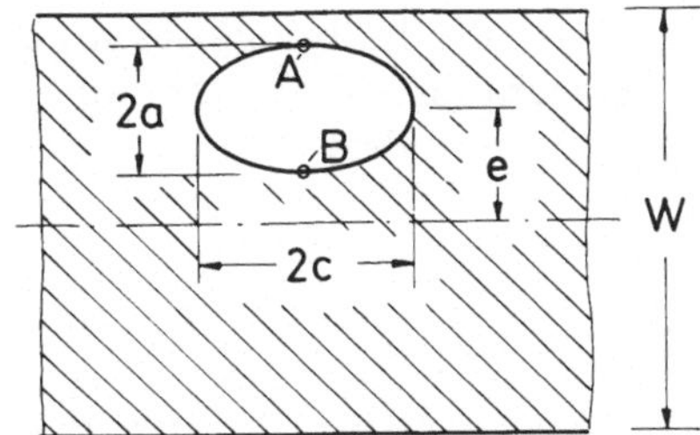

Abb. 11.4 Innenliegender elliptischer Riß

Innenliegender Riß:
Für einen innenliegenden vollelliptischen Fehler (Abb. 11.4) in einer Platte endlicher Dicke unter Zugbelastung wurden von Isida und Noguchi [11.10] Spannungsintensitätsfaktoren für die Punkte A und B in Abb. 11.4 angegeben. Diese Werte wurden von Fett und Mattheck [11.11] etwas modifiziert:

$$K_{I,A} = F_A \frac{2}{\pi} \sigma \sqrt{\pi a}$$

$$K_{I,B} = F_B \frac{2}{\pi} \sigma \sqrt{\pi a} \tag{11.2}$$

mit

$$\begin{aligned} F_A = {} & 1.5733 - 0.2636\,\mu - 0.8051\,\mu^2 + 0.4964\,\mu^3 \\ & + \lambda\,\{0.3238 - 0.6953\,\mu + 0.8849\,\mu^2 - 0.4163\,\mu^3\} \\ & + \lambda^2\{-1.1887 + 1.382\,\mu - 1.2401\,\mu^2 + 0.5707\,\mu^3\} \\ & + \lambda^3\{2.1729 - 2.0798\,\mu + 0.2480\mu^2 + 0.3357\,\mu^3\} \end{aligned} \tag{11.3}$$

$$\begin{aligned} F_B = {} & 1.5739 - 0.2639\,\mu - 0.8056\,\mu^2 + 0.4968\,\mu^3 \\ & + \lambda\,\{0.0408 - 0.4013\,\mu + 0.7657\,\mu^2 - 0.4010\,\mu^3\} \\ & + \lambda^2\{0.1595 + 0.3690\,\mu - 1.3921\,\mu^2 + 0.8604\,\mu^3\} \\ & + \lambda^3\{0.1882 - 0.7773\,\mu + 1.2263\,\mu^2 - 0.5995\,\mu^3\} \end{aligned}$$

mit: $\mu = a/c$ und $\lambda = a/(W/2-e)$

11.3.2 Dreidimensionale Fehler

Das Versagen von keramischen Werkstoffen kann von Hohlräumen ausgehen, die während der Herstellung entstanden sind. Die Form dieser Hohlräume oder Poren kann näherungsweise durch eine Halbkugel oder einen Halbzylinder, wenn der Fehler an der Oberfläche liegt, beschrieben werden. Wenn sich ausgehend von diesen Poren Risse bilden, kann die so entstandene Poren/Riß-Konfiguration mit bruchmechanischen Methoden unter Verwendung von Gl. 3.2 behandelt werden.

Als Beispiele für in der Praxis häufig auftretende dreidimensionale Fehler seien hier die kugelförmige Pore und der kugelförmige Einschluß erwähnt.

Eine Zusammenstellung weiterer Fehlerarten – wie die halbkugelförmige Oberflächenpore, zylindrische und elliptische Einschlüsse – mit den zugehörigen Auswerteformeln ist bei Rosenfelder [11.12] zu finden.

11.3.2.1 Die kugelförmige Pore

Die kugelförmige Pore mit einem äquatorialen Ringriß (Abb. 11.5) ist das bruchmechanisch am intensivsten behandelte dreidimensionale Fehlermodell. Hier soll nur auf die Interpolationsformel von Baratta [11.13] eingegangen werden. Für eine nur kleine relative Rißgröße $\alpha = a/R \rightarrow 0$ entspricht die Pore–Riß–Konfiguration dem Grenzfall einer Platte mit Außenriß der Tiefe a, der unter einer durch Kerbwirkung erhöhten Zugspannung steht. Für sehr große Riße $\alpha \rightarrow \infty$ nähert sich der äquatoriale Ringriß dem Kreisriß an. Im Zwischenbereich schlägt Baratta eine Interpolation der beiden Grenzfälle vor, woraus

$$K_I = \sigma\sqrt{a\pi}\left[1.12 - 0.30\arctan\alpha\right] \cdot \left[\frac{4-5\nu}{2(7-5\nu)(1+\alpha)^3} + \frac{9}{2(7-5\nu)(1+\alpha)^5} + 1\right] \tag{11.4}$$

resultiert. Hierin bedeutet ν die Poisson-Zahl. Die Anwendung dieser Beziehung wird durch die ungenaue Kenntnis der Größe a des äquatorialen Risses erschwert. Häufig wird dafür die Korngröße eingesetzt.

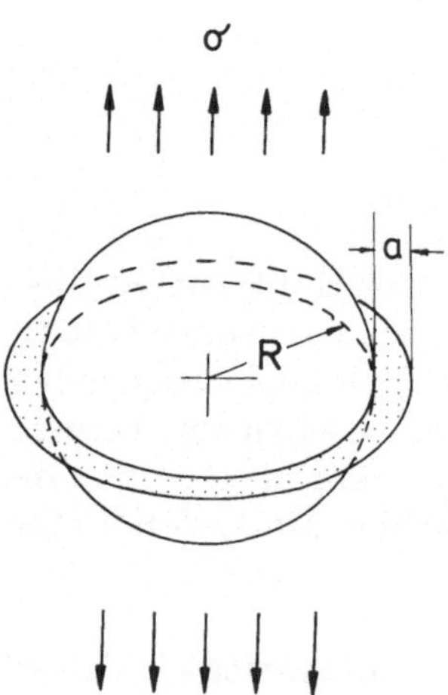

Abb. 11.5 Kugelförmige Pore mit Saumriß

11.3.2.2 Kugelförmige Einschlüsse

Kugelförmige Einschlüsse führen aufgrund der gegenüber der Matrix unterschiedlichen elastischen Konstanten zu erhöhten Spannungen unter äußeren Belastungen. Neben diesen Spannungen sind insbesondere thermische Spannungen aufgrund unterschiedlicher Wärmeausdehnungskoeffizienten zwischen Einschluß und Matrix von Interesse.

Sind der Einschluß und die Matrix bei der Temperatur T_1 spannungsfrei, dann treten bei unterschiedlichen Wärmeausdehnungskoeffizienten Spannungen beim Übergang zur Temperatur T_2 auf. Im Einschluß herrscht ein hydrostatischer Spannungszustand mit

$$\sigma_r = \sigma_\theta = -\sigma \tag{11.5}$$

In der Matrix gilt für die Radialkomponente

$$\sigma_r = -\frac{\sigma}{\rho^3} \tag{11.6}$$

und für die Tangentialkomponente

$$\sigma_\theta = \frac{\sigma}{2\rho^3} \tag{11.7}$$

Hierin bedeutet

$$\sigma = \frac{(\alpha_E - \alpha_M)(T_2 - T_1)}{(1+\nu_M)/2E_M + (1-2\nu_E)/E_E} \tag{11.8}$$

mit den E-Moduli E_M für die Matrix und E_E für den Einschluß sowie den zugehörigen Querkontraktionszahlen ν_M, ν_E. Die Größe ρ ist der auf den Radius des Einschlusses bezogene Abstand vom Mittelpunkt des Einschlusses.
Ist bei hohen Temperaturen T_1 ein spannungsfreier Zustand vorhanden, dann liegen nach dem Abkühlvorgang bei Raumtemperatur T_2 ($\Delta T = T_2 - T_1 < 0$) die in Ab. 11.6 aufgezeichneten Spannungsverhältnisse vor, wenn kein Spannungsabbau oder eine Spannungsumlagerung durch Kriech- oder Fließvorgänge auftritt.
Für $\alpha_E > \alpha_M$ treten Zugspannungen im Einschluß und an der Grenzfläche Einschluß/Matrix auf. Es kann daher zu Rissen im Einschluß und zu Grenzflächenrissen kommen. Für $\alpha_E < \alpha_M$ steht der Einschluß unter Druckspannung. In der Matrix treten dann jedoch Zugspannung auf, die dort zur Rißbildung führen können. Die Spannungen im Einschluß und in der Matrix können zu Rißbildung im Einschluß, in der Matrix und zu Grenzflächenrissen führen. Spannungsintensitätsfaktoren für mechanische und thermische Belastungen wurden von Rosenfelder [11.12] zusammengestellt.

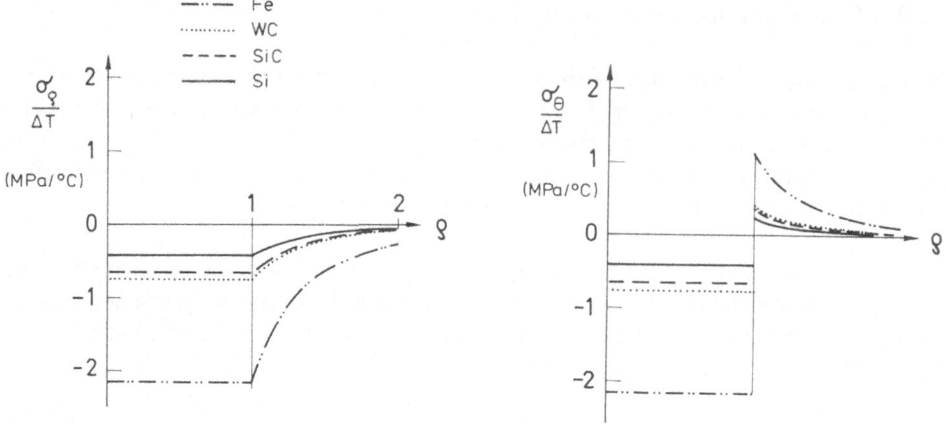

Abb. 11.6 Spannungen in Einschluß und Matrix (Siliciumnitrid) nach dem Abkühlen

11.4 Vergleich vorhergesagter Festigkeiten mit Messungen

Die bruchmechanische Bewertung von Fehlern in keramischen Bauteilen im Rahmen der Qualitätskontrolle stützt sich auf die Ergebnisse der zerstörungsfreien Untersuchung. Hierbei ist neben der Bedingung, daß alle Fehler oberhalb einer vorgegebenen Größe gefunden werden müssen, weiterhin von Bedeutung, daß diese Fehler richtig charakterisiert werden. Bei der bruchmechanischen Bewertung wird dann für jeden Fehler einzeln überprüft, ob er aufgrund der Kombination der örtlich erwarteten Spannungen, der Fehlerart, der Fehlergröße und -form akzeptiert werden kann, oder ob das Bauteil an diesem Fehler im Betrieb versagen würde.

In einer ausführlichen Untersuchung wurde mit den beschriebenen und weiteren bruchmechanischen Fehlermodellen die Festigkeit von keramischen Werkstoffen in Abhängigkeit von der Fehlergröße vorausgesagt [11.5,11.12]. In Abb. 11.7 ist als ein Beispiel die gemessene Festigkeit gegen die Größe von Oberflächen- und Volumenfehlern aufgezeichnet. Gleichzeitig enthalten die Diagramme die Vorausagen nach verschiedenen Fehlermodellen.

Bei dieser Untersuchung trat Versagen sowohl an sogenannten natürlichen Fehlern (Poren, Einschlüsse) auf, die unbeabsichtigt bei der Herstellung eingebracht wurden, als auch an Fehlern, die bewußt der Keramik zugesetzt wurden. Die letzteren waren Poren und Eisenpartikel, die durch Aufschmelzen aber ebenfalls zu Poren führten.

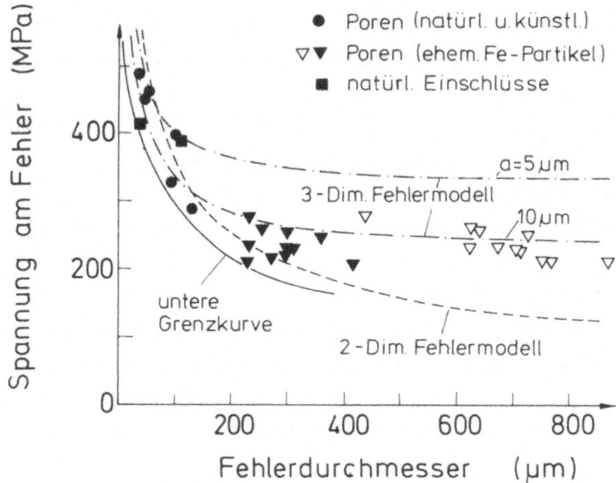

Abb. 11.7 Versagensspannung von Siliciumcarbid (SiSiC) in Abhängigkeit von der Fehlergröße

11.5 Schlußfolgerung

Die zerstörungsfreien Prüfverfahren sind trotz aller Fortschritte zur Zeit noch nicht auf dem Stand, um mit genügender Zuverlässigkeit die Fehler festzustellen, die zu den niedrigen Festigkeiten führen. Es ist lediglich möglich, relativ große Fehler sicher aufzufinden. Damit erfolgt das Abschneiden der Festigkeitsverteilung bei einer relativ niedrigen Spannung Es ist aber zu erwarten, daß die Methoden weiter verbessert werden. Die Frage nach einer zuverlässigen Bewertung der aufgefundenen Fehler wird sich dann in verstärktem Maße stellen. Die bisherigen Untersuchungen lieferten dazu lediglich erste Ansätze.

Literatur zu Kapitel 11

[11.1] M.G. Silk, A.M. Stonek, J.A.G. Temple, The Reliability of Nondestructive Inspection, Adam Hilger, Bristol, 1987

[11.2] D.W. Richerson, Modern Ceramic Engineering, Marcel Dekker, Inc., 1982, 279 - 301

[11.3] G.Y. Baaklini, J.D. Kiser, D.J. Roth, Radiographic detectability limits for seeded voids in sintered silicon carbide and silicon nitride, Advanced Ceramic Materials 1, 1986, 43 - 49

[11.4] A. Erhard, J. Goebbels, E. Nabel, M. Hentschel, Zerstörungsfreie Prüfung von keramischen Werkstoffen, cfi/Berichte der Deutschen Keramischen Gesellschaft, 1988, 16 - 21 und 87 - 90

[11.5] D. Munz, O. Rosenfelder, K. Goebbels, H. Reiter, Assessment of flaws in ceramic materials on the basis of non-destructive evaluation, Fracture Mechanics of Ceramics, Vol. 7, Plenum Publishing Corporation, 1986, 265 - 283

[11.6] D.J. Roth, G.Y. Baaklini, Reliability of scanning laser acoustic microscopy for detecting internal voids in structural ceramics, Advanced Ceramic Materials 1, 1986, 252 - 258

[11.7] D.J. Roth, S.J. Klima, J.D. Kiser, G.Y. Baaklini, Reliability of void detection in structural ceramics by use of scanning laser acoustic microscopy, Materials Evaluation 44, 1986, 762 - 769

[11.8] C. Mattheck, Effektive Methoden zur Beschreibung des lokalen Versagens von Strukturen, Fortschritt-Berichte VDI, Reihe 18, Nr. 25, VDI-Verlag GmbH, 1986

[11.9] J.C. Newman, I.S. Raju, An empirical stress-intensity factor equation for the surface crack, Engineering Fracture Mechanics 15, 1981, 185 - 192

[11.10] M. Isida, H. Noguchi, Tension of a plate containing an embedded elliptical crack, Engineering Fracture Mechanics 20, 1984, 387-408

[11.11] T. Fett, C. Mattheck, Stress intensity factors of embedded elliptical cracks for weight function application, International Journal of Fracture 40, 1989, R3-R11

[11.12] O. Rosenfelder, Fraktografische und bruchmechanische Untersuchungen zur Beschreibung des Versagensverhaltens von Si_3N_4 und SiC bei Raumtemperatur, Dissertation Universität Karlsruhe 1986

[11.13] F.I. Baratta, Mode I stress intensity factor estimates for various configurations involving single and multiple cracked spherical voids, Fracture Mechanics of Ceramics, Vol. 5, Plenum Press, 1983, 543 - 567

12. Beispiel für die Analyse eines Bauteils

12.1 Allgemeine Hinweise

Das in den vorangehenden Kapiteln beschriebene Verhalten von keramischen Werkstoffen unter mechanischer Belastung ist die Grundlage für die Werkstoffauswahl für einen bestimmten Anwendungsfall und für die Dimensionierung von Bauteilen. Die wichtigsten Gesichtspunkte werden hier noch einmal stichwortartig zusammengefaßt.

Mechanische Kennwerte:

- Die Festigkeit unter Zugbelastung wird durch die Weibullparameter m und σ_0 charakterisiert. Während m ein echter Werkstoffkennwert ist, hängt σ_0 von der Bauteilgröße und vom Spannungsverlauf im Bauteil ab. Für einachsige Belastung ergibt sich aus dem an Versuchsproben ermittelten $\sigma_{0\ PR}$ ein bauteilunabhängiger Parameter σ_v (für Volumenfehler) bzw. σ_S (für Oberflächenfehler). Ein vom Spannungszustand unabhängiger und damit echter Werkstoffparameter σ_{I0} kann aus σ_0 unter Heranziehung geeigneter lokaler Mehrachsigkeitskriterien ermittelt werden, wobei wiederum zwischen Volumen- und Oberflächenfehlern unterschieden werden muß.

- Die bei mehrachsiger Belastung ermittelten Festigkeitswerte (z.B. Doppelringversuch, Scheibentest) dienen als Grundlage für die Aufstellung von Mehrachsigkeitskriterien für einen bestimmten Werkstoff.

- Das unterkritische Rißwachstum bei statischer Belastung wird durch die Werkstoffparameter A und n beschrieben. Anstelle von A kann auch der Parameter B treten, der mehrere bruchmechanische Größen zusammenfaßt.

- Das unterkritische Rißwachstum bei zyklischer Belastung kann im allgemeinen nicht mit den Kennwerten für statische Belastung beschrieben werden. Es müssen daher separate Ermüdungsversuche durchgeführt werden.

- Das Einsetzen der instabilen Rißausbreitung wird durch die Rißzähigkeit K_{Ic} charakterisiert.

- Das Kriechverhalten bei hohen Temperaturen wird durch die Parameter des primären und sekundären Kriechens beschrieben. Dabei ist zu beachten, daß das Kriechverhalten bei Zug- und Druckbelastung unterschiedlich sein kann.

Die physikalischen Parameter sind für bestimmte Anwendungen von direkter Bedeutung. Für die Berechnung von Thermospannungen bzw. Eigenspannungen in Verbunden ist die Kenntnis folgender Parameter notwendig:

- Wärmeausdehnungskoeffizient α (Verbunde, stationäre und instationäre Spannungsverteilung)

- Elastische Konstanten E und ν (Verbunde, stationäre und instationäre Spannungsverteilung)

- Wärmeleitfähigkeit λ (instationäre Temperaturverteilung, stationäre Temperaturverteilung bei Volumenheizung)

- Spezifische Wärme C_p (instationäre Temperaturverteilung)

- Dichte ρ (instationäre Temperaturverteilung)

Um Thermospannungen klein zu halten müssen α und E klein und λ möglichst groß sein. Bei Keramik-Metall-Verbunden muß dagegen E und α möglichst mit den Werten des verwendeten metallischen Werkstoffs übereinstimmen. Dies bedeutet im allgemeinen, daß E und α möglichst groß sein muß.

Die Dimensionierung und Optimierung eines Bauteils erfordert die Berechnung der Ausfallwahrscheinlichkeit unter Verwendung der mechanischen Kennwerte, wobei besonders der Weibullparameter m von Bedeutung ist. Dabei ist entscheidend, daß die Ausfallwahrscheinlichkeit nicht nur von der Maximalspannung sondern vom gesamten Spannungsverlauf im Bauteil abhängig ist.

12.2 Das Keramikfenster einer Mikrowellenheizröhre

Die Vorgehensweise bei der Analyse eines Bauteils soll an einem Beispiel aus dem Anwendungsbereich der Kernfusion gezeigt werden.

Eine Möglichkeit, das Plasma in einem zukünftigen Kernfusionsreaktor auf Zündbedingungen zu bringen ist die Elektronenresonanzheizung. Die notwendige Hochfrequenzleistung wird in einem Gyrotron erzeugt und über einen Wellenleiter in den das Plasma umgebenden Torus eingeleitet. Ein solches Gyrotron sollte eine Leistung von etwa 1 MW bei einer Frequenz im Bereich von 30 bis 200 GHz erzeugen. Zur Trennung des zum Betrieb des Gyrotrons notwendigen Hochvakuums vom Plasma werden Keramikfenster eingesetzt. Aufgrund der dielektrischen Verluste heizt sich die Keramik auf und die sich einstellenden thermischen Spannungen können sofortiges oder zeitlich verzögertes Versagen des Fensters bewirken.

Die Leistungsverteilung im Wellenleiter des Gyrotrons ist nicht homogen sondern ortsabhängig. Für den hier betrachteten kreiszylindrischen Wellenleiter hängt die radiale Leistungsverteilung vom Mode des elektrischen Feldes ab. Es wird hier der TE_{03}-mode mit einer rotationssymmetrischen Feldstärkenverteilung betrachtet.

Die zugehörige Leistungsverteilung ist durch

$$p = p_0 J_1^2 (\lambda_{14} \frac{r}{R}) = p_0 \cdot f(r/R) \tag{12.1}$$

gegeben. Dabei ist r die radiale Koordinate, R der Radius des Wellenleiters, J_1 die Besselfunktion erster Ordnung und $\lambda_{14} = 10.17$ die vierte Nullstelle. Abbildung 12.1 gibt eine Verteilung der elektrischen Leistung wieder. Die gesamte das Fenster durchsetzende Leistung ist durch

$$W = 2\pi \int_0^R p_0 J_1^2 (\lambda_{14} \frac{r}{R})\, r\,dr = \pi\, p_0\, R^2 J_2^2 (\lambda_{14}) \tag{12.2}$$

gegeben, wobei J_2 die Besselfunktion zweiter Ordnung ist. Die dielektrischen Verluste sind proportional zu der elektrischen Leistung und gegeben durch

$$\dot{q} = \dot{q}_0 \cdot f(p/R) \tag{12.3}$$

mit

$$\dot{q}_0 = 2\pi f \sqrt{\varepsilon_r} \tan\delta\, p_0 / c \tag{12.4}$$

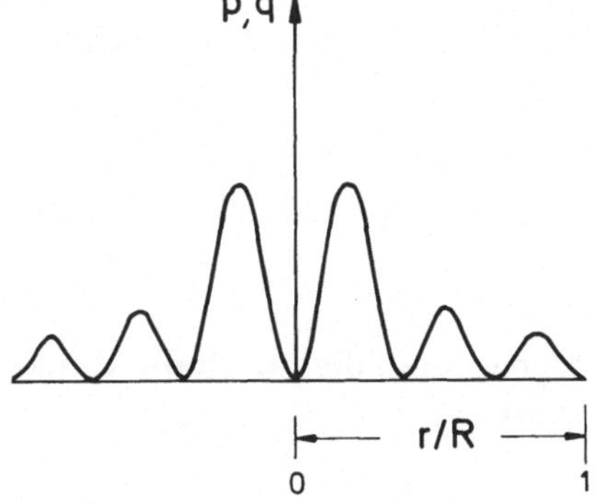

Abb. 12.1 Radiale Verteilung der Leistung p bzw. der dielektrischen Verluste

Dabei ist f die Frequenz der Gyrotronstrahlung, ε_r die Dielektrizitätszahl der Keramik, c die Lichtgeschwindigkeit und tan δ der dielektrische Verlustfaktor. Die Wärmeentwicklung im Keramikfenster macht eine aktive Kühlung erforderlich, wobei das flüssige Kühlmedium einen nur geringen eigenen Verlustfaktor besitzen soll. Es sind für diesen Anwendungsfall Fluorcarbone vorgesehen.

12.2.1 Temperaturen und thermische Spannungen

Die stationäre Temperaturverteilung erhält man durch Lösung der stationären Wärmeleitungsgleichung

$$\frac{\partial^2 T}{\partial r^2} + \frac{1}{r}\frac{\partial T}{\partial r} + \frac{\partial^2 T}{\partial z^2} = -\frac{1}{\lambda}\dot{q}(r) \tag{12.5}$$

unter Berücksichtigung der thermischen Randbedingungen. Diese sind – wie in Abb. 12.2 dargestellt – durch die Wärmeübergangszahlen an den Stirn- und Umfangsflächen festgelegt:

- Flüssigkeitskühlung mit der Wärmeübergangszahl h_1 an einer der Stirnflächen,
- kein Wärmeübergang auf der Vakuumseite,
- schwache Kühlung auf der Mantelfläche mit h_2.

Die stationären Temperaturverteilungen wie auch die daraus resultierenden Spannungsverteilungen können sowohl analytisch [12.1, 12.2] als auch mit Finite-Elementrechnungen [12.3] bestimmt werden.

Die Temperaturverteilung kann in der Form

$$T = \frac{R^2 \dot{q}_0}{\lambda}\, g\left(\frac{r}{R}, B\right) \tag{12.6a}$$

$$= \frac{2\pi f \sqrt{\varepsilon_r}\,\tan\delta\, p_0 R^2}{c\lambda}\, g\left(\frac{r}{R}, B\right) \tag{12.6b}$$

$$= \frac{2 f \sqrt{\varepsilon_r}\,\tan\delta\, W}{J_2^2(\lambda_{14})\, c\lambda}\, g\left(\frac{r}{R}, B\right) \tag{12.6c}$$

dargestellt werden. Die radiale Temperaturverteilung, die durch die Funktion g(r/R) beschrieben wird, ist von der Biotzahl

$$B_1 = \frac{h_1 R}{\lambda} \tag{12.7a}$$

und in geringerem Maß von der Biotzahl

$$B_2 = \frac{h_2 R}{\lambda} \tag{12.7b}$$

abhängig.

Abbildung 12.3 zeigt die Temperaturverteilung für Aluminiumoxid und Aluminiumnitrid, die mit den in Tabelle 12.1 angegebenen materialunabhängigen Größen sowie den in Tabelle 12.2 aufgeführten über die Temperatur gemittelten Materialdaten errechnet werden.

Die Temperaturverteilung führt zu einer mehrachsigen Spannungsverteilung, wobei vor allem die Tangentialspannung σ_Φ und die Radialspannung σ_r von Bedeutung sind. Bei genügend dünnen Platten ist die Axialspannung σ_z vernachlässigbar. Die Spannungen wurden unter der vereinfachten Verwendung einer über die Dicke gemittelten Temperaturverteilung berechnet.

Die Tangentialspannungsverteilung ergibt sich aus

$$\sigma_\Phi = \frac{q_0 \alpha E R^2}{\lambda} h_\Phi (\frac{r}{R}, B) \tag{12.8a}$$

$$= \frac{2 f \sqrt{\varepsilon_r} \tan\delta \, \alpha E W}{c \lambda J_2^2(\lambda_{14})} h_\Phi (\frac{r}{R}, B) \tag{12.8b}$$

Für die Radialspannung ergibt sich eine analoge Beziehung mit einer Funktion h_r (r/R, B).

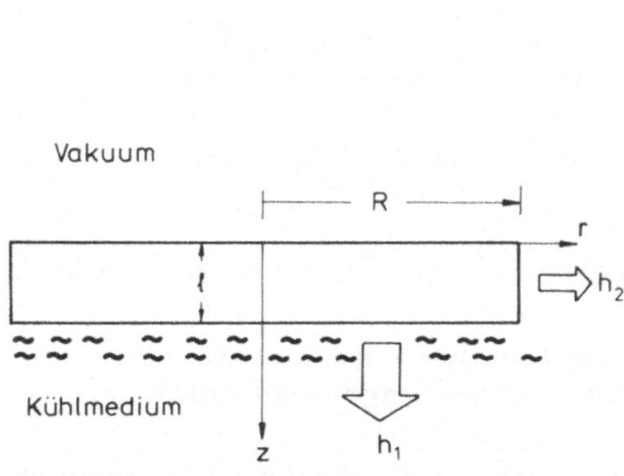

Abb. 12.2 Kühlbedingungen des Keramikfensters

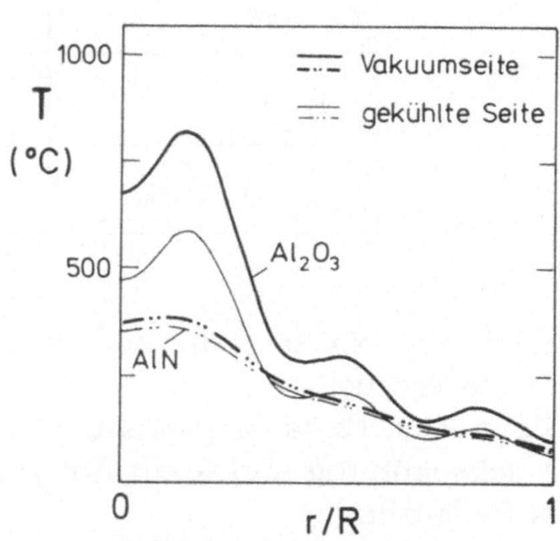

Abb. 12.3 Temperaturverteilung für Al_2O_3 und AlN

Tabelle 12.1
Daten zum HF-Fenster

R, cm	3.5
ℓ, cm	0.3
W, kW	200
f, GHz	150
h_1, kW m^{-2} K^{-1}	5
h_2, kW m^{-2} K^{-1}	0.5

Tabelle 12.2
Materialdaten der Keramiken

	Al_2O_3	AlN
ε_r	10.2	8.27
tan δ	$5 \cdot 10^{-4}$	$5 \cdot 10^{-4}$
λ, W cm^{-1} K^{-1}	0.2	1
E, GPa	370	310
α, K^{-1}	$7 \cdot 10^{-6}$	$4.4 \cdot 10^{-6}$
K_{Ic}, MPa$\sqrt{m}$	4.5	3.2

Abbildung 12.4 zeigt die Verteilung der thermischen Spannungen über dem Fensterradius.
Die in Abb. 12.4a dargestellte radiale Spannungskomponente ist eine reine Druckspannung und somit für Versagensbetrachtungen von untergeordneter Bedeutung.
In Abb. 12.4b sind die Tangentialspannungen wiedergegeben. Sie liegen in der Plattenmitte ebenfalls als Druckspannungen vor, wechseln jedoch weiter außen in Zugspannungen und erreichen maximale Werte an der Mantelfläche.

Eine zweite, durch die Druckdifferenz Δp zwischen Röhrenvakuum und Kühlflüssigkeit hervorgerufene mechanische Beanspruchung ist ebenfalls zu berücksichtigen. Die Höhe dieser Spannungen ist durch

$$\sigma_r = \frac{3}{8}\,\frac{\Delta p}{l^2}\,(3+\nu)\,(R^2 - \rho^2) \tag{12.9a}$$

$$\sigma_\phi = \frac{3}{8}\,\frac{\Delta p}{l^2}\,[\,(3+\nu)\,R^2 - (1+3\nu)\,\rho^2\,] \tag{12.9b}$$

gegeben. Der Maximalwert der so hervorgerufenen Zugspannungen wird in Plattenmitte erreicht. Hier herrschen jedoch hohe thermische Druckspannungen, so daß aus der Überlagerung eine reduzierte Druckspannung resultiert. Im Bereich maximaler thermischer Zugspannungen – d.h. in der Nähe der Mantelfläche – ist dagegen diese mechanische Zusatzspannung gerade minimal. In diesem speziellen Beispiel zeigt die Rechnung, daß die mechanischen Zusatzspannungen bei 1 Atmosphäre Druckdifferenz am Außenrand 7 MPa betragen. Im weiteren Verlauf der Rechnung wird ausschließlich der dominierende Einfluß der thermischen Spannungen betrachtet.

Der Einfluß der Biot-Zahl auf die Temperaturverteilung ist in Abb. 12.5 dargestellt. Es soll dabei betont werden, daß die stationäre Temperaturverteilung bei Volumenheizung betrachtet wird. Deshalb nimmt die Spannung mit zunehmender Biot-Zahl ab. Bei instationärer Temperaturverteilung, z.B. bei dem in Kapitel 8 behandelten Thermoschock, nimmt dagegen die Thermospannung mit zunehmender Biotzahl zu.

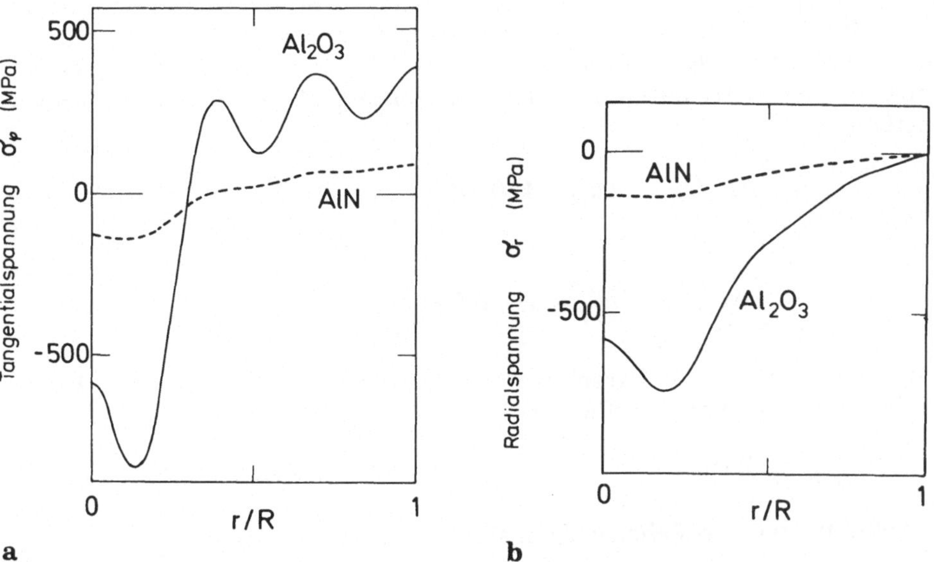

Abb. 12.4 Tangential- und Radialspannungsverteilung

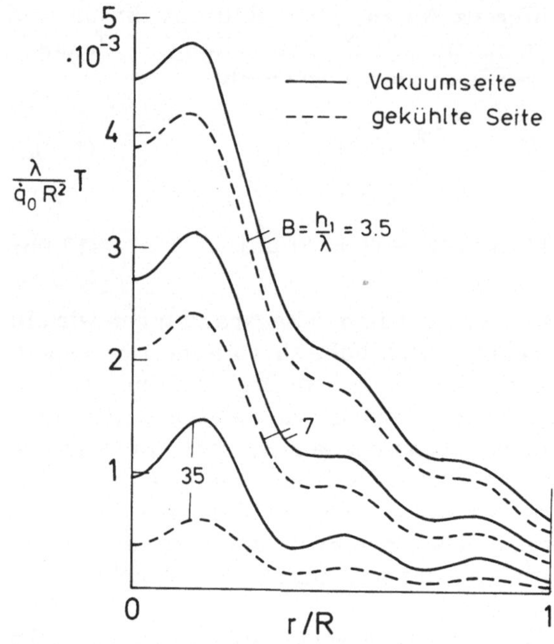

Abb. 12.5 Temperaturverteilung im Keramikfenster in normierter Darstellung

12.2.2 Spontanes Versagen

Die Kenntnis des Spannungszustandes im Fenster gestattet nun Aussagen zum Versagensverhalten. Sofortiges Versagen vor Erreichen des stationären Betriebs kann aus den Festigkeitsdaten der Keramik gefolgert werden. Abbildung 12.6 zeigt die an Vierpunkt-Biegeproben ermittelte Verteilung der Inertfestigkeiten in Weibulldarstellung. Die beiden Weibull-Parameter sind

$$Al_2O_3: \quad \sigma_0 = 420\ \text{MPa}\ , \quad m = 10.1$$

$$AlN: \quad \sigma_0 = 310\ \text{MPa}\ , \quad m = 15.3$$

Für Oberflächenfehler berechnen sich aus den Abmessungen der Biegeproben die effektiven Oberflächen

$$S_{eff,\,P} = 0.9\ \text{cm}^2 \qquad \text{für AlN und } Al_2O_3$$

Die effektiven Oberflächen des Fensters berechnen sich nach

$$S_{eff} = \int (\sigma/\sigma^*)^m \, dS \tag{12.10}$$

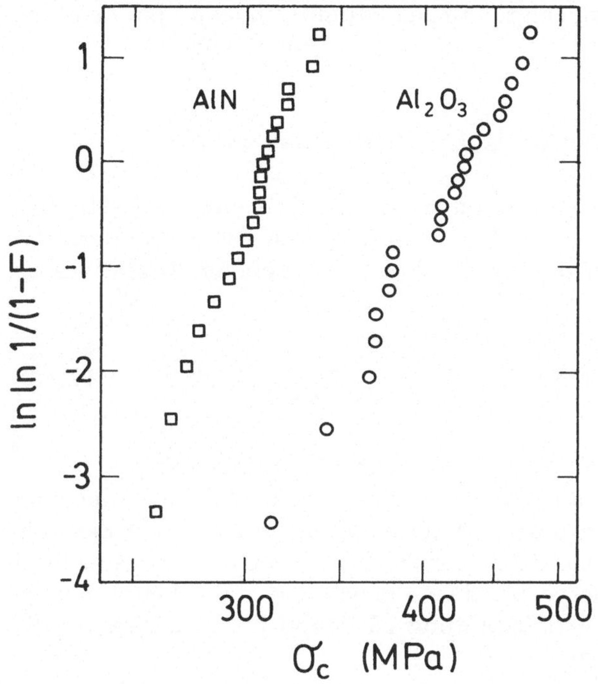

12.6 Inertfestigkeiten von Al_2O_3 und AlN

Als charakteristische Spannung σ* wurde die Spannung für r = R verwendet, die sich als

$$\sigma^* = \frac{2 f \sqrt{\varepsilon_r} \tan\delta \quad \alpha E W}{c \lambda J_2^2(\lambda_{14})} \cdot f(B) \tag{12.11}$$

darstellen läßt. Damit ergibt sich

$$S_{eff,B} = 6.7 \text{ cm}^2 \qquad \text{für } Al_2O_3$$

$$S_{eff,B} = 5.5 \text{ cm}^2 \qquad \text{für AlN}$$

Die Ausfallwahrscheinlichkeit durch spontanes Versagen ergibt sich somit zu

$$F = 1 - \exp[-(S_{eff,B}/S_{eff,P})(\sigma^*/\sigma_0)^m] \tag{12.12}$$

woraus

$$F = 0.975 \text{ für } Al_2O_3 \text{ und } F = 10^{-7} \text{ für AlN}$$

folgt.

Schon diese erste Betrachtung zeigt, daß das Aluminiumoxid - bei den hier gegebenen Bedingungen - für die gestellte Aufgabe ungeeignet ist.

12.2.3 Versagen durch unterkritisches Rißwachstum

Auch für den Fall, daß die Zugspannungen in der Keramik die Festigkeit nicht überschreiten muß mit Versagen nach längeren Betriebsdauern gerechnet werden. Die Lebensdauer für eine vorgegebene Ausfallwahrscheinlichkeit F folgt aus

$$t_f = \left[\ln \frac{1}{1-F}\right]^{(n-2)/m} B\sigma_0^{n-2}\, \sigma^{*-n} [S_{eff,P}/S_{eff,B}]^{(n-2)/m} \qquad (12.13)$$

Die zur Auswertung von Gl. (12.13) notwendigen Rißwachstumsdaten B, n wurden aus Lebensdauermessungen nach der in Abschnitt 3.5 angegebenen Methode bestimmt (B wird in diesem Kapitel sowohl für die Biot-Zahl als auch für die Rißwachstumsparameter verwendet). Als Umgebungsmedium wurde das Kühlmedium Fluorcarbon FC43 gewählt und die Lebensdauermessung bei 50°C durchgeführt. Abbildung 12.7 zeigt die gefundenen v-K-Kurven, die durch die Potenzgesetzmäßigkeit

$$v = \frac{da}{dt} = A\, K_I^n = A^* (K_I/K_{Ic})^n \qquad (12.14)$$

mit den Daten

Al_2O_3: n= 33 $\qquad A^* = 1.5 \cdot 10^{-4}$ m/s

AlN : n= 135 $\qquad A^* = 1.5 \cdot 10^{-4}$ m/s

beschrieben werden können. Die Rißzähigkeiten wurden zu K_{Ic} (Al_2O_3) = 4.5 MPa$\sqrt{m}$ und K_{Ic} (AlN) = 3.2 MPa$\sqrt{m}$ bestimmt. Die Parameter B ergeben sich nach Gl. (3.44) mit Y = 1.275 zu B (Al_2O_3) = 1,49 MPa^{2}h, B (AlN) = 0,17 MPa^2 h.

Für eine geforderte Überlebenswahrscheinlichkeit von 99.9% folgt für das Aluminiumnitrid aus Gl. (12.13) eine Lebensdauer > 10^{36}s.

Aus dieser Betrachtung folgt zunächst, daß für die betrachtete Leistung von 200 kW die Keramik AlN als Fenstermaterial geeignet ist, während Al_2O_3 nicht in Frage kommt.

Aus den abgeleiteten Beziehungen kann aber auch gezeigt werden, bis zu welcher Leistung ein AlN-Fenster eingesetzt werden kann und wie sich mögliche Verbesserungen der einzelnen physikalischen Größen auswirken.

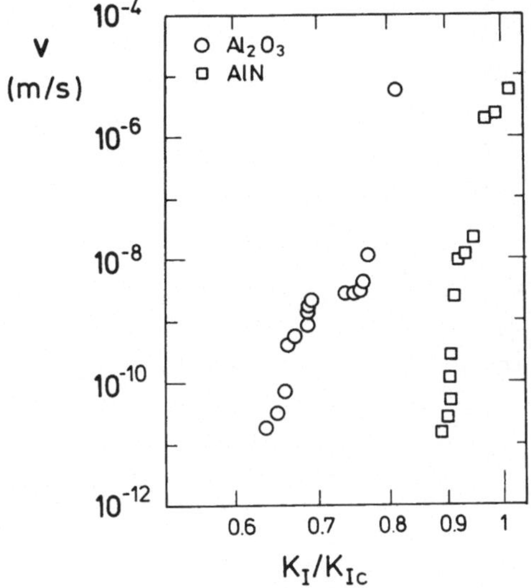

12.7 Rißgeschwindigkeit in Fluorcarbon

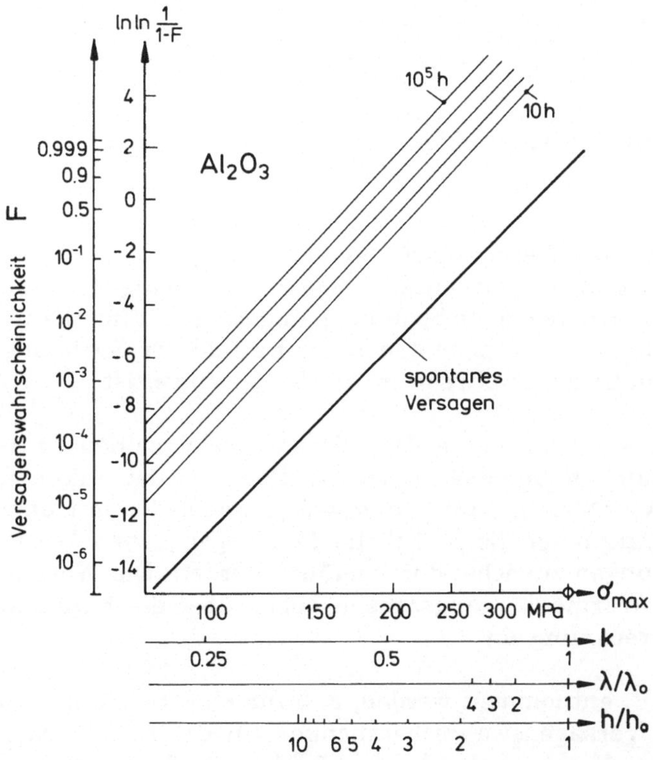

12.8 Versagensdiagramm für Keramikfenster

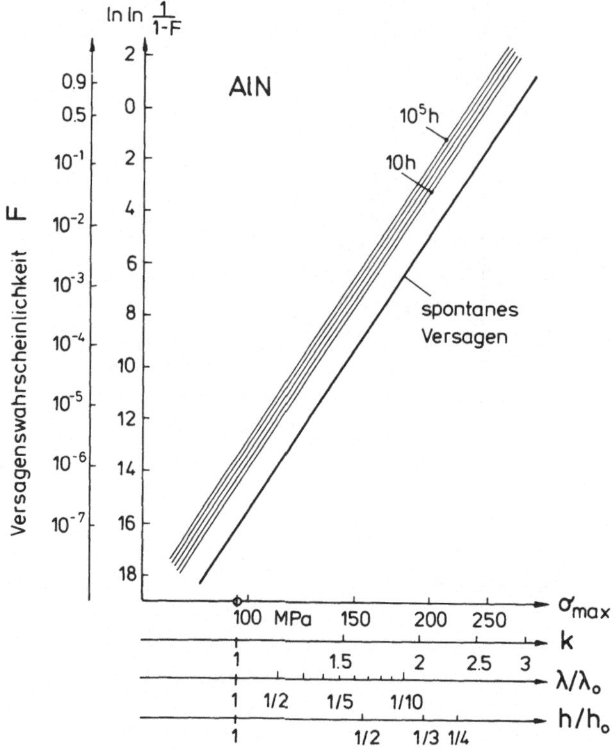

12.8 Versagensdiagramm für Keramikfenster

In Abb. 12.8 ist für die beiden Werkstoffe die Versagenswahrscheinlichkeit für spontanes Versagen und für zeitliches Versagen für Versagenszeiten zwischen 10 und 10^5 Stunden gegen die Spannung aufgetragen. Für AlN ist wegen des großen Rißwachstumsexponenten n der Einfluß der Spannung auf die Versagenszeit relativ groß während er bei Al_2O_3 geringer ist.

Abb. 12.8 zeigt außerdem, wie sich eine Veränderung der einzelnen Parameter auf die Ausfallwahrscheinlichkeit auswirkt. Dabei ist der Faktor k gegeben durch $k = W/W_o = \sqrt{\varepsilon_r/\varepsilon_{ro}} = \tan\delta/\tan\delta_o = f/f_0$, wobei die mit dem Index 0 bezeichneten Parameter die in Tabelle 12.1 angegebenen Werte sind, für die die Rechnungen zunächst durchgeführt wurden. Die Wärmeleitfähigkeit λ und die Wärmeübergangszahl h_1 gehen über die Funktion g(B) in die Versagensberechnung ein.

Aus Abb. 12.8 kann z.B. entnommen werden, daß für eine Leistung von W = 400 kW (k = 2) die Versagenswahrscheinlichkeit für das AlN-Fenster bei $3 \cdot 10^{-3}$ für spontanes Versagen und bei $3 \cdot 10^{-2}$ für eine Versagenszeit von 1000 h liegt.

Literatur zu Kapitel 12

[12.1] T. Fett, D. Munz, "Lifetime predictions for ceramic windows in fusion reactors", Proceedings of the 15. SOFT, Sept. 1988, Uetrecht.

[12.2] D. Munz, T. Fett, "Lifetime evaluation of ceramic windows in microwave heating tubes for fusion reactors", Journal of Nuclear Materials, 1990.

[12.3] M.K. Ferber, H.D. Kimrey, P.F. Becher, "Mechanical reliability of ceramic windows in high frequency microwave heating devices, Part 1, An analysis of temperature and stress distributions", Journal of Materials Science, 19,1984 3767-3777.

Sachwortverzeichnis